统计视角下面板堆石坝变形规律及数值模拟研究

温立峰　李炎隆　柴军瑞　著

中国水利水电出版社
www.waterpub.com.cn
·北京·

内 容 提 要

本书采用统计分析、多元非线性回归分析及数值计算等方法，揭示了混凝土面板堆石坝与坝基防渗墙力学特性统计规律；建立了面板堆石坝变形特性多元非线性回归预测模型；建立了考虑堆石和地基流变及水力耦合效应的面板堆石坝参数反演分析模型，揭示了覆盖层地基对面板堆石坝变形特性的影响机制；研究了覆盖层地基中混凝土防渗墙的应力变形和损伤特性。各章内容相互联系，又自成体系，既有方法原理的阐述，也有具体工程运用实例分析。

本书可供水工结构工程、岩土工程、工程地质等专业的工程技术人员参考，也可作为高等院校相关专业高年级本科生和研究生的参考用书。

图书在版编目（ＣＩＰ）数据

统计视角下面板堆石坝变形规律及数值模拟研究 /
温立峰，李炎隆，柴军瑞著. -- 北京：中国水利水电出
版社，2018.11
ISBN 978-7-5170-7137-2

Ⅰ．①统… Ⅱ．①温… ②李… ③柴… Ⅲ．①混凝土
面板坝-堆石坝-变形-研究 Ⅳ．①TV641.4

中国版本图书馆CIP数据核字(2018)第256767号

书　　名	统计视角下面板堆石坝变形规律及数值模拟研究 TONGJI SHIJIAO XIA MIANBAN DUISHIBA BIANXING GUILÜ JI SHUZHI MONI YANJIU
作　　者	温立峰 李炎隆 柴军瑞 著
出版发行	中国水利水电出版社 （北京市海淀区玉渊潭南路 1 号 D 座　100038） 网址：www. waterpub. com. cn E - mail：sales@ waterpub. com. cn 电话：(010) 68367658（营销中心）
经　　售	北京科水图书销售中心（零售） 电话：(010) 88383994、63202643、68545874 全国各地新华书店和相关出版物销售网点
排　　版	中国水利水电出版社微机排版中心
印　　刷	北京市密东印刷有限公司
规　　格	170mm×240mm　16 开本　13.5 印张　257 千字
版　　次	2018 年 11 月第 1 版　2018 年 11 月第 1 次印刷
印　　数	0001—1000 册
定　　价	**58.00 元**

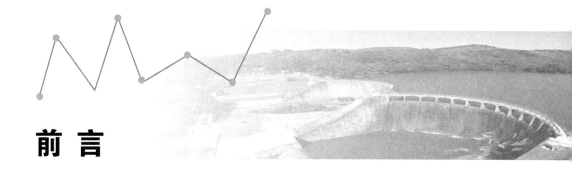

前　言

　　由于具有造价低、对地质条件适应性强、可充分利用当地材料等优点，混凝土面板堆石坝已经成为最具竞争力的一种坝型。混凝土面板堆石坝的建设已经有超过 120 年的发展历程，随着筑坝技术的快速发展，面板堆石坝的高度越来越高，正在由 200m 级向 300m 级突破。当前混凝土面板堆石坝的建设常面临狭窄河谷、严寒、高震及深厚覆盖层地基等复杂地质条件的挑战。

　　面板堆石坝快速发展过程中面临众多实际问题。例如：青海省沟后面板砂砾石坝发生溃坝事件，该事件是世界范围内高面板堆石坝的首次溃坝事故，造成 300 余人死亡，毁坏大片的农田和房舍；墨西哥的 Aguamilpa 坝、中国的天生桥一级坝以及巴西的 Xingo 坝均产生不同程度的面板结构性裂缝；在初次蓄水水压力作用下，巴西的 Barra Grande 坝和 Campos Novos 坝在面板中部纵缝位置产生明显挤压破坏。上述问题的产生均与大坝的过大变形有关。坝体的变形控制是面板堆石坝建设中的一项重要考虑因素，面板的结构性开裂和挤压破坏、接缝的张拉变形以及大坝的安全稳定均与坝体变形具有密切联系。有效合理评价和控制面板堆石坝变形，是决定面板堆石坝进一步发展最为关键的因素。

　　本书采用统计分析、多元非线性回归分析以及数值计算等方法，对混凝土面板堆石坝及坝基防渗墙的应力变形特性开展了系统研究。揭示了面板堆石坝应力变形及渗漏特性统计规律，定量研究了面板堆石坝变形特性与其影响因素的相关关系。建立了面板堆石坝变形特性多元非线性回归预测模型，定量评价了面板堆石坝变形特性的主要影响因素。建立了考虑堆石和地基流变及水力耦合效应的面板堆石坝参数反演分析模型，揭示了覆盖层地基对面板堆石坝应力变形特性的影响机制。从统计学的角度研究了面板堆石坝地基混凝土防渗墙应力变形及损伤开裂特性，揭示了地基混凝土防渗墙受力机理及力学特性统计规律。建立了考虑防渗墙与相邻土体接触效应以及地基水力耦合效应的混凝土防渗墙塑性损伤分析模型，研究了覆盖层地基中混凝土防渗墙应力变形和损伤特性。本书各章节相互联系，又具有一定的独立性，因此也适合对部分章节感兴趣的读者阅读。

本书是作者在混凝土面板堆石坝与坝基防渗墙方面所做的研究成果，在多年的研究过程中得到了众多老师的帮助和指导，西安理工大学的刘云贺教授、李守义教授、杨杰教授、王瑞骏教授、党发宁教授、许增光副教授、覃源副教授、张晓飞副教授、司政副教授、张昭副教授、曹靖老师、程琳老师对本书提供了众多宝贵建议，在此也对他们表示衷心感谢。在本书撰写过程中，作者查阅了大量学术著作和文献资料，参考和借鉴了许多专家学者的研究成果和学术观点，在此也对他们表示衷心感谢。

书中的研究工作得到国家自然科学基金优秀青年科学基金项目"水工结构静动力性能分析与控制"（编号：51722907）及国家自然科学基金面上项目"长期荷载作用下混凝土面板细观损伤与宏观开裂机理研究"（编号：51579207）和"剪切作用下岩体单裂隙辐射流渗流应力耦合机理研究"（编号：51679197）的联合资助，在此一并表示衷心的感谢。

由于作者水平和经验所限，书中难免存在不妥之处，愿与读者共同探讨，恳请大家批评指正。

作者

2018 年 5 月

目 录

第1章

概　　论

1.1　研究背景及意义

混凝土面板堆石坝（Concrete Face Rockfill Dam，CFRD）是以上游面混凝土面板作为防渗结构，以堆石体作为主要支撑结构的一种堆石坝。混凝土面板堆石坝的建设已经有超过 120 年的发展历程。美国最早开始面板堆石坝的建设，于 1895 年建成 54m 高的 Morena 大坝。面板堆石坝在世界范围内得到广泛运用，其设计方法和施工技术也得到了长足的进步[1]。由于具有造价低、对地质条件适应性好并可充分利用当地材料等优点，目前混凝土面板堆石坝已经成为最具竞争力的一种坝型[2]。据国际大坝委员会（ICOLD）不完全统计，截至 2011 年，世界范围内已建、在建或拟建的面板堆石坝超过 600 座，分布在世界范围内的近百个国家[3]。混凝土面板堆石坝世界分布如图 1.1 所示。其中，我国面板堆石坝的数量最多，占总量的 47%。巴西、美国、西班牙和澳大利亚面板堆石坝占比较为接近，大约为 3%～5%。其他国家数量总体相对较少，占总量的 36%。总体而言，面板堆石坝可以总结为起源于美国，发展于澳大利亚、巴西和西班牙，兴盛于中国。目前我国已经成为面板堆石坝建设的主要国家。

国际坝工界著名专家 J. B. Cooke 曾根据建设和发展情况，把面板堆石坝的发展过程划分为早期、过渡期及现代期三个阶段。早期和过渡期面板堆石坝容易发生渗流和过大变形等问题[4]。而现代面板堆石坝由于引入薄层碾压技术，大坝建设高度得到快速发展，并开始使用各种不良堆石材料筑坝，同时在

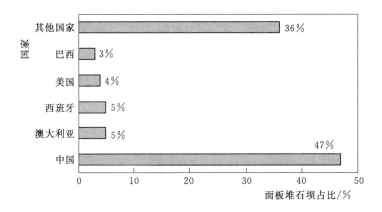

图 1.1 面板堆石坝世界分布

各种复杂地质条件下建坝[5]。现代期面板堆石坝的建设虽然仍然不能脱离经验坝型的范畴，但是已经逐渐趋向于经验判断与理论分析和科学实验相结合的阶段。该阶段建设了一批具有代表性的高坝，例如 160m 高的 Foz do Areia 坝、148m 高的 Salvajina 坝、186m 高的 Aguamilpa 坝以及 178m 高的天生桥一级坝。国际大坝委员会（ICOLD）认为，2000 年以后是面板堆石坝的突破发展阶段[3]。该阶段重视坝体变形控制技术以及坝体各分区的变形协调，科学试验方法和试验设备更加成熟，数值和物理模拟技术也得到了长足的发展。同时，面板堆石坝的建设向更加科学可控的方向发展，也取得在各种恶劣条件下建坝的技术进步和经验积累。此外，数字化技术和信息化管理也被逐步开始运用在面板堆石坝的实际建设过程中[1]。该阶段建成了一批具有代表性的大坝，例如：我国 2015 年建成的 179.5m 高的洪家渡大坝，2008 年建成的 233m 高的水布垭大坝；巴西先后于 2005 年和 2006 年建成的 185m 高和 202m 高的 Barra Grande 大坝和 Campos Novos 大坝；冰岛 2008 年建成的 198m 高的 Karah-njukar 大坝；马来西亚 2009 年建成的 203.5m 高的 Bakun 大坝。面板堆石坝坝高发展情况大致如图 1.2 所示。

现代面板堆石坝的坝体布置、筑坝材料、断面分区、防渗结构、地基处理、导流与度汛、主体工程施工、试验研究与计算分析以及安全监测等各方面均取得了长足的技术进步，为进一步建设面板堆石坝提供技术保障和支撑。随着筑坝技术的快速发展，面板堆石坝的高度越来越高，面板堆石坝的高度正在由 200m 级向 300m 级突破。已有结果论证表明，采用适当的工程处理措施后，建设 300m 级的超高面板堆石坝是可行的[6]，但是需要深入论证 300m 级超高面板堆石坝的变形特性，保证大坝安全运行。国际上若干高 200m 以上的面板堆石坝统计表见表 1.1。

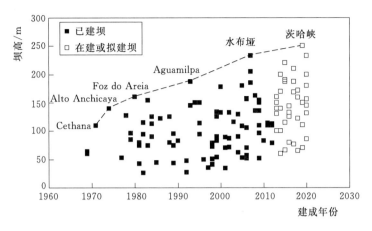

图 1.2 面板堆石坝坝高发展情况

表 1.1 国际上若干已建、在建或拟建高 200m 以上面板堆石坝

序号	名 称	国家	坝高/m	坝长/m	建设情况
1	Campos Novos	巴西	202	590	2006 年完建
2	水布垭	中国	233	660	2008 年完建
3	Bakun	马来西亚	203.5	750	2009 年完建
4	La Yesca	墨西哥	205	629	在建
5	江坪河	中国	219	414	在建
6	猴子岩	中国	223.5	283	在建
7	Nam Ngum 3	老挝	220	—	拟建
8	Morro de Arica	秘鲁	221	—	拟建
9	Agbulu	菲律宾	234	—	拟建
10	古水	中国	242	430	拟建
11	大石峡	中国	251	598	拟建
12	茨哈峡	中国	253	669	拟建

当前，面板堆石坝的另一个主要发展方向是在复杂地质条件下建坝。典型的复杂地质条件包括窄河谷和高陡边坡、强震地区、高寒地区以及深厚覆盖层地基。目前国际上已有多座面板堆石坝修建在狭窄河谷和高陡边坡地区，位于这些地区的面板堆石坝必须要求具有适应陡边坡不均匀变形的能力[7]。目前建设在狭窄河谷上坝高超过 100m 的最典型面板堆石坝是哥伦比亚的 Golillas 大坝，长高比只有 0.87。根据面板堆石坝的设计理论和设计方法，大坝具有较

3

强抵抗地震作用的能力。目前众多面板堆石坝不得不修建在抗震设计烈度为 8 度甚至高于 8 度的地区。一般对于修建在强地震地区的面板堆石坝,会开展专门抗震计算和坝体抗震特性研究[8,9]。建设在强地震地区的最高面板堆石坝为吉林台大坝,坝高 157m,地震设计烈度为 9 度。此外,我国紫坪铺面板堆石坝经受了汶川地震烈度达 9～10 度的考验,是目前经历过最高地震烈度考验的大坝。国际上已有超过 20 座修建在严寒或寒冷地区的面板堆石坝,多座大坝所处的极端最低气温甚至低于−40℃。我国最北端的大兴安岭地区和新疆北部地区,极端最低气温达到−52℃,给面板堆石坝的建设带来新的挑战[5]。覆盖层地基是一种典型的复杂地质条件,广泛分布于我国西南地区河流中。国际上建于覆盖层上的高面板堆石坝目前超过 30 座,并且有多座高坝在建。建于覆盖层上的面板堆石坝一般是指趾板直接设置在覆盖层表面的大坝。覆盖层上面板堆石坝建设的关键是覆盖层地基工程特性的勘察以及防渗结构和接缝止水的合理设置[10]。目前建在覆盖层上的面板堆石坝越来越高,很多大坝已经超过 150m。表 1.2 为若干建在覆盖层上 100m 以上的面板堆石坝的工程特性统计。目前建在覆盖层上的面板堆石坝的建设高度正在向 200m 级发展,而覆盖层的处理深度也达到超过 100m 的水平。当前,建在覆盖层上最高的面板堆石坝是九甸峡大坝,坝高为 136.5m,覆盖层厚为 38m,而覆盖层最厚的大坝为智利的 Puclaro 大坝,最大厚度达 113m。在复杂地质条件上建坝是当前面板堆石坝建设面临的主要挑战。

表 1.2　若干建在覆盖层上 100m 以上的面板堆石坝的工程特性统计表

名　称	国家	年份	坝高 /m	覆盖层厚度/m	覆盖层特性	防　渗　设　计
Santa Junan	智利	1995	106	30	砂砾石	0.8m 厚防渗墙
斜卡	中国	2005	108.2	100	砂砾石	1.2m 厚防渗墙,入强卸荷岩区
多诺	中国	2012	108.5	30	砂砾石	0.8m 厚防渗墙,入岩 0.5m
那兰	中国	2005	109	24.3	砂砾石	0.8m 厚防渗墙,入岩 0.5m
察汗乌苏	中国	2009	110	46.7	砂砾石	1.2m 厚防渗墙,入岩 1.0m
苗家坝	中国	2011	110	48	砂砾石	1.2m 厚防渗墙,入岩 0.5m
金川	中国	2012	112	65	砂砾石	1.2m 厚防渗墙,入岩 1.0m
九甸峡	中国	2008	136.5	54	砂砾石	1.2m 厚防渗墙,入岩 0.8m
滚哈布奇勒	中国	2013	160	50	砂砾石	1.2m 厚防渗墙,入岩 0.5m

　　面板堆石坝在快速发展的过程中仍面临众多实际问题。100 多年来面板堆石坝多次出现大坝溃决、面板破损和大量裂缝以及过大渗漏等问题。1993 年 8 月 27 日,青海省沟后面板砂砾石坝发生溃坝事件[11],该事件是世界范围内高

面板堆石坝的首次溃坝事故，该事件毁坏大片的农田和房舍，造成 300 余人死亡。已有众多工程均产生面板结构性裂缝和挤压破坏，墨西哥的 Aguamilpa 坝、中国的天生桥一级坝以及巴西的 Xingo 坝均产生不同程度的面板结构性裂缝。国外也有多个面板堆石坝工程发生了面板挤压破坏。Mohale 大坝初次蓄水时，河床部位面板沿纵缝位置产生延伸至防浪墙底部的挤压破坏；巴西的 Barra Grande 坝和 Campos Novos 坝，在初次蓄水压力作用下，在面板中部纵缝位置产生明显挤压破坏。面板结构性裂缝和挤压破坏主要由坝体过大变形和不均匀变形引起[12,13]。早期的 Salt Spring 坝、过渡期的 Barra Grande 坝和 Campos Novos 坝，在运行期渗漏量均超过 1000L/s，现代期的 Alto Anchacaya 坝和 Shiroro 坝，渗漏量均超过 1800L/s。上述问题的产生均与大坝的过大变形有关。面板堆石坝的过大变形或不均匀变形是制约面板堆石坝建设和发展最关键的因素。坝体的过大变形对坝体本身影响不明显，但是它直接引起面板和接缝止水结构的破损，进而引起过大渗漏量，甚至导致大坝渗透破坏。虽然现代面板堆石坝相对于早期坝变形已经得到较好的控制，但是随着坝高的增加以及各种复杂地质条件的联合作用，大坝仍然面临过大变形和面板破坏等问题[14]。深入研究面板堆石坝的力学特性，特别是复杂地质条件下的特性，是进一步推进面板堆石坝发展的关键。总结已建面板堆石坝的成功经验，研究面板堆石坝力学特性的基本规律，对于正在建设或即将建设的高面板堆石坝具有重要指导意义。

1.2 国内外研究现状

1.2.1 混凝土面板堆石坝力学特性研究进展

坝体变形控制是面板堆石坝建设最重要的一项考虑因素，面板结构性开裂和挤压破坏、接缝张拉变形以及大坝安全稳定均与坝体的变形特性具有密切联系。如何有效合理评价和控制面板堆石坝的变形，是决定面板堆石坝进一步发展最为关键的因素。虽然对变形特性的研究从未间断，然而面板堆石坝仍然存在面板开裂和接缝张拉等问题。面板堆石坝的变形评价和控制并没有得到很好的解决，特别是针对复杂地质条件下面板堆石坝力学特性的研究还很欠缺。本节从面板堆石坝变形特性研究方法、堆石料工程特性及面板堆石坝分析理论、覆盖层上面板堆石坝变形特性的研究等几个方面对面板堆石坝力学特性的研究进展进行综述。

1.2.1.1 混凝土面板堆石坝变形特性研究方法综述

面板堆石坝的典型变形特性包括坝顶沉降、坝体内部沉降以及面板挠度变形。面板堆石坝的建设到目前为止很大程度上仍然依赖于工程经验。为了获得面板堆石坝的典型变形特性，最直接也是最早被采用的方法是通过安装监测仪器获得大坝变形的实测资料。通过分析相关实测变形资料，评价面板堆石坝变形特性，以便进一步指导大坝的运行管理，并为未来大坝的建设提供工程借鉴和参考。郦能惠[14]认为，通过设计和布置合理的岩土工程监测系统，可以根据变形监测结果很好地获得大坝的变形机制并解释某些未知的变形特性。Dascal[15]和 Clements[16]最早采用面板堆石坝的实测变形监测资料对大坝力学特性展开分析，他们基于大量实际工程的实测工后变形曲线对坝顶沉降和面板挠度展开分析，并进一步获得面板堆石坝不同条件下的变形规律和范围，进而直接用于指导其他大坝的变形评价。Gurbuz 和 Peker[17]基于布置于坝体内的土压力计、位移计及布置于面板上的接缝计，对 Karacasu 面板砂砾石坝的特性进行深入分析，获得面板砂砾石坝应力和变形特性。李为和苗喆[18]、程展林和潘家军[19]分别针对察汗乌苏和水布垭面板堆石坝的长期变形特性进行了基于监测资料的特性分析，总结了对应大坝建设过程中的经验。大坝实测资料不仅是评价大坝力学特性的重要数据基础，也是大坝安全管理的核心内容。目前已经积累了大量的有关监测设备布置和监测资料分析的工程经验[14]。但是，实测资料只能对面板堆石坝特性进行有限分析，这是因为：一方面，早期大坝多没有布置合理的监测设备，无法获得实测资料；另一方面，即使大坝布置有健全的监测设备，但往往难以获得可靠的监测数据；此外，对于计划建设的大坝，评价大坝变形特性不可能依靠监测数据，此时便需要采用其他方法获取大坝变形特性。

经验估计方法是一种早期较常用于估算面板堆石坝变形特性的方法。它可以用来对大坝变形特性进行快速经验估计。Won 和 Kim[20]对 27 个面板堆石坝的坝顶沉降和蓄水引起的面板挠度进行过简单的统计分析，并总结了不同坝高和堆石强度情况下大坝的变形特性统计范围，但是他们只是进行简单的统计分析，没有基于数据库进一步总结大坝变形特性的经验关系。类似地，郦能惠[14]统计了我国部分 129m 以上高面板堆石坝的变形结果。Sowers 等[21]、Pinto、Marques[22]和 Clements[16]分别对多个面板堆石坝的实测资料进行过归纳总结分析，并且基于实例监测资料总结了多个坝顶沉降和面板挠度与坝高之间的经验关系。经验关系是一种简化的获取面板堆石坝变形特性的方法。目前已有的经验关系往往只是单个变形特性与影响变形的单个因素之间的简单关系，因此经验关系的适用范围是非常有限的，目前也并不常用。为了更加全面地从统计学的角度揭示面板堆石坝的力学特性，并获得考虑因素更加全面的经验公式，Hunter 等[23-25]收集了多个面板堆石坝工程实例实测数据，并进行了全面深入的统计分析，获得大量的有关面板堆石坝力学特性的规律和认识；同时，基于收集的实例数据建立了考虑更多影响因素的估计坝顶沉降、坝内沉降以及面板挠度的经验关系，为快速估计面板堆石坝的变形特性提供重要参考。Kermani 等[26]针对 Hunter 经验公式中垂直模量无法考虑河谷形状影响的不足，在 Hunter 经验公式的基础上进行了改进，使经验关系可以考虑河谷形状的影响。采用数据拟合方法获取的经验关系都具有考虑因素有限的问题。因此，若干学者尝试基于实例数据库，采用智能算法获得预测面板堆石坝变形特性的预测模型。例如 Kim 等[27]基于 30 个面板堆石坝的实测坝顶沉降数据，采用人工神经网络方法建立了预测相对坝顶沉降的智能预测模型。该模型考虑因素全面，可以获得较为可靠的坝顶沉降预测结果。该类基于智能算法建立的大坝变形特性智能预测模型可能成为未来面板堆石坝经验预测的主要方法。但是，该类方法运用较为困难，同时需要较大数据库作为支撑才可能获得满意结果。目前还有一些预测面板堆石坝施工期变形的其他方法，例如 Shi 等[28]基于某大坝实测资料，建立了比传统坝体内部沉降统计模型更加优越的改进统计模型。该模型有效消除了坝高和时间因素的多重共线性问题，为定量化分析面板堆石坝施工过程中的监测资料提供了一种可靠的方法。

随着计算机技术和数值计算方法的快速发展和进步，数值计算方法逐渐成为获取面板堆石坝变形特性的重要手段。该方法以计算机和数值计算方法为依托，可以获取各种规模的大坝在各个阶段的力学特性。有限元方法是目前对面板堆石坝力学特性进行数值计算的主流数值分析方法。早在 1990 年，Khalid 等[29]就对 Cethana 坝进行了有限元数值计算。Khalid 等对面板堆石坝有限元数值计算方法和本构模型进行了较详细的介绍，获得了 Cethana 坝坝体和面板较详细的变形和应力结果。Zhang 等[30]和 Mahabad 等[31]分别采用有限元方法对某些重要工程的面板堆石坝开展数值分析，用于在大坝建设前论证大坝的变形安全。以上研究主要采用常规数值方法和本构模型进行计算，所得计算结果主要为大坝建设提供参考。Gikas 和 Sakellariou[32]及 Kim 等[33]结合实测资料和有限元数值结果对面板堆石坝施工期和运行期力学特性展开分析，基于数值计算和实测结果深刻揭示所关注面板堆石坝的应力和变形特性。同时，把数值计算结果与实测资料进行比较，讨论了数值计算方法存在的问题和不足。若干学者对挤压边墙的数值模型及其对面板力学特性的影响展开研究[34]。为了使数值计算在面板堆石坝中的运用更加方便快捷，Modares 和 Quiroz[35]系统总结了采用有限元方法计算面板堆石坝应力和变形特性的基本流程和方法，该流程基本概括了面板堆石坝有限元计算所需的关键步骤。使用该流程可以为设计阶段面板堆石坝力学特性的评价提供重要技术支撑，可以合理进行不同变形控制方案的评价和优化。Arici[36,37]采用有限元方法和可以等效模拟开裂宽度的本构模型评价了混凝土面板的开裂特性。此外，其他众多学者也采用有限元数值方法成功分析面板堆石坝可靠度、面板开裂以及纵缝位移等问题[38,39]。数值计算建立在大量假设基础上，同时对材料本构模型和计算参数具有非常强的依赖性。此外，堆石材料的本构模型有时无法准确反映真实的应力应变关系。因此，数值计算结果有时并不可靠，除非有实测结果进行验证。虽然数值计算可以对大坝的整个施工和运行过程进行数值仿真，但数值计算结果目前仍然只是作为重要参考，而不是唯一依据。

为了弥补数值计算的不足，对于某些特别复杂和重要的工程往往还需要进行专门的应力变形特性的论证。离心模型试验被逐渐运用在面板堆石坝应力变形特性的研究上[40,41]，在心墙堆石坝的研究中也得到广泛运用。如果试验条件控制合理准确，离心模型试验可以模拟获得较为真实的结果。离心模型试验结果可以模拟不同条件下面板堆石坝的力学特性，为揭示大坝特性提供了重要参考。虽然在世界范围内面板堆石坝已经大量建设，但较少有研究对面板堆石坝进行离心模型试验。徐泽平等[41]采用离心模型试验手段，对深厚覆盖层上面板堆石坝进行了试验研究，并将离心模型试验的结果与数值计算结果进行比较，两种方法互为验证。Seo 等[40]对某面板堆石坝开展了系列离心模型试验。基于离心模型试验技术，系统研究了面板刚度和垫层刚度对面板应力的影响。同时，将试验结果与数值计算结果及面板堆石坝一般统计规律结果进行了比较，表明离心模型试验可以获得合理的坝顶沉降值，但是显著高估了面板挠度。这主要是由试验的局限性所造成，例如，难以对试验模型进行综合碾压、面板下部约束无法合理施加、面板与垫层之间的接触效应无法合理模拟，以及堆石颗粒的缩尺效应。这些试验局限性也是制约离心模型试验在面板堆石坝力学特性模拟上运用的关键。

1.2.1.2　试验研究和计算分析研究综述

堆石材料试验研究是评价面板堆石坝变形特性的基础。基于室内试验结果建立材料本构模型是进行数值计算的基础。当前，堆石材料试验研究已经取得很大进展，并积累了众多试验数据，已有一系列相对成熟的大型静动力三轴试验设备，同时也研制了若干研究堆石特殊特性的试验设备。基于试验结果已经建立了众多可以考虑不同特性的堆石材料本构模型。针对各种复杂地质条件建立了可以考虑不同复杂特性的数值计算模型。

堆石材料应力应变关系具有非线性和非弹性、受围压影响大、剪胀或剪缩、受应力路径的影响以及流变等复杂特性[42]。矿物成分、粒径分布、粒径大小和粒径形状均对堆石材料的应力变形关系具有显著影响[43]。目前最常用的堆石材料本构模型是邓肯-张 E－B 模型和南水双屈服面弹塑性模型。但是上述模型均基于众多的理论假设，无法描述堆石材料各种复杂的应力应变关系。例如，邓肯-张 E－B 模型无法描述堆石材料的剪胀特性。为此，众多学者一直致力于堆石材料本构模型的开发，并提出一些高级和改进的模型。卞士海等[44]建立了适用于堆石材料的广义塑性模型。Sun 等[45]基于大型三轴试验，研究了围压对散粒土循环压缩过程中应力应变关系的影响，认为在考虑散粒材料的永久变形时，应力比和应力路径长度应该得到考虑。Zhang 等[46]对具有多种岩性组成的复合砂砾石开展大型压缩和三轴试验，发现复合砂砾石料的压缩特性显著依赖于不同岩性组成和占比，并在沈珠江双屈服面模型的基础上进行改进，获得可以考虑任意岩性和占比的复合砂砾石本构模型。该模型参数简单，而且可以直接从单岩性的砂砾石三轴试验获得，已成功运用于积石峡面板堆石坝数值计算，并与实测结果吻合良好。类似地，Weng 等[47]和 Kong 等[48]分别对砂砾石开展大型三轴排水剪切试验和循环三轴试验，获取砂砾石的弹塑性变形特性及应力剪胀特性，并得到有关砂砾石材料的有益认识。Xiao 等[49]基于概化塑性理论和改进的应力剪胀方程，建立堆石材料的状态依赖模型。通过大量的试验结果对模型进行验证，认为该模型可以准确地表示堆石料在各种密度和压力下的应力应变关系和剪胀行为。近期若干学者尝试采用描述砂土的概化塑性模型来描述堆石材料的力学特性。概化塑性模型主要用来分析小围压情况下砂土的地震液化问题，而面板堆石坝堆石料围压范围高达 0～3MPa。因此，为了使该类模型可以考虑大围压范围和压缩破碎条件，Xu 等[51]和 Fu 等[51]分别在描述砂土液化的概化塑性模型框架下对模型进行改进，使其可以合理描述堆石材料的力学特性。此外，Wei 等[52]引入一个简化硬化模型描述复杂条件下的堆石材料力学特性。该模型可以克服典型弹塑性模型的不足（例如循环加载卸载情况下力学特性的描述），并成功运用于水布垭面板堆石坝的模拟。当前堆石材料本构模型的主要发展方向是从颗粒力学的角度对堆石材料力学特性展开研究。该类模型可以从材料的微观机理出发获得材料的基本特性，例如刘斯宏等[53]、Fu 等[54]和 Zhou 等[55]从微观颗粒力学角度研究了堆石材料的力学特性并建立相应的本构模型。

堆石颗粒破碎是堆石坝施工过程中普遍存在的现象。常规本构模型基本没有考虑颗粒破碎对堆石材料力学特性的影响。目前越来越多的研究者开始对堆石材料颗粒破碎效应开展研究，并提出众多可以考虑颗粒破碎效应的本构模型。很多学者系统研究了堆石材料压缩过程中的颗粒破碎效应，认为颗粒破碎改变堆石的结构，影响其剪胀性、摩擦角以及强度和渗透性，并在地震载荷作用下产生蠕变变形、湿化变形以及残余应变。刘京茂等[56]和蔡正银等[57]分别进行了颗粒破碎对堆石变形和临界状态影响的研究，评价堆石材料中存在的颗粒破碎问题，认为随着有效应力增加颗粒破碎效应明显增加。Mun 等[58]也进行了类似的工作。在大部分试验中均忽略中间主应力对材料力学特性的影响，Xiao 等[59]分析了中间主应力对堆石材料颗粒破碎的影响，发现随着围压的增加，材料颗粒破碎程度明显增加，中间主应力对堆石材料特性的影响不应该被忽略。此外，他们研究了颗粒破碎对堆石材料临界状态线的影响。基于颗粒破碎试验结果，目前已经建立了多个考虑颗粒破碎效应的堆石料本构模型。这些模型基本可以描述堆石材料的颗粒破碎效应及其对堆石坝变形的影响，并且已经运用于多个实际面板堆石坝的计算。

实际工程变形观测结果表明，堆石坝蓄水完成后坝体的变形会持续很长时间才逐渐趋于稳定[60]。这主要是因为堆石材料具有明显的流变特性。流变变形是造成大坝长期变形和恶化防渗结构的主要原因[60]。与材料流变特性相关的时效变形一直是坝工界研究的重点，为了揭示堆石坝的流变变形，众多研究者对堆石材料的流变特性开展了试验研究。Oldecop 和 Alonso [61]尝试从理论角度揭示堆石材料的时效变形，并且基于理论计算提出了考虑流变的堆石本构模型。周伟等[62]系统研究了堆石材料的流变特性，根据堆石材料长期流变试验的结果，拟合出描述堆石流变的本构模型，揭示了堆石材料的流变机理。Dolezalova 和 Hladik [63]采用多面黏塑性理论描述堆石材料的时效变形，他们运用三面黏塑性流动理论结合 Feda 试验关系模拟堆石坝的流变变形，并获得较好的结果。上述提出的堆石流变模型并没有从流变本质出发，只是基于流变表观特性建立本构模型，对流变的机理本质无过多涉及。Silvani 等[64]和 Ma 等[65]分别从离散力学和颗粒力学的角度研究堆石材料流变变形。基于颗粒力学研究，他们认为延迟的颗粒破碎和裂纹的缓慢发展是堆石材料产生流变的主要机理。基于颗粒力学和离散力学的基础，他们建立了堆石的高级流变本构模型，并采用试验进行了验证。这些模型为准确精细模拟堆石材料的时效变形提供基础支撑。另外，一些学者采用现有其他模型或改进的本构模型（例如黏弹性模型和改进的硬化土体模型）对堆石坝开展时效变形研究[66]，得到一些有益的认识。

对处于一定应力状态下的粗颗粒料，浸水容易使颗粒之间被润滑以及颗粒本身的强度发生软化。因而，浸水可能使颗粒发生额外的滑移、破碎和重新排列。在上述作用下，粗颗粒料将发生额外变形和应力重分布，该种现象称为粗颗粒料的湿化变形。湿化变形普遍存在于面板堆石坝中，蓄水引起的湿化变形将威胁大坝安全稳定。为了估计面板堆石坝的湿化变形和应力重分布情况，必须研究获取堆石材料的湿化特性。目前，很多学者采用试验方法对粗粒料湿化特性进行研究，并提出一些描述湿化效应的本构模型。Wang 等[67]基于干湿循环试验结果，改进传统的邓肯-张模型，使其具有描述湿化变形的能力。Zhou 等[68]通过多次的干湿循环过程（超过 50 次），研究干湿循环对砂岩物理和动态压缩特性的影响。Zhao 和 Song [69]采用颗粒力学方法研究了堆石材料在干湿循环作用下的长期湿化变形，从颗粒力学的角度建立起颗粒力学模型。该模型从基础出发，从机理层面揭示了堆石材料的湿化变形效应。结果表明，湿化作用引起额外应变的主要原因是颗粒之间接触摩擦系数减小，即润滑性提高，而胶结强度的降低是次要因素。湿化效应越早发生，堆石坝的变形越快趋于稳定。Zheng 等[70]采用 Barcelona 模型来模拟由湿化促使的大坝沉降变形，发现堆石材料初始含水率、大坝高度以及坡角均对湿润变形有显著影响。El Korchi[71]等研究由堆石材料湿化效应引起的湿陷变形，他们对粗颗粒材料开展湿陷变形试验研究，并对材料液限、基质吸力、干表观密度、初始含水率对湿陷变形的影响展开讨论。

面板堆石坝的工作环境非常复杂，涉及多个物理场的相互作用。因此，为了准确描述大坝的力学特性，考虑多场耦合的数值模型被提出并运用于实际堆石坝的计算中。其中，渗流场与变形场的耦合是面板堆石坝中最为常见也最为关键的问题。Wu 等[72]基于物理状态、应力变形以及渗流耦合效应建立起堆石坝的固结分析方法。该方法引入了考虑物理状态和剪切应力水平的渗透系数模型，并结合 Boit 固结理论建立耦合关系。该方法适用于描述心墙堆石坝的渗流应力耦合问题。类似地，Chen 等[73]建立了适用于面板堆石坝的非线性弹性模型和非稳定渗流的耦合计算模型。其中，变形计算采用常规本构模型实现，而非稳定渗流采用满足 Signorini 条件的变分不等式进行描述；采用改进的 Kozeny‐Carman 模型来描述变形相关的渗透系数。该模型通过渗流场和变形场的交叉迭代完成耦合过程的计算，可分别获得面板堆石坝渗流场和变形场的结果。渗透系数随变形的变化是渗流应力耦合过程的关键问题。温度场与变形场也具有明显的耦合作用，但是相对于渗流场的影响，温度场对面板堆石坝变形的影响相对较小[74]。此外，若干学者也提出更加全面的温度场‐渗流场‐变形场的多场耦合模型[75]，这些模型理论上更加健全完善，但是实际运用时往往难以运用。同时，对于面板堆石坝而言，一般情况下并不需要进行多场耦合的精细计算。

面板堆石坝数值计算面临的一个关键问题是堆石材料参数的获取。虽然基于试验数据建立的本构模型基本可以准确描述堆石料的力学特性，但是模型运用过程中如何获取合理的计算参数是面临的一个重要问题。通过室内试验的方式获取参数必然存在缩尺的问题，而缩尺后的试样与原场力学特性必然存在明显差异，而对原场材料进行压缩试验几乎是不可能实现的。Gurbuz[76]提出采用实测资料估计用于预测大坝变形特性的计算参数，但是该方法只是一个二维方法，精度并不高。为此基于实测资料的参数反演分析成为获取堆石材料计算参数的一个可选方法。目前，大量适用于面板堆石坝参数反演的分析方法已被提出。Zhou 等[77]提出采用混合遗传算法结合有限元方法的位移参数反演分析方法，该方法将计算变形和实测变形差值的二范数作为目标函数，可对瞬时模型和流变模型参数分别进行反演。该方法也成功用于水布垭面板堆石坝的参数反演分析中。其他学者也提出相似的瞬时和流变参数联合反演方法[78]。Jia 和 Chi[79] 利用原型监测位移，利用并行变异粒子群优化算法对马鹿塘Ⅱ混凝土面板堆石坝的堆石参数进行参数反演分析，认为并行变异粒子群优化算法具有较高的优化率，可运用于实际工程。类似地，Zheng 等[80] 和 Guo 等[81] 分别采用多输出支持向量机和克隆选择算法、响应面和遗传方法反演堆石坝的模型参数和实测位移，获得较好的结果。反演分析方法虽然可以获得较合理的模型计算参数，但是它建立在实测资料基础上，对于设计中的大坝，反演分析方法无法使用。

由于面板或其他防渗结构与相邻垫层或者土体刚度上的显著差异，结构与土体之间存在明显接触作用。因为接触面的力学特性直接影响面板的力学特性[82]，掌握面板和垫层之间接触面力学特性至关重要。周小文等[83] 和 Zhang 等[84] 分别对混凝土结构与砂砾石之间的接触开展系统的试验研究，结果表明结构与砂砾石之间的接触效应非常复杂，土体与结构的接触面具有明显的剪胀效应。已有研究表明，结构与砂砾石之间的接触面特性（例如面板与垫层）和结构与砂土之间接触面特性显著不同。例如，砂砾石与结构之间的接触面呈现复杂的体积变化。为此，需要建立新的结构面与砂砾石之间的接触面模型。目前已经提出众多描述砂砾石与结构接触面的数值模型，总体上可以划分为 3 类。第一类方法直接把接触面看作土体的表面[85]，因此求解分析该类接触面问题可以通过土体压力与某些特定条件下土体与结构的相对位移来确定。该类方法把土体过度简化为理想材料，对于面板堆石坝而言这对堆石材料进行了过度的简化，往往与真实情况不符。第二类方法是基于接触力学的方法[86]，如拉格朗日方法和罚函数方法等很多算法被用于分析该类接触面问题。该类方法可以获得两个刚体或连续体之间接触面的不连续行为，但是很难建立一个可以模拟复杂接触面行为的数值模型。第三类方法是接触面单元方法[87]，该类方法已经被广泛运用于土体和结构接触面的数值分析中。接触面单元可以模拟结构与相邻土体之间界面的不连续性。Qian 等[88] 通过分析面板与垫层之间的接触面效应，比较了上述 3 种典型接触面模型的特性。通过比较坝体变形、接触面接触应力、面板应力以及面板的脱空变形，分析评价了各种方法的优缺点，结果认为，如果出现较大的滑移变形，接触单元方法和接触力学方法对描述接触应力和面板的脱空具有较大的局限性，接触力学方法在脱空变形较小或不存在的情况下，似乎是更加可靠的方法。

面板堆石坝堆石材料工程特性的研究是超高面板堆石坝和复杂地质条件上建坝的基础。但是由于室内试验缩尺效应的存在，室内试验无法真实模拟堆石材料的原场特性，试验过程中缩尺效应和剪胀效应并没有得到很好解决。数值计算方面，目前已有的堆石材料本构模型在模拟剪胀与剪缩效应、屈服硬化规律、堆石流变特性以及堆石湿化变形规律等方面仍然存在不足。同时，现有数值计算方法在处理接缝及接触面特性等方面仍然存在较大的问题。总体而言，数值计算结果目前仍然停留在定性研究阶段，尚无法满足定量分析的要求，还需进一步发展更加先进的堆石本构模型和数值计算模型。

1.2.1.3 覆盖层上面板堆石坝力学特性研究综述

由于具有适应地质条件、总体变形较小以及施工简便等优点，越来越多的面板堆石坝被修建在深厚覆盖层地基上。覆盖层地基广泛分布在世界范围内，特别是我国西南地区。深厚覆盖层地基是一种典型的复杂地质条件，它具有结构松散、岩性不连续、不良粒径分布以及力学和物理特性不连续等特点[89]。覆盖层主要由砂砾石、破碎岩石及细砂等组成，其孔隙率范围一般为 $0.21\sim0.33$，干密度范围一般为 $2.0\sim2.3\mathrm{g/cm^3}$，摩擦角范围一般为 $33°\sim46°$[89]。覆盖层对建在其上的面板堆石坝容易引起众多复杂的工程地质问题，例如压缩变形和不均匀沉降、渗漏和渗透变形以及基础液化和剪切破坏等。深厚覆盖层上修建的面板堆石坝，在覆盖层较大沉降和不均匀变形的影响下，上部坝体必然产生较大变形。此时，大坝对应的防渗系统因为坝体变形较大而导致张拉或开裂变形，严重威胁大坝的安全。如何控制坝基变形，确保防渗系统的安全可靠是覆盖层上建坝面临的主要挑战。

当前，对覆盖层上修建面板堆石坝更多的是关注坝基的渗流控制和抗滑稳定、防渗结构的布置、渗漏的监测以及地基砂层的液化等关键技术问题。对于覆盖层地基工程特性及地基沉降和不均匀变形的研究虽然也有涉及，但总体相对较少。虽然众多面板堆石坝修建在覆盖层地基上，但是对覆盖层地基上面板堆石坝力学特性的研究并不深入和完善。覆盖层上面板堆石坝的安全主要取决于防渗系统的可靠性及大坝与地基的变形特性。而防渗系统应力和变形特性与坝高和覆盖层地基的厚度均有关系，同时也取决于覆盖层本身的工程特性。在覆盖层上建坝，防渗系统满足变形和强度的要求最为关键。对覆盖层上大坝及防渗系统开展变形特性研究与评价是对防渗系统进行优化与改善的基础。研究覆盖层的工程特性是评价覆盖层上建坝的前提。在覆盖层工程特性方面，国内外众多学者均开展过系统的研究。李国英等[10]、Ito 和 Azam[90] 分别对深厚覆盖层地基的工程特性进行过系统研究。为了获得合理的地基工程特性，他们分别比较了工程特性研究的直接和间接方法，其中直接试验包括动力触探试验、碾压试验、现场载荷试验以及旁压试验等。结果认为，动力触探试验和旁压试验是获取覆盖层地基参数最为直接和有效的方式，其结果可以运用于覆盖层和大坝及其防渗系统的力学特性评价上。Wang 和 Liu[91] 以某工程为例，研究了覆盖层地基的处理方式对大坝变形特性的影响，其中不同处理方式包括部分开挖、部分置换地基土体以及加固碾压地基土体等。认为只要对地基进行合理处理，覆盖层上可以修建堆石坝，其中地基的加固碾压处理是一种较为合理有效的地基处理方式。目前，覆盖层工程特性的研究主要侧重于采用室内试验与原位试验相结合的方式。随着工程规模的加大，覆盖层厚度和特性变得越来越复杂，迫切需要发展现场试验的手段获取覆盖层的计算参数。

对于覆盖层上的面板堆石坝，覆盖层与坝体和防渗系统之间的相互作用是最为关键的问题之一。目前若干学者对建于覆盖层上的面板堆石坝进行过安全评价。Wen 等[92] 基于有限元方法，对覆盖层上面板堆石坝的力学特性开展了系统研究，并尝试揭示覆盖层地基对大坝和防渗结构影响的机制，获得了有益的认识。Gan 等[93]、Lollino 等[94] 以及 Wang 等[95] 分别对覆盖层上面板堆石坝进行了考虑堆石和地基时效变形的研究，深刻评价了在考虑地基水力耦合效应和流变效应情况下，覆盖层地基上面板堆石坝的应力和变形特性以及地基对大坝和防渗结构的影响。徐泽平等[41] 和刘汉龙等[96] 分别对该类大坝开展了离心模型试验研究。沈婷等[97] 和温续余等[98] 分别对覆盖层上面板堆石坝的防渗结构型式及力学特性进行数值分析和评价。赵魁芝和李国英[99]、孙大伟等[100] 分别采用参数反演方法和有限元方法，对覆盖层上的梅溪大坝和大河大坝进行变形分析和安全性研究。当前，对覆盖层上面板堆石坝及其防渗系统安全特性的评价方法主要以应力和强度稳定性作为标准，而以变形和变形协调指标作为标准的相对较少，虽然以变形作为安全评价标准十分必要。当前对覆盖层上面板堆石坝力学特性的研究仍然相对较少，数值计算中模拟覆盖层特性的本构模型相对较为简单，对于复杂应力状态、地震作用下的应力应变关系、剪胀特性等很少考虑。因此，有必要对覆盖层上面板堆石坝已有的分析方法和模型进行进一步的完善。

1.2.2　坝基混凝土防渗墙力学特性研究进展

防渗墙主要运用于坝基防渗、病险坝加固以及围堰施工等领域[101]。其中坝基防渗是防渗墙运用最为深入和广泛的领域。防渗墙是目前覆盖层地基防渗最为流行和可靠的方式。与覆盖层帷幕灌浆和高压旋喷等防渗措施相比，防渗墙具有适应地基条件和防渗性能好等优点。目前，我国最深的防渗墙深度是西藏旁多工程的 201m。该工程是目前世界上防渗墙深度最大的工程。目前国外最深的防渗墙为加拿大的 Manic 水电站，防渗墙最大设计深度达到 131m。我国较深的防渗墙还包括冶勒水电站、下坂地水电站及狮子坪水电站，最大深度分别为 84m、85m 和 90m。目前防渗墙的施工工艺、施工机具、墙体材料以及仪器埋设和监测手段等均取得快速发展。防渗墙正在向超深防渗墙的方向发展。防渗墙孔壁的稳定、清孔和接头处理是深厚覆盖层中防渗墙建造最为关键的技术，同时对施工机械也提出严格的要求。

覆盖层物理和力学特性对大坝和防渗墙的力学特性具有重要影响。防渗墙与覆盖层的刚度越接近，两者的变形协调性越好，防渗墙的应力状态也更加安全可靠。采用塑性混凝土建造防渗墙和设立连接板是改善防渗墙力学特性的主要手段。大坝施工和蓄水过程中，在坝体重力和水压力作用下地基和防渗墙均产生相应的压缩变形。由于防渗墙与地基刚度存在显著差异，防渗墙将承受来自外部的巨大荷载，可能引起墙体的塑性应变，进而造成防渗墙开裂和渗透系数的显著增加。大量工程实例表明，防渗墙在运行过程中可能产生开裂破坏，进而影响整个大坝防渗系统的有效性。Rice 和 Duncan[102]收集了 30 个大坝防渗结构的运行特性，并进行统计分析，发现若干大坝防渗墙在运行过程中已经产生开裂，直接影响大坝的经济效益。即使防渗结构产生小于 1mm 的开裂开度，将造成防渗结构有效渗透系数的显著增加，甚至引起几个量级的增加。Hinchberger 等[103]对混凝土防渗墙材料进行系列轴向试验，发现由于裂缝的产生和发展，塑性混凝土的渗透系数可能产生 2～3 个数量级的增加。可见，对防渗墙开展应力变形特性研究，对防渗墙的设计和特性评价均至关重要，特别是为超深防渗墙技术发展提供基础技术支撑。然而，目前对于防渗墙力学特性的研究相对于其施工技术远远落后。防渗墙受力特性非常复杂，这也是当前防渗墙力学特性研究相对较少的主要原因。Singh 等[104]对防渗墙受土体推力作用进行了理论推导，但是只适用于堤坝防渗墙。防渗墙不仅承受大坝施工过程坝体的重力以及蓄水过程的水压力，而且与相邻土体具有复杂相互接触作用。

若干学者对防渗墙的材料特性开展了系列研究[105]，但是对防渗墙自身力学特性的研究相对较少。Xiao 等[106]采用振动台对水泥土防渗墙进行动力特性试验，在一维振动台上选取防渗墙的某一特定典型断面作为试验对象，将试验结果与数值结果进行对比，揭示了防渗墙在地震作用下的失效机制。Dascal[107]采用原场实测数据研究防渗墙的力学特性。该研究以加拿大 Manic 3 大坝防渗墙为例，详细介绍防渗结构应力和变形特性观测数据。结果表明，防渗墙 85% 的压应力是由相邻土体作用在防渗墙上的摩阻力引起，而坝体自重引起的压应力只占 15%。这是早期对防渗墙力学特性方面开展的较为全面的一次分析。Rice 和 Duncan[102]对土石坝防渗结构进行了较为全面的统计分析，收集了 30 个实例工程防渗结构的运行特性（所有的实例均已经运行超过 10 年），研究了不同地质条件下不同防渗结构的失效和开裂机制。此外，为了更好地揭示防渗结构的运行特性及其影响机制，进行了渗流和变形有限元计算，为防渗结构长期特性评价提供有意义的参考。但是其所关注的防渗结构主要是针对病险坝加固用的结构，而且较少涉及防渗墙。Brown 和 Bruggemann[108]对某心墙坝防渗墙的力学特性展开研究，介绍和分析防渗墙的施工设计和存在的一系列问题，特别对防渗墙的水力裂隙展开深入讨论。陈慧远[109]对心墙坝防渗墙的力学性状开展过研究。其他学者也对心墙堆石坝混凝土防渗墙的动力响应或塑性混凝土防渗墙力学特性开展研究。王刚等[110]采用数值分析手段，分别分析了心墙坝防渗墙的应力变形特性以及影响防渗墙力学特性的因素，包括水力耦合效应、心墙与防渗墙连接形式、静动荷载作用、超深防渗墙以及河谷形状等。Yu 等[111]采用混凝土塑性损伤分析模型研究了心墙堆石坝地基防渗墙的损伤特性，揭示了心墙坝防渗墙的损伤分布规律。

上述研究主要针对心墙坝防渗墙开展研究，此时防渗墙位于地基中部。对面板堆石坝防渗墙的力学特性的研究相对欠缺，此时防渗墙位于地基上部。两种位置防渗墙的受力特点具有明显差异。郦能惠等[112]采用数值方法分析覆盖层上面板堆石坝防渗墙的应力变形特性及其影响因素，并提出适合面板堆石坝的圆弧型防渗墙。Hou 等[113]采用离心模型试验对深厚覆盖层上面板堆石坝地基防渗墙开展试验研究，进一步加深了对防渗墙力学特性的认识。虽然众多面板堆石坝建设在覆盖层地基中，但是对于面板堆石坝防渗墙力学特性的研究还相对欠缺，迫切需要进一步开展深入的研究。

1.3　研究内容

坝体的变形控制是面板堆石坝建设最重要的一项考虑因素。面板的结构性开裂和挤压破坏、接缝张拉变形以及大坝的安全稳定均与坝体变形特性具有密切联系。如何有效合理评价和控制坝体变形，是决定面板堆石坝进一步发展最为关键的因素。随着现代面板堆石坝筑坝技术的突飞猛进，大量新技术、新方法得以采用。然而，当今面板堆石坝的设计要求也越来越高。虽然对变形特性的研究从未间断，面板堆石坝仍然存在面板开裂和接缝张拉等问题。面板堆石坝的变形评价和控制尚未得到很好的解决，特别是针对复杂地质条件下面板堆石坝力学特性的研究尚有不足，需作大量的研究工作。

为了进一步获取和把握面板堆石坝，特别是复杂地质条件下面板堆石坝及其防渗结构的应力变形特性规律，主要开展以下几个方面的研究工作。

（1）从统计学的角度分析面板堆石坝的应力变形和渗漏特性。基于已有的大量文献资料，收集过去 50 年已建的 87 个面板堆石坝的变形特性和详细建设信息。对坝顶沉降、坝体沉降、面板挠度以及大坝长期渗漏量进行统计分析，获得统计规律。通过回归分析，获得估计大坝变形和渗漏特性的经验关系。从经验的角度研究大坝变形特性与其影响因素的相关关系，进而定量化确定面板堆石坝变形特性的主要影响因素，包括堆石母岩饱和抗压强度、地基特性、河谷形状及渗流作用。对若干面板堆石坝的关键问题（例如面板脱空和开裂）的形成原因和机制进行深入的分析。

（2）基于 87 个面板堆石坝的实测数据，采用多元非线性回归分析方法建立面板堆石坝 3 个变形特性（包括坝顶沉降、坝内沉降、面板挠度）和 6 个控制变量（包括坝高、孔隙率、地基条件、堆石强度、河谷形状、运行测量时间）之间的经验关系，并对每个控制变量的相对重要性进行评价。将获得的经验关系与已有经验方法进行比较，以说明经验关系的可靠性。

（3）建立考虑堆石和地基流变及水力耦合效应的面板堆石坝参数反演分析模型，并将其运用于覆盖层上苗家坝面板堆石坝力学特性的计算中。基于数值计算和实测资料，揭示覆盖层地基对面板堆石坝变形特性的影响机制，并深入研究覆盖层上面板堆石坝的应力变形特性及其主要影响因素。此外，对覆盖层上面板堆石坝和基岩上面板堆石坝力学特性的差异进行深入对比分析。

（4）从统计学的角度分析覆盖层上面板堆石坝地基中混凝土防渗墙的应力变形及开裂特性。基于已有的大量文献资料，收集过去 50 年 43 个地基混凝土防渗墙工程实例的建设信息和监测记录。对覆盖层上面板堆石坝防渗墙水平位移、顶部沉降、开裂以及应力特性进行统计分析。对比分析面板堆石坝防渗墙与心墙坝防渗墙的力学特性差异，揭示防渗墙受力机理。深入分析影响防渗墙力学特性的主要因素，包括防渗墙位置、墙体材料、地基变形特性、墙体深度以及河谷形状等。

（5）建立考虑防渗墙与相邻土体接触效应以及地基水力耦合效应的混凝土防渗墙塑性损伤数值模型，并将其运用于覆盖层上苗家坝面板堆石坝防渗墙力学特性的计算中。基于实测资料和数值分析结果，系统研究覆盖层上面板堆石坝防渗墙应力变形以及损伤特性，并与心墙坝防渗墙的力学特性进行深入对比分析。基于数值结果，讨论防渗墙材料特性、地基水力耦合效应以及地基变形特性对防渗墙力学特性的影响。

本书的主要研究内容和技术路线如图 1.3 所示。

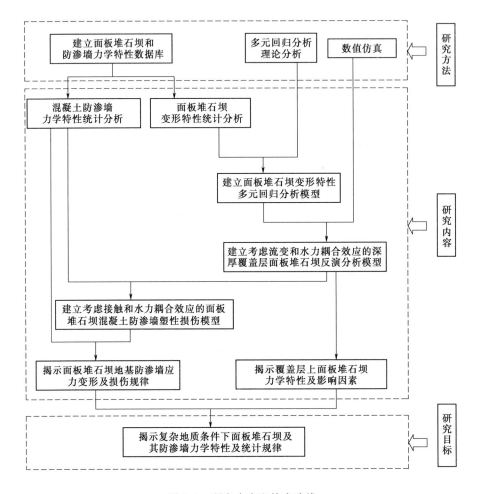

图 1.3　研究内容和技术路线

参 考 文 献

［1］ 郦能惠，杨泽艳．中国混凝土面板堆石坝的技术进步［J］．岩土工程学报，2012，
34（8）：1361-1368．

［2］ 徐泽平，邓刚．高面板堆石坝的技术进展及超高面板堆石坝关键技术问题探讨［J］．
水利学报，2008，39（10）：1226-1234．

［3］ ICOLD，2014. Concrete face rock fill dams concepts for design and construction［C］．
Committee on Materials for Fill Dams.

［4］ Lawton F L，Lester M D. Settlement of rockfill dams［C］. Proceedings of the 8th
ICOLD Congress. Edinburgh，Scotland，1964. 599-613.

［5］ 邓铭江．严寒-高震-深覆盖层混凝土面板坝关键技术研究综述［J］．岩土工程学报，

2012，34（6）：985 – 996.

［6］ 郦能惠，王君利，米占宽，等．高混凝土面板堆石坝变形安全内涵及其工程应用［J］．岩土工程学报，2012，34（2）：193 – 201.

［7］ 党发宁，杨超，薛海斌，等．河谷形状对面板堆石坝变形特性的影响研究［J］．水利学报，2014，45（4）：435 – 442.

［8］ Kartal M E，Bayraktar A，Başağa H B. Seismic failure probability of concrete slab on CFR dams with welded and friction contacts by response surface method［J］. Soil Dynamics and Earthquake Engineering，2010，30（11）：1383 – 1399.

［9］ 赵剑明，刘小生，杨玉生，等．高面板堆石坝抗震安全评价标准与极限抗震能力研究［J］．岩土工程学报，2015，37（2）：2254 – 2261.

［10］ 李国英，苗喆，米占宽．深厚覆盖层上高面板坝建基条件及防渗设计综述［J］．水利水运工程学报，2014（4）：1 – 6.

［11］ Chen Q，Zhang L M. Three – dimensional analysis of water infiltration into the Gouhou rockfill dam using saturated – unsaturated seepage theory［J］. Canadian Geotechnical Journal，2006，43（5）：449 – 461.

［12］ 邓刚，汪小刚，温彦锋，等．混凝土面板坝面板变形模式与水平向挤压破损研究［J］．水利学报，2015，46（4）：396 – 404.

［13］ 周墨臻，张丙印，张宗亮，等．超高面板堆石坝面板挤压破坏机理及数值模拟方法研究［J］．岩土工程学报，2015，38（5）：1 – 7.

［14］ 郦能惠．中国高混凝土面板堆石坝性状监测及启示［J］．岩土工程学报，2011，33（2）：165 – 173.

［15］ Dascal O. Postconstruction deformation of rockfill dams［J］. Journal of Geotechnical Engineering，1987，11（3）：46 – 59.

［16］ Clements R P. Post – construction deformation of rockfill dams［J］. Journal of Geotechnical Engineering，1984，110（7）：821 – 840.

［17］ Gurbuz A，Peker I. Monitored performance of a concrete – faced sand – gravel dam［J］. Journal of Performance of Constructed Facilities，2016，30（5）：04016011.

［18］ 李为，苗喆．察汗乌苏面板坝监测资料分析［J］．水利水运工程学报，2012（5）：30 – 35.

［19］ 程展林，潘家军．水布垭面板堆石坝应力变形监测资料分析［J］．岩土工程学报，2012，34（12）：2299 – 2306.

［20］ Won M – S，Kim Y – S. A case study on the post – construction deformation of concrete face rockfill dams［J］. Canadian Geotechnical Journal，2008，45（6）：845 – 852.

［21］ Sowers G F，Williams R C，Wallace T S. Compressibility of broken and the settlement of rockfills［C］. Proceedings of 6th International Conference on Soil Mechabics and Foundation Engineering，Toronto，1965：561 – 565.

［22］ Pinto N L S，Marques F P. Estimating the maximum face deflection in CFRDs［J］. International Journal of Hydropower dams，1998，5（6）：28 – 31.

［23］ Hunter G J，Fell R. Deformation behaviour of embankment dams［M］. The University of New South Wales，2003.

［24］ Wen L，Chai J，Xu Z，et al. A statistical review of the behaviour of concrete face rockfill dams based on case histories [J]. Géotechnique, 2018, https://doi.org/ 10.1680/jgeot.17.P.095.

[25] 温立峰，柴军瑞，许增光，等. 面板堆石坝性状的初步统计分析 [J]. 岩土工程学报，2017，39 (7)：1312 - 1320.

[26] Kermani M, Konrad J - M, Smith M. An empirical method for predicting post - construction settlement of concrete face rockfill dams [J]. Canadian Geotechnical Journal, 2017, 54 (6): 755 - 767.

[27] Kim Y - S, Kim B - T. Prediction of relative crest settlement of concrete - faced rockfill dams analyzed using an artificial neural network model [J]. Computers and Geotechnics, 2008, 35 (3): 313 - 322.

[28] Shi Y Y, Wu J L, He J P. A statistical model of deformation during the construction of a concrete face rockfill dam [J]. Structural Control and Health Monitoring, 2017. 1 - 11.

[29] Khalid S, Singh B, Nayak G C, et al. Nonlinear analysis of concrete face rockfill dam [J]. Journal of Geotechnical Engineering, 1990, 116 (5): 822 - 837.

[30] Zhang B, Wang J G, Shi R. Time - dependent deformation in high concrete - faced rockfill dam and separation between concrete face slab and cushion layer [J]. Computers and Geotechnics, 2004, 31 (7): 559 - 573.

[31] Mahabad N M, Imam R, Javanmardi Y, et al. Three - dimensional analysis of a concrete - face rockfill dam [J]. Proceedings of the ICE - Geotechnical Engineering, 2014, 167 (4): 323 - 343.

[32] Gikas V, Sakellariou M. Settlement analysis of the Mornos earth dam (Greece): Evidence from numerical modeling and geodetic monitoring [J]. Engineering Structures, 2008, 30 (11): 3074 - 3081.

[33] Kim Y - S, Seo M - W, Lee C - W, et al. Deformation characteristics during construction and after impoundment of the CFRD - type Daegok Dam, Korea [J]. Engineering Geology, 2014, 178: 1 - 14.

[34] 罗先启，吴晓铭，童富果，等. 基于挤压边墙技术水布垭面板堆石坝应力 - 应变研究 [J]. 岩石力学与工程学报，2005，24 (13)：2342 - 2349.

[35] Modares M, Quiroz J E. Structural analysis framework for concrete - faced rockfill dams [J]. International Journal of Geomechanics, 2016, 16 (1): 04015024.

[36] Arici Y. Behaviour of the reinforced concrete face slabs of concrete faced rockfill dams 57 during impounding [J]. Structure and Infrastructure Engineering, 2013, 9 (9): 877 - 890.

[37] Arici Y. Investigation of the cracking of CFRD face plates [J]. Computers and Geotechnics, 2011, 38 (7): 905 - 916.

[38] Wang Z, Liu S, Vallejo L, et al. Numerical analysis of the causes of face slab cracks in Gongboxia rockfill dam [J]. Engineering Geology, 2014, 181: 224 - 232.

[39] Zhou M - Z, Zhang B - Y, Jie Y - X. Numerical simulation of soft longitudinal joints in concrete - faced rockfill dam [J]. Soils and Foundations, 2016, 56 (3): 379 - 390.

[40] Seo M W，Ha I S，Kim Y S，et al. Behavior of concrete－faced rockfill dams during initial impoundment [J]. Journal of Geotechnical and Geoenvironmental Engineering，2009，135 (8)：1070－1081.

[41] 徐泽平，侯瑜京，梁建辉. 深覆盖层上混凝土面板堆石坝的离心模型试验研究 [J]. 岩土工程学报，2010，32 (9)：1323－1328.

[42] Gamboa C J N. Mechanical behavior of rockfill materials－application to concrete face rockfill dams [J]. Acta Geotechnica，2014，10 (7)：102－117.

[43] 王鹏程，刘建坤. 颗粒形状对不良级配碎石集料剪切特性的影响 [J]. 岩土力学，2017，38 (8)：2198－2202.

[44] 卞士海，李国英，魏匡民，等. 一个改进的堆石料广义塑性模型 [J]. 岩土工程学报，2017，39 (10)：1936－1942.

[45] Sun Q，Cai Y，Chu J，et al. Effect of variable confining pressure on cyclic behaviour of granular soil under triaxial tests [J]. Canadian Geotechnical Journal，2017，54 (6)：768－777.

[46] Zhang G，Zhang J－M，Yu Y. Modeling of gravelly soil with multiple lithologic components and its application [J]. Soils and Foundations，2007，47 (4)：799－810.

[47] Weng M－C，Chu B－L，Ho Y－L. Elastoplastic deformation characteristics of gravelly soils [J]. Journal of Geotechnical and Geoenvironmental Engineering，2013，139 (6)：947－955.

[48] Kong X J，Zou D G，Liu HB. Stress－dilatancy relationship of Zipingpu gravel under cyclic loading in triaxial stress states [J]. International Journal of Geomechanics，2016，16 (4)：04016001.

[49] Xiao Y，Liu H，Chen Y，et al. Testing and modeling of the state－dependent behaviors of rockfill material [J]. Computers and Geotechnics，2014，61：153－165.

[50] Xu B，Zou D，Kong X，et al. Dynamic damage evaluation on the slabs of the concrete faced rockfill dam with the plastic－damage model [J]. Computers and Geotechnics，2015 (65)：258－265.

[51] Fu Z C，Shengshui，Peng Cheng. Modeling cyclic behavior of rockfill materials in a framework of generalized plasticity [J]. International Journal of Geomechanics，2014，14 (2)：191－204.

[52] Wei K，Zhu S. Application of an elastoplastic model to predict behaviors of Concrete－Faced Rock－fill Dam under complex loading conditions [J]. Journal of Civil Engineering and Management，2015，21 (7)：854－865.

[53] 刘斯宏，邵东琛，沈超敏，等. 一个基于细观结构的粗粒料弹塑性本构模型 [J]. 岩土工程学报，2017，39 (5)：777－783.

[54] 周伟，常晓林，周创兵，等. 堆石体应力变形细观模拟的随机散粒体不连续变形模型及其应用 [J]. 岩石力学与工程学报，2009，28 (3)：491－499.

[55] Zhou W，Liu J，Ma G，et al. Macroscopic and microscopic behaviors of granular materials under proportional strain path：a DEM study [J]. International Journal for Numerical and Analytical Methods in Geomechanics，2016，40 (18)：2450－2467.

[56] 刘京茂，孔宪京，邹德高. 考虑振动碾压引起的颗粒破碎对堆石坝变形计算的影响

[J]. 水利学报, 2015, 25 (5): 44 – 56.

[57] 蔡正银, 李小梅, 韩林, 等. 考虑级配和颗粒破碎影响的堆石料临界状态研究 [J]. 岩土工程学报, 2016, 38 (8): 1357 – 1364.

[58] Mun W, McCartney J S. Roles of particle breakage and drainage in the isotropic compression of sand to high pressures [J]. Journal of Geotechnical and Geoenvironmental Engineering, 2017, 143 (10): 04017071.

[59] Xiao Y, Liu H, Desai C S, et al. Effect of intermediate principal – stress ratio on particle breakage of rockfill material [J]. Journal of Geotechnical and Geoenvironmental Engineering, 2016, 142 (4): 06015017.

[60] 花俊杰, 常晓林, 周伟. 高堆石坝流变研究进展 [J]. 水力发电学报, 2010, 29 (4): 194 – 199.

[61] Oldecop LA, ALONSO E. E. Theoretical investigation of the time – dependent behaviour of rockfil [J]. Géotechnique, 2007, 57 (3): 289 – 301.

[62] 周伟, 胡颖, 闫生存. 高堆石坝流变机理的组构理论分析方法 [J]. 岩土工程学报, 2007, 29 (8): 1274 – 1278.

[63] Dolezalova M, Hladik I. Constitutive models for simulation of field performance of dams [J]. International Journal of Geomechanics, 2011, 11 (6): 477 – 489.

[64] Silvani C, Désoyer T, Bonelli S. Discrete modelling of time – dependent rockfill behaviour [J]. International Journal for Numerical and Analytical Methods in Geomechanics, 2009, 33 (5): 665 – 685.

[65] Ma G, Zhou W, Ng T – T, et al. Microscopic modeling of the creep behavior of rockfills with a delayed particle breakage model [J]. Acta Geotechnica, 2015, 10 (4): 481 – 496.

[66] Pramthawee P, Jongpradist P, Sukkarak R. Integration of creep into a modified hardening soil model for time – dependent analysis of a high rockfill dam [J]. Computers and Geotechnics, 2017 (91): 104 – 116.

[67] Wang Z, Liu X, Yang X, et al. An improved Duncan – Chang constitutive model for sandstone subjected to drying – wetting cycles and secondary development of the model in FLAC3D [J]. Arabian Journal for Science and Engineering, 2017, 42 (3): 1265 – 1282.

[68] Zhou Z, Cai X, Chen L, et al. Influence of cyclic wetting and drying on physical and dynamic compressive properties of sandstone [J]. Engineering Geology, 2017, 220: 1 – 12.

[69] Zhao Z, Song E – X. Particle mechanics modeling of creep behavior of rockfill materials under dry and wet conditions [J]. Computers and Geotechnics, 2015, 68: 137 – 146.

[70] Zheng Y H, Kianoosh H, Miller G A. . Numerical Simulation of Wetting – Induced Settlement of Embankments [J]. Journal of Performance of Constructed Facilities, 2017, 31 (3): D4017001.

[71] El Korchi F Z, Jamin F, El Omari M, et al. Collapse phenomena during wetting in granular media [J]. European Journal of Environmental and Civil Engineering, 2016, 20 (10): 1262 – 1276.

[72] Wu Y，Zhang B，Yu Y，et al. Consolidation analysis of Nuozhadu high earth－rockfill dam based on the coupling of seepage and stress－deformation physical state [J]．International Journal of Geomechanics，2016，16（3）：101－115.

[73] Chen Y，Hu R，Lu W，et al. Modeling coupled processes of non－steady seepage flow and non－linear deformation for a concrete－faced rockfill dam [J]．Computers & Structures，2011，89（13－14）：1333－1351.

[74] Nguyen－Tuan L，Lahmer T，Datcheva M，et al. Global and local sensitivity analyses for coupled thermo－hydro－mechanical problems [J]．International Journal for Numerical and Analytical Methods in Geomechanics，2017，41（5）：707－720.

[75] Nguyen－Tuan L，Könke C，Bettzieche V，et al. Numerical modeling and validation for 3D coupled－nonlinear thermo－hydro－mechanical problems in masonry dams [J]．Computers & Structures，2017（178）：143－154.

[76] Gurbuz A. A new approximation in determination of vertical displacement behavior of a concrete－faced rockfill dam [J]．Environmental Earth Sciences，2011，64（3）：883－892.

[77] Zhou W，Hua J，Chang X，et al. Settlement analysis of the Shuibuya concrete－face rockfill dam [J]．Computers and Geotechnics，2011，38（2）：269－280.

[78] 迟世春，朱叶. 面板堆石坝瞬时变形和流变变形参数的联合反演 [J]. 水利学报，2016，47（1）：18－27.

[79] Jia Y，Chi S. Back－analysis of soil parameters of the Malutang Ⅱ concrete face rockfill dam using parallel mutation particle swarm optimization [J]．Computers and Geotechnics，2015，65：87－96.

[80] Zheng D，Cheng L，Bao T，et al. Integrated parameter inversion analysis method of a CFRD based on multi－output support vector machines and the clonal selection algorithm [J]．Computers and Geotechnics，2013，47：68－77.

[81] Guo Q，Pei L，Zhou Z，et al. Response surface and genetic method of deformation back analysis for high core rockfill dams [J]．Computers and Geotechnics，2016，74：132－140.

[82] 刘京茂，孔宪京，邹德高. 接触面模型对面板与垫层间接触变形及面板应力的影响 [J]. 岩土工程学报，2015，37（4）：700－710.

[83] 周小文，龚壁卫，丁红顺，等. 砾石垫层-混凝土接触面力学特性单剪试验研究 [J]. 岩土工程学报，2005，27（8）：876－880.

[84] Zhang G，Wang L，Zhang J M. Dilatancy of the interface between a structure and gravelly soil [J]．Géotechnique，2011，61（1）：75－84.

[85] 苏超，赵业彬. 水工结构接触问题的多体有限元法 [J]. 岩土工程学报，2016，38（6）：1051－1056.

[86] Zhou M，Zhang B，Peng C，et al. Three－dimensional numerical analysis of concrete－faced rockfill dam using dual－mortar finite element method with mixed tangential contact constraints [J]．International Journal for Numerical and Analytical Methods in Geomechanics，2016，40（15）：2100－2122.

[87] Zhang G，Zhang J－M. Numerical modeling of soil－structure interface of a concrete－faced rockfill dam [J]．Computers and Geotechnics，2009，36（5）：762－772.

［88］ Qian X X，Yuan H N，Li Q M，et al. Comparative study on interface elements，thin - layer elements，and contact analysis methods in the analysis of high concrete - faced rockfill dams ［J］. Journal of Applied Mathematics，2013：1 - 11.

［89］ 王启国. 金沙江虎跳峡河段河床深厚覆盖层成因及工程意义 ［J］. 岩石力学与工程学报，2009，28 (7)：1455 - 1466.

［90］ Ito M，Azam S. Engineering properties of a vertisolic expansive soil deposit ［J］. Engineering Geology，2013，152 (1)：10 - 16.

［91］ Wang Y S，Liu S H. Treatment for a fully weathered rock dam foundation ［J］. Engineering Geology，2005，77 (1 - 2)：115 - 126.

［92］ Wen L，Chai J，Xu Z，et al. Monitoring and numerical analysis of behaviour of Miaojiaba concrete - face rockfill dam built on river gravel foundation in China ［J］. Computers and Geotechnics，2017 (85)：230 - 248.

［93］ Gan L，Shen Z Z，Xu L Q. Long - term deformation analysis of the Jiudianxia concrete - faced rockfill dam ［J］. Arabian Journal for Science and Engineering，2013，39 (3)：1589 - 1598.

［94］ Lollino P，Cotecchia F，Zdravkovic L，et al. Numerical analysis and monitoring of Pappadai dam ［J］. Canadian Geotechnical Journal，2005，42 (6)：1631 - 1643.

［95］ Wang M，Chen Y - F，Hu R，et al. Coupled hydro - mechanical analysis of a dam foundation with thick fluvial deposits：a case study of the Danba Hydropower Project，Southwestern China ［J］. European Journal of Environmental and Civil Engineering，2015，20 (1)：19 - 44.

［96］ 刘汉龙，刘彦辰，杨贵，等. 覆盖层上混凝土-堆石混合坝模型试验研究 ［J］. 岩土力学，2017，38 (3)：617 - 622.

［97］ 沈婷，李国英，李云，等. 覆盖层上面板堆石坝趾板与基础连接方式的研究 ［J］. 岩石力学与工程学报，2005，24 (14)：2588 - 2592.

［98］ 温续余，徐泽平，邵宇，等. 深覆盖层上面板堆石坝的防渗结构形式及其应力变形特性 ［J］. 水利学报，2007，38 (2)：211 - 216.

［99］ 赵魁芝，李国英. 梅溪覆盖层上混凝土面板堆石坝流变变形反馈分析及安全性研究 ［J］. 岩土工程学报，2007，29 (8)：1230 - 1235.

［100］ 孙大伟，邓海峰，田斌，等. 大河水电站深覆盖层上面板堆石坝变形和应力性状分析 ［J］. 岩土工程学报，2008，30 (3)：434 - 439.

［101］ 宗敦峰，刘建发，肖恩尚，等. 水工建筑物防渗墙技术 60 年 II：创新技术和工程应用 ［J］. 水利学报，2016，47 (4)：483 - 492.

［102］ Rice J D，Duncan J M. Findings of case histories on the long - term performance of seepage barriers in Dams ［J］. Journal of Geotechnical and Geoenvironmental Engineering，2010，136 (1)：2 - 15.

［103］ Hinchberger S，Weck J，Newson T. Mechanical and hydraulic characterization of plastic concrete for seepage cut - off walls ［J］. Canadian Geotechnical Journal，2010，47 (4)：461 - 71.

［104］ Singh A K，Mishra G C，Samadhiya N K，et al. Design of a rigid cutoff wall ［J］. International Journal of Geomechanics，2006，6 (4)：215 - 225.

［105］ Abbaslou H，Ghanizadeh A R，Amlashi A T. The compatibility of bentonite/sepiolite plastic concrete cut－off wall material ［J］. Construction and Building Materials，2016 (124)：1165－1173.

［106］ Xiao M，Ledezma M，Wang J. Reduced－scale shake table testing of seismic behaviors of slurry cutoff walls ［J］. Journal of Performance of Constructed Facilities，2016，30 (3)：04015057.

［107］ Dascal O. Structurall behaviour of the Manicouagan 3 cutoff ［J］. Canadian Geotechnical Journal，1979 (16)：200－210.

［108］ Brown A J，Bruggemann D A. Arminous Dam，Cyprus，and construction joints in diaphragm cut－off walls ［J］. Géotechnique，2002，52 (1)：3－13.

［109］ 陈慧远. 土石坝坝基混凝土防渗墙的应力和变形 ［J］. 水利学报，1990 (4)：11－21.

［110］ 王刚，张建民，濮家骝. 坝基混凝土防渗墙应力位移影响因素分析 ［J］. 土木工程学报，2006，39 (4)：73－77.

［111］ Yu X，Kong X，Zou D，et al. Linear elastic and plastic－damage analyses of a concrete cut－off wall constructed in deep overburden ［J］. Computers and Geotechnics，2015 (69)：462－473.

［112］ 郦能惠，米占宽，孙大伟. 深覆盖层上面板堆石坝防渗墙应力变形性状影响因素的研究 ［J］. 岩土工程学报，2007，29 (1)：26－31.

［113］ Hou Y J，Xu Z P，Liang J H. Centrifuge modeling of cutoff wall for CFRD built in deep overburden ［C］. International Conference of Hydropower. Yichang，China，2004：86－92.

第2章

面板堆石坝变形特性规律统计

在实际工程建设中，面板堆石坝已经成为一种优选坝型，但是它的设计很大程度上仍然依赖于已有的工程经验。掌握面板堆石坝的变形特性对大坝的设计和安全评价至关重要。本章的主要目标是从统计学的角度对面板堆石坝的变形特性进行规律统计。基于大量已有文献，收集了过去50年已建的87个面板堆石坝变形特性和详细建设信息。对坝顶沉降、坝体内部沉降、面板挠度以及大坝长期渗漏量进行了深入的规律统计分析。通过回归分析获得若干估计大坝变形和渗漏特性的经验关系。此外，本章从经验的角度研究大坝变形特性与其影响因素之间的相关关系，并定量确定面板堆石坝变形特性的主要影响因素，包括堆石母岩饱和抗压强度（堆石强度）、地基特性、河谷形状及渗流作用等。本章描述基于工程实例数据获得的面板堆石坝力学特性规律统计结果，为面板堆石坝的设计、施工及运行提供重要参考和指导。

2.1 概述

自从振动碾压技术采用以来，过去50年面板堆石坝已经成为一种优选的坝型[1]。由于具有众多优点，目前面板堆石坝在世界范围内被广泛采用，例如巴西的 Xingo 大坝、中国的水布垭大坝以及马来西亚的 Bakun 大坝。某些面板堆石坝甚至建设在复杂地质条件下，例如建设在深厚覆盖层上的 Alto An-chicaya 大坝、建设在强地震区的紫坪铺面板堆石坝以及建在严寒地区的莲花坝。当前面板堆石坝的高度正在由 200m 级向 300m 级突破。复杂地质条件和超高的大坝高度可能引起不利的大坝力学特性，例如过大沉降、严重的面板开裂和过大渗漏量[2]。掌握理解面板堆石坝的应力变形特性对大坝的设计和安全评价至关重要。

目前已经提出多种估计和评价面板堆石坝变形特性的方法，包括数值方法、离心模型试验以及经验预测方法。很多学者对面板堆石坝变形特性开展数值模拟。为了准确描述面板堆石坝的变形特性，大量先进的堆石材料本构模型和接触分析方法被提出。但是数值计算结果的合理性主要依赖于材料本构模型的适用性和材料计算参数的准确性。由于计算结果受本构模型和计算参数的影响非常大，数值计算结果往往不可过度相信，除非具有实测结果进行验证。对于复杂地质条件下的面板堆石坝，有时会进行离心模型试验研究。离心模型试验结果为揭示面板堆石坝的力学特性提供了很好的实践视角。但是，高成本和试验本身的局限性，例如材料的缩尺效应、试验边界约束的简化以及整体安装模拟过程的简化一定程度上阻碍了离心模型试验的运用。一般只有特别重要或者复杂的大坝才会采用离心模型试验进行研究。虽然最近几十年面板堆石坝在世界范围内得到快速发展和建设，但是其设计和建设仍然很大程度上依赖于经验方法和已有工程经验。基于已有工程实例数据评价目标大坝力学特性的工程类比方法往往与实际吻合，特别是在具有充足实例数据的情况下。

依赖于已建大坝的力学特性估计新建大坝的特性是合理且必要的。Clements[3]、Cooke[1]、Sherard和Cooke[4]基于已建大坝实测数据，系统总结了早期面板堆石坝的变形特性。同时，提出若干估计面板堆石坝坝顶沉降和面板挠度的经验公式。Pinto和Marques[5]、Hunter和Fell[6]、Won和Kim[7]基于少量的工程实例实测数据对面板堆石坝坝顶沉降和面板挠度进行统计分析，但是他们所采用的实例数据库包含的实例数相对较少。郦能惠[8]对我国高129m以上的面板堆石坝开展了统计分析，并提出大坝变形特征值的新概念。此外，也有一些研究者基于不同的工程特性和变形特性信息数据库对面板堆石坝变形特性进行统计分析[9-12]。但是，目前已有文献中所采用和收集的面板堆石坝数据库往往较小，一般均未超过30个实例。此外，已有研究大部分集中于对一个或两个变形特性展开研究，考虑的大坝影响因素整体偏少，尚不全面和深入。

本章收集大量工程实例资料，对面板堆石坝的变形特性进行深入的规律统计分析。基于大量已有文献资料，全面收集了87个实例工程的监测资料、建设及施工方面的详细信息。本章主要目标是从统计学的角度分析面板堆石坝的变形规律，对坝顶沉降、坝体内部沉降、面板挠度以及长期渗漏进行深入统计分析。分析大坝变形特性与其影响因素的相关性。重点关注影响因素（包括堆石强度、地基特性、河谷形状、渗流作用等）对大坝变形特性的影响。此外，对面板堆石坝面板脱空和开裂等关键问题的形成原因和机制进行分析讨论。

2.2　面板堆石坝当前实践和实例数据库

2.2.1　面板堆石坝当前实践

现代面板堆石坝的实践和成就已由 Cooke[1]进行了系统总结和归纳。面板堆石坝典型分区如图 2.1 所示。根据材料类型、粒径分布和分区目的，坝体划分为不同的分区。分区 1A 和 1B 主要由细粒或细砂组成，主要用于填堵愈合裂缝或者接缝张拉。分区 2A 和 2B 主要由人工处理的散粒材料组成，主要用于支撑和平整面板。低混凝土含量的挤压边墙技术目前在实际工程中逐渐采用，挤压边墙一般设立在垫层上，主要用于平整面板，避免脱空。分区 3A 和 3B 是主要坝体堆石区，一般由较大颗粒岩石材料组成。无侧限抗压强度为 40～80MPa 的中等硬岩或者硬岩是最合适的堆石填筑材料。无侧限抗压强度小于 30MPa 的软岩也是一种可供选择的筑坝材料，但是它一般使用于坝体变形或应力较小的部位。天然砂砾石是很好的面板堆石坝筑坝材料，因为砂砾石碾压后具有较大的变形模量，坝体变形相对较小。Hunter 和 Fell[13]把堆石料母岩饱和无侧限抗压强度划分为非常强（VH）、中强（MH）、较弱（M）三类，其中 VH 对应的堆石强度为 70～240MPa，MH 对应的堆石强度为 20～70MPa，M 对应的堆石强度为 6～20MPa。一般情况下，堆石材料的颗粒尺寸从上游到下游方向逐渐增加，同时下游侧和较低部位的坝体可以使用堆石强度较低的材料。考虑到大坝的变形和稳定特性，面板堆石坝的分区一般需要通过优化分析确定，因为下游堆石区的上边界对面板堆石坝往往具有较大影响。

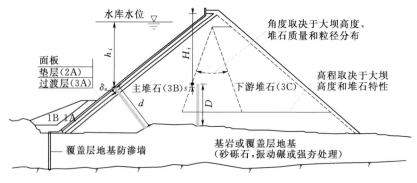

图 2.1　面板堆石坝典型分区示意图

1A—防渗土体；1B—压重土体；2A—人工处理小粒径岩石；3A—筛选的小粒径岩石薄层摊铺；3B—料场料，层厚 1.0m 左右；3C—料场料层厚 1.5～2.0m

面板堆石坝一般要求尽量修建在合适的岩石地基上。对于具有断层或强风化的岩石，必须采用适当的工程措施（例如开挖易侵蚀材料、加大趾板宽度、增加帷幕灌浆孔行数）进行处理，才能将其用作坝基。随着建设方法的改进和能源需求的飙升，很多大坝不得不修建在可压缩的覆盖层地基上，如图 2.1 所示。覆盖层一般由砾石、破碎岩石和细砂等组成，它具有结构松散、岩性不连续、粒径分布不均匀等众多特点[14]。我国西部地区，特别是西南地区河流普遍分布有深度不等的覆盖层。预加固固结、强夯、振动碾压及开挖是消除覆盖层地基侵蚀或管涌的主要措施。为了控制地基渗流或潜在的侵蚀，一般采用防渗墙控制覆盖层地基渗流。覆盖层上的面板堆石坝渗流控制系统一般由防渗墙、趾板、面板及接缝系统等组成。对于基岩上的面板堆石坝，目前已开展了大量研究，但是对于覆盖层上面板堆石坝力学特性的研究还相对欠缺，这主要是因为目前已有工程实践较少，特别是实测资料欠缺。

面板堆石坝的施工参数一般由堆石质量和类型、堆石粒径分布等决定。根据堆石强度，主堆石碾压层厚一般为 0.9～2.0m。施工过程一般采用至少 10t 的振动碾碾压 4～8 遍，碾压参数主要随着含水率和碾压层厚而相应调整变化。Xing 等[15]对我国采用软岩筑坝的 3 个面板堆石坝的堆石料进行碾压试验，认为采用 13.5～17t 的振动碾对 0.8～1.0m 厚的软岩进行 6～8 遍振动碾压后，堆石料可以很好地达到高密度和低孔隙率的特性。同时，他们认为，适当的洒水碾压有助于堆石料进一步密实。有研究表明，施工期具有适当的含水率可以有效减小堆石料工后湿化变形[16]。

大坝变形分析和堆石材料选择与堆石模量的估计密切相关。有时往往需要根据坝体的实际变形来估计面板堆石坝的工程参数。Fitzpatrick 等[17]根据 8 个大坝实例资料建立了有关堆石材料的变形模量，即垂直变形模量 E_v 和横向变形模量 E_t。其中垂直变形模量根据施工期堆石的垂直沉降定义，而横向变形模量根据蓄水期上游面板的挠度变形定义。E_v 和 E_t 分别表示为

$$E_v = \gamma D H_i / s \qquad (2.1)$$

$$E_t = \gamma_w d h_i / \delta_s \qquad (2.2)$$

式中：γ 为堆石的重度；γ_w 为水的重度；s 为厚度为 D 的堆石层在大坝施工到高度 H_i 时的沉降量；δ_s 为距离水面高度为 h_i 位置的面板的挠度；d 为垂直于面板方向坝体斜柱体的高度。

上述变量的具体意义在图 2.1 中进行了详细的表示。E_t 是人为定义的模量，一般仅用来估计面板的挠度。E_v 依赖于堆石孔隙和堆石强度，但是

忽略了河谷形状的影响。Kermani 等[18]根据上述模量的定义，提出了一个修正的垂直模量，可以考虑河谷形状的影响，可以应用于面板堆石坝坝顶沉降的估计。目前已有的大量经验方法均与 E_t 和 E_v 相关，例如 Hunter 和 Fell[13]、Kim 等[10]分别提出基于 E_v 的坝体沉降和坝顶沉降经验估计方法。Hunter[19]、Fitzpatrick 等[17]建议采用与 E_t 有关的经验公式来估计面板挠度。

2.2.2 面板堆石坝实例数据库

本章基于收集的 87 个面板堆石坝的监测和特性数据展开研究。收集的面板堆石坝实例均具有进行特性评价所需的详细监测数据。面板堆石坝的力学特性受多个因素的影响，主要包括施工方法（例如碾压、碾压层厚、加水等）、材料特性（例如粒径分布、堆石母岩饱和抗压强度、岩性、孔隙率、细粒含量、颗粒破碎等）、几何特性（例如大坝高度、分区设计、河谷形状、地基特性等）及荷载和边界条件（例如水库蓄水、渗流、水位波动、降雨、地震等）等。例如，由于施工技术的不同，早期抛填坝长期坝顶沉降平均为现代碾压坝的 5～8 倍[4]。Fell 等[20]发现，由于大量不同因素的影响，不同面板堆石坝长期坝顶沉降和面板挠度的变形值和变形速度均存在 1～2 个数量级的差异变化。为了全面分析，在收集实测变形数据的同时，尽量收集面板堆石坝的有关影响因素信息。表 2.1 列出了收集的 87 个面板堆石坝建设信息和最大变形监测结果。收集的 87 个大坝为过去 50 年已建正在运行的大坝，主要来自 19 个国家。主要收集大坝特性、建设信息和变形特性信息等资料。大部分大坝的筑坝材料为岩石堆石料，其中有 16 个大坝采用砂砾石作为 3B 或 3C 区的材料。收集实例中有 56 个大坝（实例 1～56）是修建在基岩上的，而另外 31 个大坝（实例 57～87）全部或部分修建在可压缩地基上。图 2.2 为 87 个大坝实测数据的测量时间（大坝蓄水完成到测量变形特性时的时间间隔）、大坝高度及堆石强度分类的统计数据。由图 2.2 可知，大部分大坝测量时间小于 10 年，其中几乎一半大坝的测量时间小于 5 年。测量时间的整体范围为 1～30 年。大部分大坝的高度在 50～150m 之间，总的大坝高度范围为 26～233m。几乎一半大坝是采用 VH 堆石强度建造的。由表 2.1 可以得出，高度为 100m 以下的面板堆石坝采用的堆石强度一般为 M～MH，但是对于建在覆盖层上或高度超过 100m 的面板堆石坝，VH 堆石强度较多被采纳。面板堆石坝的设计孔隙率一般通过碾压试验或相似工程来确定。表 2.1 数据表明，面板堆石坝堆石设计孔隙率的范围大致为 0.15～0.40。特别地，采用 M～MH 强度堆石建设的大坝孔隙率范围大致为 0.15～0.25，小于采用 VH 强度的面板堆石坝的孔隙率范围（0.15～0.30）。

表 2.1　　87个已建大坝建设信息和变形特性监测数据统计

编号	大坝	国家	年度	坝高/m	坝顶长度/m	地基特性和厚度	堆石岩性	堆石强度	孔隙率	河谷形状 (A/H^2)	相对坝内沉降 (IS/H) m	%	相对坝顶沉降 (CS/H) m	%	相对面板挠度 (FD/H) m	%	渗漏 /(L/s)	测量时间 /年	参考文献
1	Tullabardine	澳大利亚	1982	26	214	R	砂岩	MH	0.23	8.1	—	—	0.02	0.08	—	—	0.75	12.8	7,11
2	Namgang	韩国	2001	34	1126	R	片麻岩	—	0.27	36.2	0.11	0.32	0.01	0.04	0.06	0.17	4	6	10,12
3	White Spur	澳大利亚	1989	43	146	R	凝灰岩	VH	0.22	2.3	0.07	0.15	0.06	0.13	0.04	0.09	2	5.9	10
4	Dongbok	韩国	1985	44.7	188	R	花岗岩	VH	0.27	3.5	0.33	0.74	0.04	0.09	0.04	0.09	—	7	7
5	Buan	韩国	1996	50	410	R	流纹岩	VH	0.25	7.3	0.44	0.88	0.20	0.41	0.01	0.02	—	11	10,11
6	Daegok	韩国	2006	52	190	R	片麻岩	M	0.25	3.7	0.11	0.21	0.02	0.04	—	—	—	1	11
7	Little Para	澳大利亚	1977	53	225	R	粉砂岩	VH	—	—	—	—	0.15	0.29	—	—	19.2	22.6	1
8	Jangheung	韩国	2005	53	403	R	凝灰岩	MH~VH	0.28	10.7	0.44	0.83	0.02	0.04	0.03	0.06	—	—	10,12
9	Cheongsong (L)	韩国	2004	62	300	R	花岗岩	MH	—	6.7	—	—	0.07	0.11	—	—	1.5	3.2	7
10	Cabin creek	澳大利亚	1969	64	350	R	片麻岩	MH	0.33	8.8	0.35	0.50	0.11	0.17	0.01	0.01	—	10	8
11	Yongdam	韩国	2001	70	498	R	页岩	VH	0.32	6.3	0.27	0.37	0.12	0.17	0.01	0.01	—	6	11
12	Sancheong (L)	韩国	2002	70.9	286	R	花岗岩	VH	0.27	2.8	0.28	0.38	0.09	0.13	0.19	0.25	—	6	10
13	成屏	中国	1989	74.6	325	R	凝灰岩	VH	0.28	3.4	0.17	0.23	0.10	0.13	0.07	0.09	33	10	11
14	Bastyan	澳大利亚	1983	75	430	R	流纹岩	VH	0.23	3.8	0.33	0.42	0.05	0.07	0.12	0.15	5	9	5,7
15	蒲石河	中国	2012	78.5	395	R	凝灰岩	M~MH	0.22	3.7	0.40	0.51	0.12	0.15	0.14	0.18	50	2	8
16	泽雅	中国	1998	78.8	312	R	石灰岩	VH	0.25	4.5	0.43	0.54	0.08	0.10	0.10	0.13	—	15	8
17	Mangrove creek	澳大利亚	1981	80	380	R	粉砂岩	MH	0.26	7.1	0.41	0.51	—	—	—	—	2.5	4	1,7
18	Pyonghwa (1st)	韩国	1988	80	590	R	片麻岩	VH	0.40	—	0.18	0.22	—	—	—	—	—	5	10
19	Crotty	澳大利亚	1990	83	240	R	砂砾石	VH	0.20	1.9	—	—	0.06	0.07	0.05	0.06	32.5	9	7,10

续表

编号	大坝	国家	年度	坝高/m	坝顶长度/m	地基特性和厚度	堆石岩性	堆石强度	孔隙率	河谷形状 (A/H^2)	相对坝内沉降 (IS/H)		相对坝顶沉降 (CS/H)		相对面板挠度 (FD/H)		渗漏 /(L/s)	测量时间 /年	参考文献
											m	%	m	%	m	%			
20	Cokal	土耳其	2010	83	605	R	石灰岩	MH	0.20	6.2	0.50	0.60	0.13	0.16	0.15	0.18	—	2	35
21	Sugaroaf	澳大利亚	1979	85	1050	R	粉砂岩	MH	0.30	11.5	0.20	0.24	0.21	0.25	0.16	0.19	13	15	7，12
22	Sancheong (U)	韩国	2002	86.9	360	R	花岗岩	VH	0.27	3.1	0.39	0.44	0.30	0.35	0.01	0.01	—	6	11，12
23	Miryang	韩国	2001	89	535	R	粉砂岩	—	0.18	6.8	0.43	0.48	0.09	0.10	0.16	0.18	9	6	7，12
24	Kotmale	斯里兰卡	1984	90	560	R	片麻岩	MH~VH	0.27	7.4	0.86	0.96	0.15	0.17	0.10	0.11	—	2.5	1，5
25	Cheongsong (U)	韩国	2004	90	400	R	花岗岩	VH	—	3.7	—	—	0.12	0.13	—	—	10	3.3	7
26	大坳	中国	1999	90.2	424	R	砂岩	MH	0.21	3.6	0.92	1.02	0.21	0.23	0.23	0.25	61	8	15
27	万安溪	中国	1995	93.8	210	R	花岗岩	MH	0.26	2.0	0.21	0.22	0.34	0.36	0.10	0.11	5.62	5	10
28	Murchison	澳大利亚	1982	94	200	R	流纹岩	VH	0.23	1.9	0.20	0.21	0.08	0.09	0.09	0.10	2	18	5，15
29	西北口	中国	1989	95	222	R	石灰岩	MH~VH	0.28	3.3	0.32	0.34	0.06	0.06	0.08	0.08	35.3	6	11，12
30	Bailey	美国	1979	96	420	R	砂岩	M	0.27	3.5	—	—	0.42	0.44	—	—	—	10	30
31	洞巴	中国	2006	105.9	467	R	砂岩	M	—	—	2.30	2.18	—	—	—	—	—	—	30
32	Cethana	澳大利亚	1971	110	213	R	石英岩	VH	0.26	2.5	0.50	0.46	0.18	0.16	0.17	0.16	7.5	30	7，30
33	Glevard	伊朗	2012	110	275	R	石灰岩	VH	0.25	—	0.75	0.68	—	—	0.25	0.23	—	3	31
34	Khao Laem	泰国	1984	113	1000	R	石灰岩	MH	0.29	8.3	1.37	1.21	0.19	0.17	0.13	0.12	53	14	1，5
35	潘口	中国	2011	114	292	R	硅质岩	VH	—	—	0.27	0.25	0.20	0.18	—	—	—	3	—
36	Turimiquire	委内瑞拉	1982	115	410	R	灰岩	MH	0.32	2.7	—	—	0.27	0.23	0.25	0.22	—	5	30
37	Lower Pieman	澳大利亚	1986	122	360	R	辉绿岩	M	0.24	2.5	0.23	0.19	0.22	0.18	0.27	0.22	—	15	1，5
38	Shiroro	尼日利亚	1984	125	560	R	花岗岩	VH	0.20	4.2	0.94	0.75	0.17	0.14	0.09	0.07	80	1.8	1，5

续表

编号	大坝	国家	年度	坝高/m	坝顶长度/m	地基特性和厚度	堆石岩性	堆石强度	孔隙率	河谷形状 (A/H²)	相对坝内沉降 (IS/H)		相对坝顶沉降 (CS/H)		相对面板挠度 (FD/H)		渗漏/(L/s)	测量时间/年	参考文献
											m	%	m	%	m	%			
39	Cirata	印度尼西亚	1988	125	453	R	安山岩	M~MH	0.24	3.9	0.63	0.50	0.27	0.22	0.35	0.28	60	10	30
40	Ita	巴西	1999	125	880	R	玄武岩	MH~VH	0.31	7.0	—	—	0.60	0.48	0.51	0.41	200	4	1，9
41	Golillas	哥伦比亚	1978	127	107	R	砾石	VH	0.24	0.9	0.39	0.31	0.05	0.04	0.16	0.13	385	7	7，10
42	引子渡	中国	2004	129.5	276	R	灰岩	MH~VH	0.21	2.1	1.10	0.85	0.12	0.09	0.20	0.15	—	5	30
43	公伯峡	中国	2002	132.2	429	R	花岗岩	VH	0.17	2.5	0.35	0.26	0.15	0.11	0.18	0.14	—	10	32
44	Kurtun	土耳其	1999	133	300	R	石灰岩	MH	0.22	2.2	2.02	1.50	0.11	0.08	—	—	—	1	30
45	Segredo	巴西	1993	145	720	R	玄武岩	MH~VH	0.37	4.1	2.22	1.53	0.23	0.16	0.34	0.23	45	8	1，13
46	董箐	中国	2009	149.5	566	R	砂岩	VH	0.19	3.7	1.78	1.19	—	—	0.60	0.40	—	3	8，30
47	Mesochora	希腊	1995	150	340	R	石灰岩	M	0.23	1.6	2.10	1.40	0.22	0.15	0.33	0.22	—	5	6
48	马鹿塘	中国	2009	154	493	R	花岗岩	VH	0.19	2.4	1.50	0.97	0.25	0.16	0.28	0.18	80	3	30
49	紫坪铺	中国	2006	156	664	R	石灰岩	VH	0.26	4.8	0.71	0.46	0.21	0.13	0.25	0.16	90	6	30
50	吉林台	中国	2006	157	445	R	凝灰岩	VH	0.23	3.1	0.59	0.38	—	—	0.24	0.15	—	7	8，30
51	Foz do Areia	巴西	1980	160	828	R	玄武岩	MH~VH	0.33	5.4	3.58	2.34	0.21	0.13	0.78	0.49	70	20	7，10
52	天生桥	中国	2000	178	1104	R	石灰岩	M~VH	0.31	4.9	3.28	1.84	1.06	0.60	1.14	0.64	70	1.5	8，34
53	洪家渡	中国	2005	179.5	428	R	灰岩	VH	0.20	2.4	1.24	0.69	0.32	0.18	0.35	0.19	140	6	30
54	三板溪	中国	2007	185	423	R	粉砂岩	MH	0.22	2.5	1.05	0.57	0.17	0.10	0.17	0.10	100	5	30
55	Bakun	马来西亚	2007	205	740	R	砂岩	VH	0.20	2.8	2.27	1.10	—	—	0.80	0.39	—	4	30
56	水布垭	中国	2007	233	675	R	石灰岩	VH	0.22	2.3	2.30	0.98	0.35	0.15	0.28	0.12	20	3	8，26
57	Pappadai	意大利	1992	27	890	G，50m	灰岩	VH	—	—	0.07	0.26	0.01	0.04	—	—	—	7	30

续表

编号	大坝	国家	年度	坝高/m	坝顶长度/m	地基特性和厚度	堆石岩性	堆石强度	孔隙率	河谷形状 (A/H²)	相对坝内沉降 (IS/H)		相对坝顶沉降 (CS/H)		相对面板挠度 (FD/H)		渗漏 /(L/s)	测量时间 /年	参考文献
											m	%	m	%	m	%			
58	梁辉	中国	1997	35.4	410	G、25m	凝灰岩	VH	0.23	8.8	0.21	0.59	0.08	0.23	0.06	0.17	130	8	29
59	楚松	中国	1998	40	308	G、35m	砂卵石	MH	0.21	13.7	0.16	0.40	0.04	0.10	—	—	28	9	29
60	梅溪	中国	1998	41	652	G、30m	凝灰岩	MH	—	22.2	0.20	0.48	0.08	0.20	0.13	0.32	—	10	29
61	柯柯亚	中国	1981	42	123	G、37.5m	砂砾石	M	—	6.8	—	—	0.03	0.07	—	—	20	7	29
62	铜街子	中国	1992	48	434	G、71m	玄武岩	VH	0.21	—	0.45	0.94	—	—	0.12	0.25	—	8	29
63	大河	中国	1998	50.8	168	G、37m	石灰岩	M	—	4.1	0.25	0.49	0.12	0.23	0.13	0.25	—	8	29
64	双溪口	中国	2009	52.1	426	G、15.4m	凝灰岩	MH	0.20	10.2	0.46	0.94	0.13	0.24	0.17	0.32	—	2	30
65	Pichi‑Picun Leufu	阿根廷	1999	54	1045	G、28m	砂砾石	M	0.19	9.1	0.50	0.90	0.13	0.21	0.16	0.30	18	8	6
66	汉坪嘴	中国	2006	57	202	G、45m	砂砾石	VH	0.22	4.0	0.33	0.58	0.12	0.21	0.13	0.23	95	5	21
67	Kangaroo Creek	澳大利亚	1969	60	178	R、G、20m	页岩	M~MH	—	—	0.50	0.71	0.12	0.19	—	—	2.5	26	1、12
68	横山坝	中国	2006	70.2	210	G、72.3m	凝灰岩	MH	0.23	2.9	0.50	0.71	0.17	0.24	0.18	0.25	180	5	30
69	天荒坪	中国	1998	72	503	WR、35m	凝灰岩	MH	—	—	0.64	0.89	—	—	—	—	—	5	30
70	Mackintosh	澳大利亚	1981	75	465	WR	砂岩	M~MH	0.24	4.9	0.48	0.64	0.24	0.32	0.49	0.65	9	19	3、5
71	Puclaro	智利	1999	83	640	G、113m	砂砾石	M	0.20	2.4	0.67	0.81	0.11	0.13	0.12	0.14	—	5	30
72	老渡口	中国	2009	96.6	172	G、29.6m	砂砾石	MH	—	2.1	0.34	0.35	0.16	0.15	0.11	0.11	95	2	—
73	那兰	中国	2005	109	333	G、24.3m	砂砾石	MH	0.19	2.9	0.31	0.28	0.16	0.15	0.16	0.15	95	6	8
74	黎汗乌苏	中国	2009	110	338	G、46.7m	砂砾石	VH	0.17	3.7	0.53	0.48	0.22	0.20	0.30	0.27	15	2	29
75	苗家坝	中国	2011	110	348	G、48m	凝灰岩	VH	0.20	2.5	0.91	0.83	0.28	0.26	0.30	0.27	—	1	29

续表

编号	大坝	国家	年度	坝高/m	坝顶长度/m	地基特性和厚度	堆石岩性	堆石强度	孔隙率	河谷形状(A/H²)	相对坝内沉降(IS/H) m	相对坝内沉降(IS/H) %	相对坝顶沉降(CS/H) m	相对坝顶沉降(CS/H) %	相对面板挠度(FD/H) m	相对面板挠度(FD/H) %	渗漏/(L/s)	测量时间/年	参考文献
76	多诺	中国	2012	112.5	220	G、35m	砂岩	VH	0.21	2.2	1.10	0.98	0.33	0.30	0.23	0.20	—	2	29
77	Santa Juana	智利	1995	113.4	390	G、30m	砂砾石	M	—	3.1	—	—	0.01	0.01			50	4	6
78	Potrerillos	阿根廷	2003	116	395	G、35m	石灰岩	VH	0.21	3.1	0.82	0.70	0.29	0.25	0.30	0.26	180	6	8
79	Reece	澳大利亚	1986	122	374	G	辉绿岩	VH	0.24	—	0.23	0.19	0.22	0.18	0.26	0.21	1	15	7、11
80	珊溪	中国	2000	132.5	448	G、24m	凝灰岩	VH	0.20	3.4	0.95	0.72			0.20	0.15	—	6	30
81	九甸峡	中国	2008	136	232	G、56m	石灰岩	VH	0.17	2.0	1.24	0.91	0.42	0.31	0.84	0.62	136	3	29
82	Los Caracoles	阿根廷	2009	136	605	G、28m	石灰岩	MH	0.23	4.5	1.01	0.80	0.38	0.28	0.41	0.30	200	4	—
83	Alto Anchicaya	哥伦比亚	1974	140	260	G、34m	角岩	VH	0.22	1.1	0.63	0.45	0.17	0.12	0.16	0.11	180	10	1、3
84	Xingo	巴西	1994	150	850	R、G、41m	花岗岩	M~VH	0.28	6.0	2.90	1.93	0.53	0.35	0.51	0.34	140	6	5、12
85	Salvajina	哥伦比亚	1983	154	362	G、R、30m	砂砾石	MH~VH	0.21	2.4	0.30	0.20	0.09	0.06	0.06	0.04	80	7.5	5、10
86	滩坑	中国	2008	162	507	G、30m	凝灰岩	VH	—	3.7	0.81	0.50	0.15	0.09	0.17	0.10	80	5	8、30
87	Aguamilpa	墨西哥	1993	187	475	R、G	砂砾石	VH	0.18	3.9	—	—	0.34	0.18	0.32	0.17	160	7	5、10

注：H 为大坝高度；R 为岩石地基（砂砾石）地基；G 为覆盖层；WR 为风化岩石地基；A 为上游坝面面积；坝内沉降是指竣工期最大坝内沉降；坝顶沉降是指竣工期测量时间时最大累计坝顶沉降；面板挠度是指运行期测量时的面板挠度；渗漏是指运行期渗漏量；测量时间是指蓄水完成后至测量时的时间间隔；测量时间是指竣工时间至测量时间的时间间隔；堆石强度分类为 VH 堆石强度为 70～240MPa，MH 堆石强度为 20～70MPa，M 堆石强度为 6～20MPa。

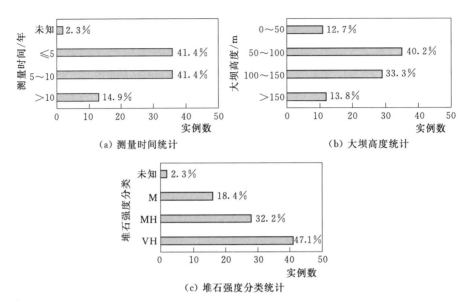

图 2.2　收集的实例测量时间、大坝高度和堆石强度分类统计

　　大坝沉降和面板挠度是定量化描述面板堆石坝变形特性的主要要素。本章涉及的沉降主要包括坝顶沉降（由 CS 表示）、坝体内部沉降（由 IS 表示）和地基沉降（由 FS 表示）。其中，坝顶沉降主要是指工后坝顶沉降，包含竣工后蓄水之前稳定期间的沉降、蓄水过程引起的沉降及蓄水后运行时间内发生的沉降。坝体内部沉降主要是指施工期坝体内部的垂直位移。地基沉降是指竣工期地基的压缩变形。坝顶沉降一般由施工期建立的大地水准观测系统测量，对于数据不充分或不具有可比性的大坝观测数据，并不收集在表 2.1 中。坝体内部沉降一般由施工过程中安装在坝体内部的电磁沉降计或水管式沉降仪测量。上述不同测量设备测量的数据往往具有较大可比性[11]。上述测量设备的测量参照点（或者零沉降的点）一般取为测量设备安装完成后初始测量时刻的结果。本章收集的所有内部沉降和地基沉降均具有充分的监测观测数据和零读数，数据具有可比性。面板挠度（由 FD 表示）一般采用安装在面板下部的测斜仪测量，本章收集的面板挠度数据较为充分并且具有可比性。分析过程中大坝沉降和面板挠度均采用坝高进行归一化处理，采用无量纲的结果（占坝高的百分比）。收集和分析的变形均指最大变形测点的累计变形。本章渗漏量是指下游坝基排出的渗水量，一般采用位于下游的三角堰进行测量。表 2.1 中的数据主要来源于已发表的论文、没有发表的报告和某些监测报告。表 2.1 收集的数据基本可以代表不同堆石类型和强度、不同河谷形状、不同地基条件以及大坝范围在 26～233m 面板堆石坝的建设信息和变形特性。

收集的部分修建在可压缩地基上大坝的地基特性和沉降信息不完全，只有 18 个建在覆盖层上大坝的地基特性和沉降信息可以获取。表 2.2 总结了上述 18 个覆盖层上大坝的地基特性和地面沉降信息。大部分覆盖层地基厚度范围为 30～50m，总的范围为 24.3～110m。覆盖层地基干密度范围为 2.0～2.2g/cm^3，覆盖层地基变形模量（E_0）的范围为 40～60MPa。地基变形模型是指在无侧限条件下土体垂直应力增量和相应应变增量的比值。它是地基压缩变形的一个重要指标。地基变形模量反映土体抵抗弹塑性变形的能力。表 2.2 中大部分地基的变形模量通过旁压试验估计获取。在旁压试验中，地基变形模型可以通过运用经验方法从压力-体积结果关系曲线获得[21]。部分实例地基的变形模量通过重型动力触探获取，一般采用变形模量和重型触探指标的经验关系来估计地基变形模量值[21]。此外，还有一些实例地基变形模量采用平板加载试验来获取，在平板加载试验中，一般通过压力-沉降关系曲线估计地基的变形模量[21]。旁压试验和重型动力触探试验可以获取不同深度地基的变形模量，但是平板加载试验一般只能确定浅层地基的变形模量。表 2.2 收集的地基变形模量意义相同，同时又以范围的形式给出，因此认为具有可比性。在后续章节分析中，所有涉及地基变形模量的实例，其变形模量均是采用旁压试验获取的结果。

表 2.2　　　　　修建在覆盖层上的 18 个面板堆石坝地基特性统计

编号	大坝	国家	年度	坝高/m	地基特性				相对地基沉降（FS/T）	
					地基条件	厚度 T/m	干密度/(g/cm^3)	E_0/MPa	m	%
57	Pappadai	意大利	1992	27	砾石	50	2.10～2.20	50～65	0.25	0.50
58	梁辉	中国	1997	35.4	砾石	25	2.00	40～55	0.16	0.64
59	楚松	中国	1998	40	砂砾石	35	2.10～2.15	50～55	0.29	0.83
60	梅溪	中国	1998	41	砂卵石	30	2.00		0.21	0.70
61	柯柯亚	中国	1981	42	砂砾石	37.5	—	60	0.30	0.80
63	大河	中国	1998	50.8	砾石	37	2.05	55～60	0.33	0.89
66	汉坪嘴	中国	2006	57	砂砾石	45	2.10～2.20	55～60	0.44	0.98
68	横山坝	中国	2006	70.2	砂砾石	40	2.15		0.35	0.88
71	Puclaro	智利	1999	83	砂砾石	113	2.00～2.15	50～60	—	—
72	老渡口	中国	2009	96.6	砂砾石	29.6	2.00	50～60	0.18	0.61
73	那兰	中国	2005	109	砾石	24.3	2.19	33～45	0.22	1.32
74	察汗乌苏	中国	2009	110	砂砾石	46.7	2.14	45～55	0.35	0.75

续表

编号	大坝	国家	年度	坝高 /m	地 基 特 性				相对地基沉降（FS/T）	
					地基条件	厚度 T /m	干密度 /(g/cm³)	E_0 /MPa	m	%
75	苗家坝	中国	2011	110	砂砾石	48	2.15～2.20	60～65	0.45	0.94
76	多诺	中国	2012	112.5	破碎砾石	35	2.17	45～55	0.37	1.06
77	Santa Juana	智利	1995	113.4	砂砾石	30	2.10	—	—	—
78	Potrerillos	阿根廷	2003	116	砾石	35	2.00～2.10	60～65	—	—
81	九甸峡	中国	2008	136	砂砾石	56	1.95～2.12	40～60	0.53	0.95
83	Alto Anchicaya	哥伦比亚	1983	154	砂砾石	34	2.20	55～60	—	—

注　T 为地基厚度；表中编号与表 2.1 一致；地基沉降（FS）是指竣工期地基表面最大沉降。

2.3　坝顶沉降统计分析

2.3.1　坝顶沉降典型变形规律

面板堆石坝工后变形由多种原因引起，包括水库蓄水、湿陷沉降、堆石弱化或风化、水库水位波动以及堆石长期流变等，其中堆石流变是长期坝顶沉降的主要原因[22]。坝顶沉降主要取决于坝顶以下坝体填筑体的高度，因此中间坝顶的沉降往往大于靠近两岸坝顶沉降。部分收集的大坝具有测点随时间变化的完整监测资料。图 2.3（a）所示为 13 个面板堆石坝坝顶最大沉降随时间变化的过程曲线。0 时刻为大坝竣工时间。

几乎所有大坝的坝顶沉降均在 Clements[3] 总结的范围内。在相似坝高、堆石强度及河谷形状下，覆盖层上面板堆石坝的坝顶沉降明显比基岩上大坝的坝顶沉降大。例如，覆盖层上苗家坝蓄水后的坝顶沉降比基岩上 Cethana 坝大 0.1% H 左右。相似地，在相似坝高、地基条件和河谷形状条件下，采用较低堆石强度堆石材料填筑的大坝其坝顶沉降明显比采用高堆石强度堆石材料填筑大坝的坝顶沉降大。例如，采用 MH 堆石强度的 Turimiquire 坝蓄水后坝顶沉降比采用 VH 堆石强度的 Cethana 坝大 0.09% H 左右。这些结果说明，坝顶沉降受堆石强度和地基条件的影响明显。采用低堆石强度并修建在覆盖层上的面板堆石坝明显观测到较大的坝顶沉降，同时这些大坝需要更长的稳定时间。例如，在低堆石强度和覆盖层地基作用下，Mackintosh 大坝呈现显著较大的坝顶沉降。

面板堆石坝坝顶沉降主要由时效变形和由蓄水荷载引起的坝体应力增加导

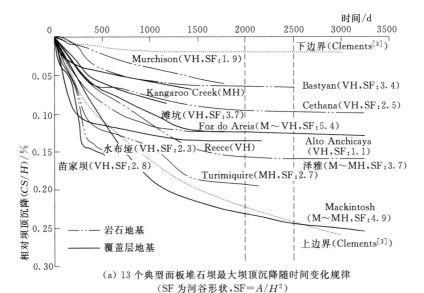

(a) 13个典型面板堆石坝最大坝顶沉降随时间变化规律
（SF 为河谷形状，SF＝A/H^2）

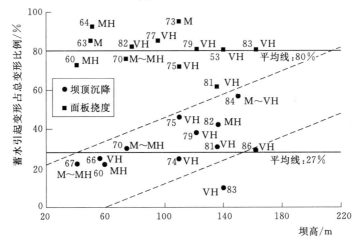

(b) 覆盖层上面板堆石坝蓄水引起坝顶沉降和面板挠度占总变形比值
（图中系列号为表 2.1 中编号）

图 2.3　面板堆石坝坝顶沉降随时间变化结果和蓄水引起变形占比

致孔隙压缩、颗粒破碎及位置调整而引起的变形两部分组成。Won 和 Kim[7]
认为大约 10%～40%（平均 23%）的坝顶沉降发生在初次蓄水期。Lawton 和
Lester[23] 认为 85% 的坝顶沉降产生在蓄水开始后一年内。Gikas 和 Sakellari-
ou[24] 发现堆石坝 60% 的坝顶沉降发生在蓄水完成前。实测结果表明，蓄水作
用加速坝顶沉降，引起显著的坝顶沉降增量。大部分收集的大坝缺乏蓄水引起
变形的结果，图 2.3（b）显示覆盖层上面板堆石坝蓄水引起坝顶沉降和面板

挠度占总变形的比值。基岩上大坝的数据没有在图中表示，但是也进行了单独的分析以比较不同地基条件下的结果。对于覆盖层上的面板堆石坝，蓄水引起的坝顶沉降大约占总变形的 $10\% \sim 60\%$（平均 27%），该结果大于基岩上大坝 22% 的平均占比结果。蓄水作用观测为加速坝顶的沉降，而且沉降增量往往滞后于蓄水过程。蓄水对坝顶沉降的影响随坝高的增加而增加，而随堆石强度的增加而减小。对于堆石强度为 M～MH 的大坝，蓄水引起的坝顶沉降平均占总变形的 32%，比堆石强度为 VH 的大坝蓄水引起的变形占比大 7% 左右。在蓄水过程水荷载影响下，坝顶沉降随时间变化的曲线一般呈现 S 形。图 2.3（a）所包含的曲线较多，各大坝的变形相差较大，同时各大坝的时间跨度存在明显的差别。个别大坝的时间跨度明显较长，蓄水阶段只占其中很小的比例。在上述原因作用下，大坝蓄水阶段前后变形曲线没有明显呈现出 S 形规律特点。但是个别时间较短的大坝仍然呈现出规律性，如水布垭大坝和苗家坝大坝。

大量堆石坝的坝顶沉降记录显示，在运行的几十年内大坝的沉降会连续增加。在对数坐标下堆石坝的坝顶沉降时间曲线有时为一根直线[3,6]。Gikas 和 Sakellariou[24]认为，堆石坝的坝顶沉降需要 10～20 年的时间才能达到趋于稳定的沉降速度。Fell 等[20]发现，在最初运行的 10 年内，堆石坝坝顶沉降速度较大且容易受水位波动的影响。但是在第二个 10 年内，坝顶沉降速度迅速减小并且趋于稳定。面板堆石坝的坝顶沉降速度与心墙堆石坝有所差别，因为面板堆石坝中不存在由于孔隙水压力消散引起的心墙固结作用，因此面板堆石坝的沉降稳定时间相对较短。Sherard 和 Cooke[4]认为，面板堆石坝坝顶沉降速度较小，且在蓄水完成后的最初几年内迅速减小。Hunter[19]认为，面板堆石坝的坝顶沉降在蓄水 6 年后基本趋于最终值。图 2.3（a）显示，坝体竣工后坝顶沉降明显随时间增加而增加，但是沉降速度逐渐减小。在大坝竣工2000～2500 天（大约 5～6 年）后，大坝坝顶平均沉降速度基本达到小于 1mm/年的水平，此时坝顶沉降基本保持不变。图 2.4 为面板堆石坝坝顶沉降与测量时间之间的统计规律。可以看出，面板堆石坝的沉降稳定时间大约为 5 年，与图 2.3（a）的结果基本一致。当然，不同大坝的坝顶沉降速度和稳定时间是不同的。坝顶沉降变形主要受堆石和地基特性、施工方法以及河谷形状等影响。覆盖层上的大坝、狭窄河谷上的大坝及堆石强度较低的大坝其变形稳定时间相对较长。

2.3.2　坝顶沉降统计规律

面板堆石坝施工过程中一般在坝顶设置最大为坝高的 1.0% 的弧度（坝顶预留沉降）来协调工后坝顶沉降。坝顶预留沉降一般通过沉降计算、施工期沉

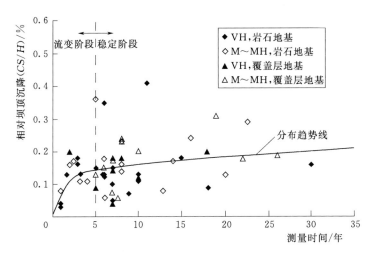

图 2.4 不同条件下面板堆石坝坝顶沉降与测量时间统计规律

降观测或工程类比的方法确定。大坝沉降主要由坝体自重和水压力引起，取决于堆石孔隙率和堆石强度。面板堆石坝变形特性受众多因素的影响，包括施工方法（例如碾压方法、碾压层厚及含水率）、材料特性（例如堆石岩性、堆石强度及粒径分布）、大坝几何特性（例如分区、河谷形状及地基条件）、荷载和边界条件（例如水位波动和降雨）。Fell 等[20]尝试基于若干影响因素对面板堆石坝工后坝顶沉降进行归纳分组，但是他们只得到一些常规的结论。因为变形影响因素众多，数据过度离散。他们认为，在大量影响因素作用下，面板堆石坝坝顶沉降和面板挠度及其变形速度均可能发生 1～2 个数量级的变化。为了获得面板堆石坝变形数据的统计规律，需要考虑尽量多的影响因素。

　　基于表 2.1 收集的数据，表 2.3 总结了不同影响因素下，面板堆石坝坝顶沉降、面板挠度以及坝内沉降的范围。对于较大坝高、较长测量时间、较低堆石强度及建在覆盖层上的大坝，大坝变形明显较大。不同堆石强度和大坝高度分组中，大坝变形范围仍然较大。没有考虑影响大坝变形的其他因素是造成上述结果的主要原因，例如堆石粒径分布影响、施工方法和河谷形状影响。尝试综合考虑上述各因素，造成了数据的离散分布。表 2.3 可以对面板堆石坝变形进行不同堆石强度、坝高、测量时间及地基条件的初步估计。对于堆石质量较好或建于狭窄河谷上的面板堆石坝，大坝的变形值应偏向于范围的下限。

　　图 2.5 为考虑不同测量时间、堆石强度及地基条件下，87 个面板堆石坝实测坝顶最大沉降与坝高关系，以及由数据点总结的坝顶沉降范围结果。为了比较，其他文献获得的已有坝顶沉降总结范围也表示在图 2.5 中。大约 90% 的实例坝顶沉降不大于 0.4% H，但是 Ita、天生桥和 Bailey 大坝的坝顶沉降

表 2.3　面板堆石坝坝顶沉降、面板挠度及坝内沉降的范围统计

IRS	H/m	相对坝顶沉降 (CS/H)/%				相对面板挠度 (FD/H)/%				相对内部沉降 (IS/H)/%	
		<5 年		>5 年		<5 年		>5 年		R	G
		R	G	R	G	R	G	R	G		
VH	<50	<0.04	0.04~0.10	0.05~0.09	0.04~0.23	0.02~0.05	0.05~0.10	0.05~0.09	0.07~0.20	0.05~0.15	0.2~0.6
	50~100	0.04~0.13	0.10~0.20	0.07~0.15	0.10~0.25	0.05~0.10	0.10~0.23	0.05~0.15	0.10~0.25	0.20~0.50	0.5~0.8
	100~150	0.10~0.18	0.12~0.30	0.10~0.20	0.12~0.30	0.10~0.20	0.10~0.27	0.13~0.20	0.10~0.27	0.25~0.80	0.5~1.0
	>150	0.13~0.20	0.18~0.35	0.13~0.25	0.18~0.35	0.12~0.30	0.10~0.35	0.15~0.30	0.17~0.35	0.50~1.10	1.0~1.5
M~MH	<50	0.05~0.10	0.10~0.15	0.08~0.10	0.17~0.23	0.05~0.17	0.10~0.20	0.10~0.20	0.10~0.20	0.30~0.50	0.4~0.8
	50~100	0.10~0.17	0.13~0.24	0.15~0.20	0.19~0.26	0.10~0.20	0.11~0.25	0.10~0.25	0.15~0.30	0.50~1.00	0.5~1.2
	100~150	0.17~0.30	0.10~0.35	0.17~0.30	0.10~0.35	0.16~0.25	0.20~0.30	0.16~0.28	0.20~0.35	0.50~1.50	1.0~1.8
	>150	0.15~0.35	0.20~0.35	0.20~0.35	0.20~0.35	0.20~0.35	0.20~0.40	0.20~0.38	0.20~0.43	1.00~2.00	1.0~2.5

注　IRS 为堆石强度分类；H 为坝高；R 为岩石地基；G 为覆盖层地基。

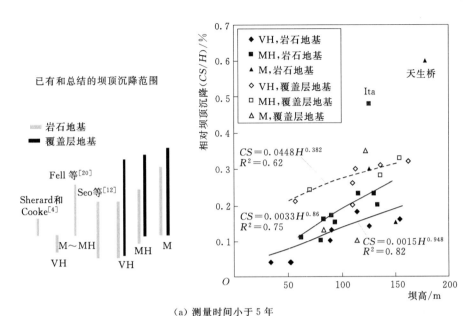

（a）测量时间小于 5 年

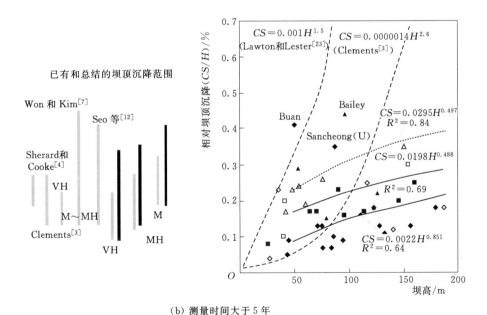

（b）测量时间大于 5 年

图 2.5　不同条件下面板堆石坝最大坝顶沉降与坝高的统计规律

明显较大，分别为 0.48% H、0.60% H 和 0.44% H。这些较大的沉降主要可能是因为复杂的分区并且堆石粒径分布不连续（Ita 大坝）、较大的大坝高度（天生桥大坝，178m）及较低的堆石强度（Bailey 大坝，25MPa）引起的。表

2.3 和图 2.5 结果表明，测量时间大于 5 年的大坝坝顶沉降结果轻微大于测量时间小于 5 年的结果。这可以采用前述分析进行解释，虽然大坝坝顶沉降变形时间很长，但是坝顶沉降主要发生在蓄水后最初的 5～6 年内。采用低强度堆石的大坝坝顶沉降较大。测量时间小于 5 年的基岩上堆石强度为 VH 和 M 大坝的坝顶沉降范围上限值相差大约 0.1% H。建于覆盖层上面板堆石坝的坝顶沉降显著大于建于基岩上大坝的坝顶沉降。在覆盖层地基的影响下，堆石强度为 VH、测量时间小于 5 年的面板堆石坝坝顶沉降平均比建于基岩上的大坝坝顶沉降大 0.06% H，同时范围上限的差异也超过 0.1% H。结果说明，覆盖层地基对坝顶沉降的影响比堆石强度的影响相对更加明显。这些结果进一步说明堆石强度和地基条件对面板堆石坝坝顶沉降具有显著影响。

Clements[3]认为，面板堆石坝长期坝顶沉降的范围大约为 0～0.25% H。相似地，基于若干工程实例数据，Sherard 和 Cooke[4]获得运行时间 5 年内的面板堆石坝坝顶沉降范围为 0.10% H～0.15% H，运行时间 100 年内相应坝顶沉降范围为 0.15% H～0.25% H。Fell 等[20]认为，蓄水完成后堆石强度为 VH 的大坝坝顶沉降范围为 0.02% H～0.05% H，而堆石强度为 M～MH 大坝范围为 0.10% H～0.15% H。Won 和 Kim[7]总结 27 个面板堆石坝的坝顶沉降数据，得到 VH 强度的面板堆石坝长期坝顶沉降范围为 0.10% H～0.20% H，而 M～MH 强度大坝的范围为 0.10% H～0.45% H。由图 2.5 获得的范围一定程度上与 Won 和 Kim[7]的结果接近。但是 Seo 等[12]建议的堆石强度为 M～MH 大坝坝顶沉降范围明显高估面板堆石坝坝顶沉降。其他一些学者建议的小于 0.25% H 的范围明显低估坝顶沉降，只与本章基岩上面板堆石坝坝顶沉降大致吻合。主要是因为已有范围多是基于基岩上大坝的监测数据统计分析获得的结果。Sowers 等[25]建议运行 10 年以上的面板堆石坝坝顶沉降可以由 0.25% H～1.0% H 的范围来估计，该范围明显高估坝顶沉降，但是 1.0% H 可以作为运行 10 年以上面板堆石坝坝顶沉降的上限值。

为了估计面板堆石坝的坝顶沉降，相关学者提出若干经验方法。Clements[7]对 68 个大坝的实测数据进行经验拟合，建议采用 $CS=aH^b$ 来预测面板堆石坝的坝顶沉降，其中 a 和 b 为常数（蓄水完成时 a 和 b 分别取为 0.0002 和 1.1，测量时间大于 10 年时 a 和 b 分别取为 0.0000014 和 2.6）。Sowers[25]对 14 个堆石坝的坝顶沉降展开研究，建议采用 $CS=cH(\lg t_2-\lg t_1)/100$ 来确定 t_1～t_2 时间段之间的坝顶沉降，其中 t_1 和 t_2 为以施工中期作为时间参考点（0 点）的以月为单位的时间。系数 c 随时间长度变化，取值范围一般在 0.2～1.05 之间，当计算时间大于 10 年时，c 一般取为 1。通过对 11 个大坝的实测数据进行曲线拟合分析，Lawton 和 Lester[23]认为当沉降速度小于 0.02% H 每年时，采用关系 $CS=0.001H^{1.5}$ 来预测累计坝顶沉降。这些经验关系只建立了坝顶沉降和坝高或测量时间之间的简单经验关系，没有考虑影响大坝变形特性的其他影响因素，例如材料特性、建设方法以及地基特性等。同时这些方法大部分是老方法，目前并不常使用。为了合理估计大坝变形，在大坝变形的经验估计中，应该尽量多考虑影响大坝变形的因素。

通过对图 2.5 中若干堆石强度和地基条件分组的数据进行回归分析，本节获得估计坝顶沉降的若干经验关系。但是因为可用的实例数据较少，其他分组条件下无法获得经验关系。在建立经验关系过程中，去除了若干明显不在常规范围内的数据，例如 Ita 大坝、Buan 大坝和 Sancheong（U）。所获得坝顶沉降与坝高之间的指数形式经验关系总结在表 2.4 中。由回归系数可以看出，每一种堆石强度和地基条件分组情况下，均获得合理的拟合。本节获得的经验关系，综合考虑了测量时间、堆石强度、地基条件和大坝高度等因素。坝顶沉降明显呈现随坝高增加的趋势。测量时间小于 5 年和测量时间大于 5 年的经验关系曲线基本相似，但是测量时间小于 5 年的坝顶沉降显然比测量时间大于 5 年的要小。综合图 2.5 和表 2.4 可以看出，坝高、堆石强度及地基条件对面板堆石坝坝顶沉降具有显著影响。

表 2.4　面板堆石坝坝顶沉降、坝内沉降及面板挠度的经验关系

IRS 和地基	坝顶沉降	坝内沉降	面板挠度
VH，R	$CS/H=0.0015H^{0.948}$，$R^2=0.82$，MP<5 年，8 个实例 $CS/H=0.0022H^{0.851}$，$R^2=0.64$，MP>5 年，13 个实例	$IS/H=0.0154H^{0.686}$，$R^2=0.71$，23 个实例	$FD/H=0.00000186H^{2.292}$，$R^2=0.62$，MP<5 年，5 个实例 $FD/H=0.00506H^{0.677}$，$R^2=0.63$，MP>5 年，14 个实例
MH，R	$CS/H=0.0033H^{0.86}$，$R^2=0.75$，MP<5 年，8 个实例 $CS/H=0.0198H^{0.488}$，$R^2=0.69$，MP>5 年，8 个实例	$IS/H=0.0032H^{1.261}$，$R^2=0.79$，9 个实例	$FD/H=0.00026H^{1.392}$，$R^2=0.66$，MP<5 年，10 个实例 $FD/H=0.00035H^{1.344}$，$R^2=0.66$，MP>5 年，7 个实例
VH，G	$CS/H=0.0488H^{0.382}$，$R^2=0.62$，MP<5 年，6 个实例	$IS/H=0.0525H^{0.568}$，$R^2=0.65$，13 个实例	—
M，G	$CS/H=0.0295H^{0.497}$，$R^2=0.84$，MP>5 年，8 个实例	—	—

注　IRS 为堆石强度分类；R 为岩石地基；G 为覆盖层地基；R^2 为复决定系数；MP 为测量时间。

图 2.6 所示为采用若干已有经验公式和表 2.4 中的经验关系计算的 15 个测量时间大于 10 年的实例坝顶沉降估计值和实测值之间的比较。使用的 15 个实例来自文献 Hunter[19]，具有不同堆石强度和地基条件，并且没有用于本节

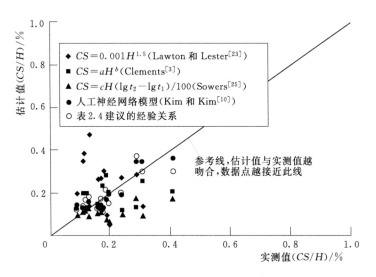

图 2.6　采用不同经验方法估计 15 个测量时间大于 10 年的
面板堆石坝坝顶沉降估计值与实测值比较

的经验拟合中。图 2.5 （b） 和图 2.6 结果显示，Lawton 和 Lester 的公式明显高估坝顶沉降，可以用于估计工后坝顶沉降的上限值。相反，Sowers 的公式显著低估坝顶沉降，可以用于估计面板堆石坝坝顶沉降的下限值。图 2.5 （b）表明 Clements 的公式在一定程度上与部分建在基岩上、堆石强度为 VH、坝高低于 100m 的面板堆石坝坝顶沉降吻合。采用已有经验关系估计的坝顶沉降与实测数据具有明显差异，预测结果呈现很差的相关性。这主要有两个方面的原因：首先，这些公式只是基于简单的坝顶沉降与坝高或时间的经验关系，考虑因素有限且不全面；其次，当前面板堆石坝的施工碾压技术和筑坝材料质量均得到很大改进和提升，这些可以显著降低面板堆石坝的工后变形。采用本节获得的经验关系，实测值和估计值之间误差的平均值、标准偏差和最小均方根误差分别为 0.071、0.075 和 0.041。平均值和最小均方根误差表明，本节经验关系预测的结果与实测结果较为吻合，相对于其他经验关系明显较为合理。本节获得的经验关系采用可靠的数据建立并且考虑了影响大坝变形的主要影响因素，因此认为，该公式可以用于面板堆石坝坝顶沉降的初步估计。Kim 等[10] 使用 30 个实例（21 个用于训练，9 个用于测试）的监测数据建立了一个预测面板堆石坝坝顶工后沉降的人工神经网络模型。该模型考虑大坝高度、堆石孔隙率及堆石垂直变形模量，使用反向传播算法对模型进行训练。该方法使用一个包含输入层、隐藏层及输出层的三层人工神经网络模型。使用交叉验证方法将隐藏神经元的数量设置为合理值。图 2.6 显示，采用 Kim 和 Kim [10] 的人工神经网络模型获得的预测值与实测值吻合较好。实测值和估计值之间误差的平均值、标准偏差和最小均方根误差分别为 0.071、0.075 和 0.041。结果表明，人工神经网络模型也是一个预测面板堆石坝坝顶沉降的可选方法。

2.3.3 堆石强度对面板堆石坝沉降的影响

本节对堆石强度对面板堆石坝沉降的影响展开进一步分析。为了避免其他因素（例如地基特性和测量时间）的影响并清楚地显示堆石强度对大坝变形特性的影响，本节分别选用建于基岩上、测量时间大于 5 年的面板堆石坝坝顶沉降及竣工期坝内沉降实测数据进行分析讨论。图 2.7 为基岩上面板堆石坝最大

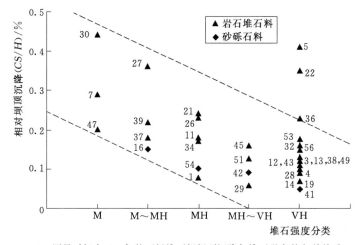

（a）测量时间大于 5 年的面板堆石坝坝顶沉降与堆石强度的相关关系

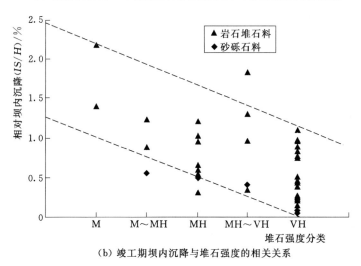

（b）竣工期坝内沉降与堆石强度的相关关系

图 2.7 基岩上面板堆石坝坝顶沉降及坝内沉降与堆石强度的相关关系

坝顶沉降及坝内沉降实测数据与堆石强度分类之间的相关关系。堆石强度较低的大坝，坝顶沉降明显较大。坝顶沉降随着堆石强度的降低而增加。堆石强度为 M 的大坝坝顶沉降平均为堆石强度为 VH 大坝的 2.1 倍。相似地，Hunter 和 Fell[13] 发现，堆石强度为 M、测量时间为 10 年的大坝坝顶沉降平均为堆石强度为 VH 大坝的 2.0 倍。这些结果主要是因为软岩强度较低，相对于堆石强度较大的岩石，后期更加容易产生颗粒破碎，进而可能产生较大的后期变形。由图 2.7 可知，几乎所有的实例均在趋势线范围内，除了 Sancheong（U）大坝和 Buan 大坝，它们的坝顶沉降显著较大。Buan 大坝后期较大变形主要由不充分的施工碾压和宽河谷引起，而 Sancheong（U）大坝较大的坝顶沉降主要由堆石粒径不连续和复杂的分区造成。此外，由表 2.1 可知，若干测量时间小于 5 年的大坝坝顶沉降明显较大，例如 Ita 大坝坝顶沉降值为 0.41% H，天生桥大坝坝顶沉降值为 0.60% H。这些较大的坝顶沉降主要由不充分的施工碾压、较大大坝高度或堆石粒径不连续引起。图 2.7 表明，采用砂砾石料填筑的面板堆石坝其坝顶沉降明显较小，这主要是因为砂砾石料在碾压后具有较大的变形模量和较小的孔隙率。竣工期坝内沉降与堆石强度的统计规律与坝顶沉降总体相似。

2.4　坝体内部沉降统计分析

2.4.1　坝内沉降典型变形规律

施工期面板堆石坝的沉降主要由两个机制控制，即颗粒破碎和颗粒重新定位调整。堆石沉降受堆石材料、岩性、粒径分布、颗粒形状以及颗粒尺度等影响。对堆石材料的碾压和坝体垂直应力的增加造成堆石体相对密度增加和孔隙率减小。面板堆石坝的变形主要由 4 个因素引起，即施工过程中增加的自重荷载、蓄水过程中作用在面板上的水压力、渗流入渗引起的湿化变形以及堆石的流变变形。典型面板堆石坝施工期最大沉降一般发生在坝体中部 1/2 坝高位置，而蓄水引起的变形最大值一般发生在上游面中部，并且沿下游方向逐渐减小。

图 2.8（a）为察汗乌苏面板堆石坝竣工期实测坝体沉降分布。竣工期最大沉降为 0.53m，发生在坝基以上 30m 的位置。蓄水引起最大沉降为 0.25m，发生在靠近上游面的底部位置。在坝基变形的影响下，竣工期和蓄水引起的最大沉降位置明显偏向坝基。图 2.8（b）显示 13 个实例实测最大坝体沉降随时间的变化过程。13 个实例均具有可靠和完整的监测信息。每个实例的建设时间和监测时间长短是不一样的。为了统一不同大坝的建设阶段，使数据更加具

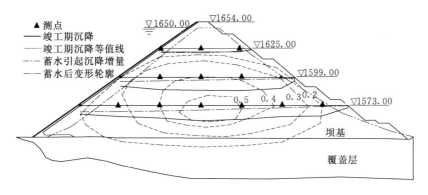

（a）察汗乌苏面板堆石坝竣工期内部沉降分布

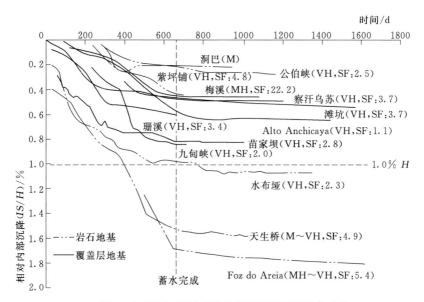

（b）13个面板堆石坝实例最大内部沉降随时间变化过程

图 2.8 面板堆石坝坝内沉降典型分布结果

有可比性，在图 2.8（b）中将每个实例蓄水完成时刻作为参考点放在一起。这样参考点之前为施工和蓄水阶段，参考点之后为运行阶段。值得注意的是，部分实例没有包含完整的建设和运行阶段。已有研究表明[11,15]，面板堆石坝大部分沉降发生在大坝填筑施工期间。周伟等[26]对水布垭的沉降变形进行研究，认为某些部位超过 85% 的总沉降发生在施工期。图 2.8（b）显示，施工期坝体内部沉降增加迅速，并且超过 80% 的总内部沉降发生在蓄水完成前。蓄水完成后，由于堆石流变作用，沉降随着时间继续增加，但是沉降速度明显减小，平均沉降速度小于 2mm/月。此外，由图可以看出，大部分大坝内部沉

49

降小于 1.0% H，除了 3 个坝高超过 150m 的大坝。与坝顶沉降类似，覆盖层上的面板堆石坝、堆石强度较低的大坝及河谷形状较宽的大坝坝内沉降变形总体相对较大。

2.4.2　坝内沉降统计规律

图 2.9 为考虑不同堆石强度和地基条件下，87 个面板堆石坝竣工期实测最大沉降随坝高的统计规律以及总结的不同条件下坝内沉降范围。大约 86% 的实例坝内沉降小于 1.0% H，除了部分坝高超过 150m 的大坝，例如巴西的 Foz do Areia 大坝，坝内沉降达 2.34% H；中国的天生桥大坝，坝内沉降为 1.84% H；巴西的 Xingo 大坝，坝内沉降达 1.93% H。对于坝高超过 150m 的面板堆石坝，应该重点采用变形控制方法和消除措施以保证大坝的安全稳定。综合考虑大坝高度和覆盖层厚度情况下，大部分建在覆盖层上的面板堆石坝坝内沉降小于上述总高度的 0.8%。表 2.3 和图 2.9 结果表明，堆石强度较低或建于覆盖层上的大坝，坝内沉降明显较大。基岩上堆石强度为 MH 的大坝，坝内沉降平均为基岩上堆石强度为 VH 大坝的 1.4 倍。在地基压缩变形影响下，覆盖层上面板堆石坝坝内沉降平均比基岩上大坝坝内沉降大 0.12% H 左右。坝内沉降随坝高呈增加的趋势。上述结果表明，坝高、堆石强度及地基条件均对坝内沉降具有显著影响。Sherard 和 Cooke[4] 认为，面板堆石坝竣工期沉降范围大约为 0.05% H～0.30% H。基于 35 个面板堆石坝内部沉降的实测数据，Jiang 和 Cao 总结得到面板堆石坝竣工期最大内部沉降范围为 0.15% H～0.45% H。比较其他学者总结的范围可以发现，已

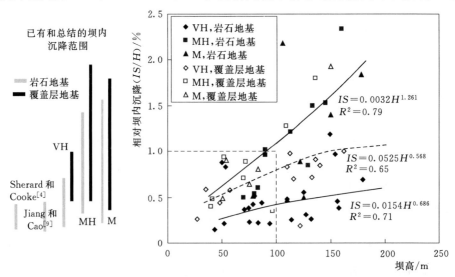

图 2.9　不同条件下面板堆石坝竣工期最大坝内沉降与坝高统计规律

有范围[9,20]只在一定程度上与基岩上堆石强度为 VH 的面板堆石坝坝内沉降吻合。已有范围显著低估覆盖层上大坝或堆石强度为 M～MH 的大坝坝内沉降。

图 2.9 通过回归分析拟合了若干不同堆石强度和地基条件下坝内沉降随坝高变化的经验关系。在表 2.4 中详细列出了获得的坝内沉降经验关系。实测数据与经验关系获得数据之间拟合关系的复决定系数 R^2 均大于 0.65。复决定系数主要用来检验回归方程对观测值的拟合程度，其取值越接近于 1，表明自变量对因变量的解释程度越高。非时间序列数据拟合中，一般认为 R^2 大于 0.5 即获得较好的拟合结果[27]。结果表明，在不同分组条件下坝内沉降与坝高之间存在较好的相关性。上述经验关系考虑了堆石强度、地基条件及大坝高度等因素的影响。由结果可以看出，基岩上堆石强度为 VH 的大坝坝内沉降呈现随坝高轻微增加的趋势。相反，覆盖层上的大坝或堆石强度较低的大坝，坝内沉降呈现随坝高明显增加的趋势。Hunter 和 Fell[13] 建议采用式（2.1）来估算基岩上大坝施工期的坝内沉降。基于具有完善信息的 35 个面板堆石坝实例，他们建立了一个基于颗粒尺度 D_{80}（80% 颗粒小于该尺度）和堆石强度的估计坝体垂直变形模量（E_v）的经验方法。但是该方法忽略了堆石孔隙率的影响。堆石体主要由碎石料和空隙组成。施工过程中堆石体孔隙率逐渐减小进而引起沉降变形，因此孔隙率对面板堆石坝变形特性具有重要影响。图 2.10（a）为面板堆石坝竣工期最大内部沉降与设计孔隙率的统计规律。低孔隙率和高堆石强度对应较小的堆石垂直变形模量，进而将引起较小的坝内沉降。随着设计孔隙率的减小，坝体沉降相应减小。本章收集的 87 个实例中，共 38 个实例具有垂直变形模量数据。图 2.10（b）为基于 38 个实例数据总结的考虑不同堆石强度下坝体垂直变形模量与孔隙率之间的关系。图 2.10（b）提供一个估计坝体垂直变形模量的改进方法。使用该改进方法结合式（2.1），即可对面板堆石坝坝内沉降进行估算。

图 2.11 比较了采用已有经验方法和本节经验关系估计的 8 个大坝最大坝内沉降与实测值之间的比较。所选用的 8 个实例来自文献 Hunter[19]，并且没有用于本节的回归分析中。不同经验方法计算的误差均值和标准偏差分别为 0.11 和 0.08（Hunter 和 Fell[13] 建议的方法）、0.076 和 0.023（本节改进的垂直变形模量方法）以及 0.054 和 0.015（本节得到的经验关系）。上述各方法的最小均方根误差分别为 0.089，0.076 和 0.027。结果表明，本节提出的经验关系和改进垂直变形模量方法获得的误差值相对较小，说明本节获得的经验关系为估计坝内沉降和坝体垂直变形模量提供了一个可选的经验方法。

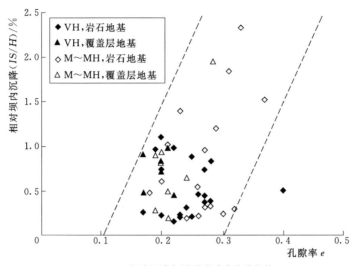

（a）坝内沉降与设计孔隙率统计规律

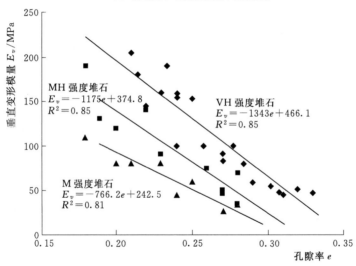

（b）基于 38 个实例数据的垂直变形模量与孔隙率统计规律

图 2.10　面板堆石坝坝内沉降与孔隙率统计规律以及
垂直变形模量与孔隙率统计规律

2.4.3　覆盖层地基对坝内沉降的影响

本节进一步讨论覆盖层上面板堆石坝坝内沉降统计结果。图 2.12（a）为
收集的 14 个覆盖层上面板堆石坝地基最大沉降与覆盖层厚度的统计关系。几
乎所有归一化的地基沉降均小于 $1.0\% T$（T 为覆盖层厚度）。覆盖层地基变
形随着厚度的增加而增加，同时随着地基变形模量的增加而减小。Pappadai

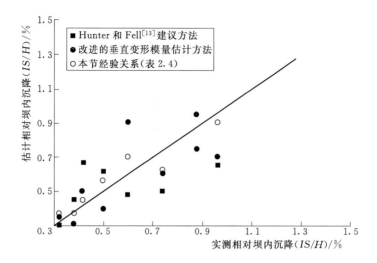

图 2.11 采用不同经验方法的面板堆石坝估计坝内沉降与
实测坝内沉降比较

大坝的地基沉降明显较小，主要是因为地基变形模量较大，并且大坝高度较小
（仅 27m）。

  图 2.12（b）和图 2.12（c）显示若干覆盖层上典型大坝垂直测线归一化
坝内沉降分布规律，以及 11 个大坝竣工期最大沉降发生位置与覆盖层相对坝
高厚度（T/H）的统计规律。大量研究表明，面板堆石坝最大内部沉降发生
在一半坝高左右的位置[28]。在地面沉降影响下，覆盖层上面板堆石坝最大坝
内沉降发生在 $0.2H \sim 0.4H$ 的位置，明显低于基岩上面板堆石坝最大沉降的
位置（一般为 $0.4H \sim 0.6H$）。此外，值得注意的是，大坝最大沉降位置随着
覆盖层相对厚度的增加向下移动，并且在覆盖层相对厚度 $\geq 0.5H$ 左右时，最
大值位置最终趋于 $0.2H$。地基压缩变形、流变以及水力耦合效应被认为是造
成覆盖层上大坝较大变形的主要机制[29]，其中地基压缩变形是主要原因。

  为了进一步分析覆盖层地基对大坝变形的影响，对 19 个覆盖层上面板堆
石坝实例的内部沉降进行进一步规律统计分析。这些实例均建在覆盖层上且具
有可靠的覆盖层厚度和坝内沉降实测信息。图 2.13 为实测坝内沉降随地基相
对厚度（T/H）的统计规律。结果表明，坝内沉降随着覆盖层相对厚度的增
加而增加，两条趋势线斜率大约为 0.6。但是，当地基相对厚度超过 $0.5H$
时，坝内沉降不再随地基相对厚度的增加而增加。地基相对厚度较大时意味着
地基厚度较大，甚至与坝高和坝底宽度是可比的。在相对地基厚度较大情况
下，随着地基厚度的增加，覆盖层附加应力减小，但是地基变形模量却增加。
减小的附加应力和增加的变形模量只引起 $0.5H$ 深度以下地基很小的变形。

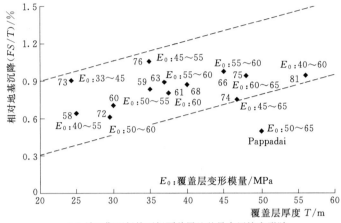

（a）竣工期面板堆石坝覆盖层地基最大压缩变形随
地基厚度统计规律（图中数字表示表2.1中的编号）

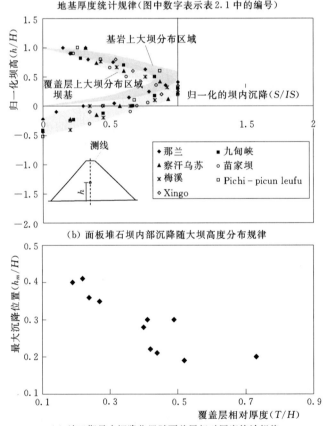

（b）面板堆石坝内部沉降随大坝高度分布规律

（c）竣工期最大沉降位置随覆盖层相对厚度统计规律

图2.12　面板堆石坝覆盖层地基沉降统计规律及坝内沉降分布规律

h—测点高度；S—测点沉降；h_m—最大坝内沉降测点高度；

FS—地基表面最大沉降

因此，$0.5H$ 深度以下地基变形对坝体变形的影响有限。上述现象可能是覆盖层地基相对厚度超过一定深度后，坝内沉降不再显著随覆盖层厚度增加的主要原因。图 2.13 中相同地基相对厚度时，坝内沉降范围较大，这主要是因为采用的实例具有不同堆石强度、堆石粒径分布、河谷形状以及覆盖层变形模量。在相同覆盖层相对厚度情况下，当覆盖层变形模量较小时，坝内沉降相对较大。Xingo 大坝和大河大坝不在趋势线范围内。大河大坝覆盖层变形模量较大，同时分区设计和施工碾压合理，因此坝内沉降较小；而 Xingo 大坝堆石强度较低，大坝高度较大并且河谷较宽，因此坝内沉降相对较大。这些结果表明覆盖层的相对厚度和压缩性对坝内沉降具有显著影响。

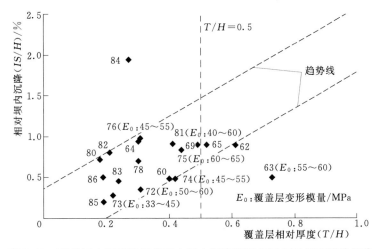

图 2.13 覆盖层上面板堆石坝最大坝内沉降随覆盖层相对厚度统计规律

E_0—覆盖层变形模量（MPa）

根据表 2.2 的数据可以发现，覆盖层的干密度范围为 $2.0\sim2.2\mathrm{g/cm^3}$，地基承载力的范围为 $0.40\sim0.60\mathrm{MPa}$，地基变形模量的范围为 $40\sim60\mathrm{MPa}$。这些覆盖层上的面板堆石坝均运行良好。基于这些数据可以说明，当地基干密度、地基承载力及地基变形模量分别超过 $2.0\mathrm{g/cm^3}$、$0.40\mathrm{MPa}$ 及 $40\mathrm{MPa}$ 时，覆盖层地基可以作为 100m 级面板堆石坝的地基。需要说明的是，本节讨论的覆盖层上面板堆石坝是指覆盖层分布较为均匀且大部分坝体建在覆盖层上的情况。对于坝基只有小部分覆盖层的情况，地基只对小部分覆盖层上的坝体沉降产生影响，但是可能引起内部沉降的不均匀变形，不利于坝体稳定，这种情况在实际工程中是需要尽量避免的。此外，地基地形条件也是上述未涉及的重要考虑因素，一般而言，地形越宽阔，大坝变形越大。

2.4.4 河谷形状对大坝变形的影响

图 2.14（a）所示为实测竣工期坝内沉降随河谷形状因子的统计规律。国

际大坝委员会[30]认为，河谷形状因子小于或等于 3 一般认为是狭窄河谷。根

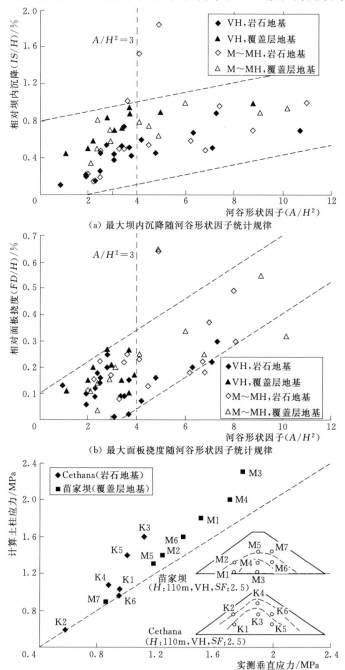

（a）最大坝内沉降随河谷形状因子统计规律

（b）最大面板挠度随河谷形状因子统计规律

（c）两个典型面板堆石坝最大断面计算土柱应力与实测垂直应力的比较

图 2.14   面板堆石坝最大坝内沉降和面板挠度随河谷形状因子统计

规律及坝内垂直应力比较

据图 2.14（a）的结果可以发现，当河谷形状因子小于 3 时，坝内沉降较小，但是变化明显；而当河谷形状因子大于 3 时，坝内沉降明显较大，但是随着河谷形状因子增加，变化平缓。蓄水后坝内沉降增量随着河谷形状因子增加而减小。图 2.3（a）和图 2.8（b）结果显示，对于河谷形状大于 3 的大坝，蓄水后坝顶和坝内沉降增量占总变形基本小于 10%。而对于河谷形状小于 3 的大坝，蓄水后坝顶和坝内沉降增量占总变形平均大于 10% 和 12%，而且不同坝差异显著。狭窄河谷（SF<3）上大坝的早期变形相对较小，而后期变形较大，变形时间长，但是速度逐渐减小。而宽河谷上大坝的早期变形相对较大，而且大坝的变形稳定时间也明显较短。这些结果表明，对于河谷形状因子小于 3 的狭窄河谷，河谷拱效应较为明显。党发宁等[24]发现，当坝顶长度和坝高的比值小于 2.5 时，面板堆石坝的工后内部沉降将超过总变形的 8%，此时坝体将产生拱效应。在狭窄河谷中，河谷两岸阻碍坝体的沉降，进而引起拱效应。堆石拱效应减小坝体底部所受垂直荷载，因为部分荷载通过拱的作用传递到两岸，进而造成坝体底部早期沉降不彻底[24]。Kim 和 Kim[10]发现，拱效应将引起坝体明显较大的垂直变形模量（90～190MPa）。在狭窄河谷中，由于地基及两岸的约束作用，面板的变形明显较小。运行时间大于 5 年的面板堆石坝面板挠度与河谷形状因子统计规律如图 2.14（a）所示。面板挠度与河谷形状因子的统计规律与坝内沉降与河谷形状因子的统计规律类似。面板所受的约束效应及坝体较大的工后变形是狭窄河谷中面板堆石坝面板开裂的重要诱因。

图 2.14（b）显示两个具有相似坝高、堆石强度及河谷形状的典型大坝竣工期坝体最大断面实测垂直应力和计算土柱应力（堆石厚度与堆石重度的乘积）的比较。结果表明，实测应力明显小于计算应力。最大垂直应力发生在大坝底部，在坝体中间底部部位拱效应最明显。由于拱效应影响，建于基岩上的 Cethana 大坝，测点 K3 垂直应力折减达到 40%，该值明显大于覆盖层上苗家坝相似位置测点 M4 的应力折减值 14.5%。基岩上坝体的拱效应比覆盖层上坝体的拱效应相对较为明显，这主要是因为覆盖层地基的压缩变形可以在一定程度上释放坝体的拱效应。Hunter 和 Fell[13]计算发现，当河谷宽度小于 40% 大坝高度且两岸坝坡坡角大于 50°时，拱效应将造成垂直应力超过最大 20% 的折减量。在长期运行过程中，堆石流变变形引起的坝体拱效应的缓慢释放造成较大的工后变形。施工过程中加水碾压是减小拱效应和工后沉降变形的主要措施。

对于狭窄河谷，不对称河谷和陡边坡也对面板堆石坝的力学特性具有重要影响。党发宁等[24]定义了河谷不对称系数，即 $\beta = \alpha_{max}/\alpha_{min}$，来表征河谷不对称性对大坝力学特性的影响，其中 α_{max} 和 α_{min} 为左右岸的坡角。坝体的不均匀沉降随着 β 的增加而增加。当 $\beta > 2$ 时，坝体将产生明显的不均匀沉降，最大值发生在靠近陡边坡的位置。调整不同部位的碾压参数可以在一定程度上减少不均匀沉降的产生。他们同时定义陡边坡系数，即 $\mu = \tan\alpha / \tan\varphi$ 来表征陡边坡对大坝力学特性的影响，其中 α 为边坡角，φ 是堆石材料的内摩擦角。当堆石产生较大沉降时，将在堆石和岸坡的接触部位（$\alpha > \varphi$）或者堆石体内部（$\alpha < \varphi$）产生滑移面。对于陡边坡（$\mu > 1$），堆石与两岸的不均匀沉降将引起面板的拉应力以及周边缝的张拉变形。调整面板和垂直缝的宽度是消除陡边坡影响的主要措施。

2.5　面板力学特性统计分析

2.5.1　面板典型变形规律

面板变形主要依赖于相邻堆石体的变形。在水荷载作用下呈现向下沉降和向下游方向变形的趋势。图 2.15（a）显示 10 个面板堆石坝面板最大挠度实测结果随时间的变化过程。所有实例均具有可靠和全面的面板挠度数据。与坝内沉降相似，图中把每个实例蓄水完成时刻放在一起作为参照时间。

蓄水过程中，面板挠度迅速增加，蓄水后逐渐趋于稳定，说明水荷载对面板挠度具有显著影响。蓄水后面板挠度的平均变形速度小于 2mm/年。该结果与文献 Fitzpatrick 等[17] 的结果基本一致，认为蓄水后最初 10 年运行期的平均变形速度为 3mm/年。Fitzpatrick 等发现在蓄水完成后最初 10 年内，面板堆石坝面板挠度的变形速度大约为 3mm/年。与大坝沉降变形相似，覆盖层上大坝或堆石强度较低的大坝，面板挠度明显较大。图 2.3（b）结果表明，覆盖层上面板堆石坝大约 80% 的总面板挠度发生在蓄水阶段，该值明显大于基岩上大坝蓄水引起的占比，为 74%。由图 2.3（b）可知，水荷载对堆石强度较低的面板堆石坝面板挠度的影响更加显著。同时可以发现，蓄水作用引起面板挠度的变形比例比引起坝顶沉降的变形比例大。

图 2.15（b）为蓄水后 8 个实例面板典型断面实测挠度分布。每个实例大坝高度和上游坝坡不同，为了将不同实例面板典型断面绘制在一起，使面板挠度结果具有可比性，对各实例面板长度进行归一化处理。将面板不同高程处距面板底部的长度除以面板顶部至底部的长度作为面板归一化长度。此时，0 表示面板底部，1 表示面板顶部。归一化过程中不对上游坡比进行任何处理，而是将不同实例的面板位置以某一典型大坝位置作为基准，旋转一定角度，使所有实例对齐重合。因为主要关注的是垂直于面板平面方向的挠度结果和变形形状，因此上述归一化处理并不会对结果产生影响。由上述结果可以看出，面板挠度分布可以总结为 D 形分布，最大值发生在靠近 0.2～0.6 倍坝高的位置，

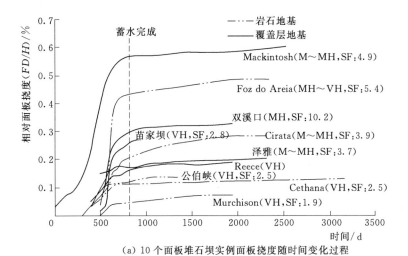

（a）10 个面板堆石坝实例面板挠度随时间变化过程

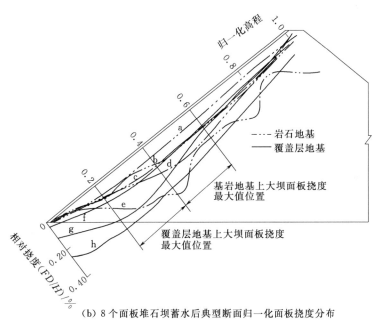

（b）8 个面板堆石坝蓄水后典型断面归一化面板挠度分布

图 2.15 若干典型面板堆石坝面板挠度分布结果
a—西北口（M）；b—Cethana（VH）；c—公伯峡（VH）；d—成屏（VH）；e—天生
桥（M～VH）；f—珊溪（VH）；g—苗家坝（VH）；h—双溪口（MH）

例如成屏大坝和苗家坝大坝。有时面板挠度变形也呈现 B 形分布，最大值发
生在面板的顶部和中部，例如天生桥大坝。在地基压缩变形的影响下，覆盖层
上面板堆石坝面板挠度大于基岩上面板堆石坝面板挠度，且最大值位置向下移
动，大概发生在坝高的 0.2～0.4 倍位置。

59

2.5.2　面板挠度统计规律

图 2.16 为考虑不同堆石强度和地基条件下，87 个实例最大面板挠度与大坝高度的统计规律。大部分实例的面板挠度小于 0.40% H，超过一半实例的

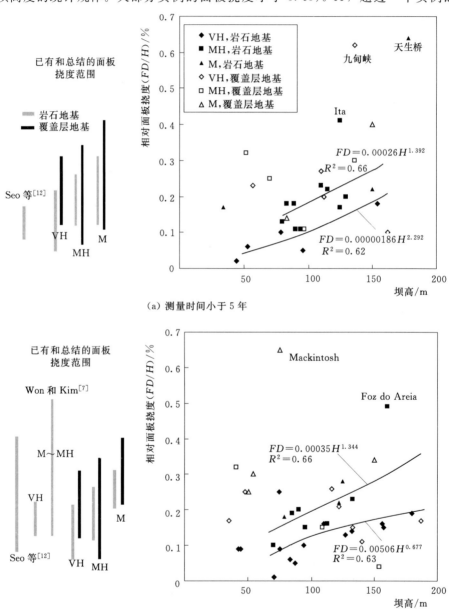

（a）测量时间小于 5 年

（b）测量时间大于 5 年

图 2.16　面板堆石坝最大面板挠度与坝高相关关系

面板挠度小于或等于 $0.2\% H$。但是 Mackintosh 大坝、九甸峡大坝及天生桥大坝的面板挠度显然较大，分别为 $0.65\% H$、$0.62\% H$ 及 $0.64\% H$。这些较大的面板挠度主要由较大的覆盖层厚度（九甸峡大坝，56m）、较大的大坝高度（天生桥大坝，178m）以及较小的堆石强度（Mackintosh 大坝，30MPa）引起。表 2.3 和图 2.16 表明，测量时间大于 5 年的大坝面板挠度比测量时间小于 5 年的挠度稍大，但差异并不明显。这主要是因为大部分面板挠度变形发生在蓄水阶段。与大坝沉降相似，覆盖层上大坝或堆石强度较低的大坝面板挠度明显较大。基岩上和覆盖层上堆石强度为 M 的面板堆石坝面板挠度范围上限值均比堆石强度为 VH 大坝的结果大 $0.1\% H$ 左右。覆盖层上大坝的面板挠度平均比基岩上大坝的面板挠度大 $0.08\% H$ 左右。覆盖层上和基岩上大坝面板挠度范围的上限值差异大约为 $0.1\% H$，说明堆石强度和地基特性均对面板挠度具有显著影响。

由 Won 和 Kim[7] 总结的 27 个面板堆石坝面板挠度数据得出，面板堆石坝长期面板挠度一般小于 $0.5\% H$，平均值大约为 $0.22\% H$。基于 25 个面板堆石坝实例数据，Seo 等[12] 认为几乎所有的面板堆石坝长期面板挠度小于 $0.4\% H$，其中超过 1/2 小于 $0.2\% H$。为了比较，将上述学者总结的已有范围也表示在图 2.16 中，结果表明，已有范围[7,9] 整体低估了测量时间小于 5 年的大坝面板挠度，同时高估了测量时间大于 5 年的大坝面板挠度。

Pinto 和 Marques[5] 基于若干大坝的实测资料，提出一个估计由蓄水引起面板挠度的经验公式。采用相关系数建立面板挠度与 H^2/E_v 的关系，而相关系数与 A/H^2 有关，其值随着 A/H^2 值的增加而增加。但是因为考虑的因素有限，该方法与预测坝顶沉降和坝内沉降的方法相同，可能导致较大的估计误差。Hunter 和 Fell[13] 建议采用式（2.2）估计蓄水引起的面板挠度。E_t 通过 E_t/E_v 经验比值确定，而 E_t/E_v 值通过建立的 E_t/E_v 与大坝高度及上游坡降的经验图表获取。E_v 的获取方法与估计坝内沉降时采用的方法一致。

根据实测数据，本节采用回归分析方法拟合获得基岩上大坝和堆石强度为 VH 或 MH 大坝的面板挠度与大坝高度的经验关系。拟合的经验关系见图 2.16 和表 2.4。在拟合时去除位于常规趋势以外明显过大或过小的数据点，例如 Ita 大坝和 Foz do Areia 大坝。面板挠度随大坝高度呈现明显非线性关系。数据拟合的复决定系数较大，说明考虑不同因素下面板挠度与大坝高度之间存在较好的相关性，并且获得的经验关系也较为合理。与坝顶沉降相似，本节拟合的经验关系考虑了测量时间、堆石强度、地基条件及大坝高度等多种因素影响。经验拟合所使用的数据也较为可靠，并且考虑了上述影响面板挠度变形的因素，因此本节获得的经验公式为估计面板堆石坝挠度变形提供了一个可选方法。

　　Sherard 和 Cooke[4]认为，早期面板堆石坝面板挠度大约为坝顶沉降的2～4倍。图 2.17 基于统计数据比较了面板堆石坝面板挠度与坝顶沉降的相对关系。结果表明，面板挠度与坝顶沉降具有一定相似性。超过 80% 的数据点在图中所示的边界范围内。但是九甸峡面板挠度明显较大，不在范围内，这主要可能由九甸峡大坝覆盖层厚度过大（56m）引起。万安溪大坝和 Xingo 大坝坝顶沉降明显比面板挠度大，这主要可能由坝体复杂的分区和较低的堆石强度引起。进一步对图 2.17 分析可以发现，覆盖层上的大坝或堆石强度较低的大坝面板挠度比坝顶沉降稍大，但是总体差异不会超过 $0.1\% H$。面板挠度平均为坝顶沉降的 1.1 倍。面板挠度变形主要取决于大坝的变形，较大面板挠度可能是由于较大坝内沉降引起。相似地，Fitzpatrick 等[17]发现，面板堆石坝面板挠度平均为坝顶沉降的 60% 左右。Won 和 Kim [7]、Seo 等[12]报道，面板堆石坝面板挠度和坝顶沉降基本相似，但是当大坝高度超过 100m 时，面板挠度基本小于坝顶沉降变形，而大坝高度小于 100m 时，面板挠度大于坝顶沉降变形。上游坝坡坡度特点被认为可能是引起上述现象的主要原因。上游坝坡的坡度一般为 1.4（水平向）：1.0（垂直向），该值意味着平行于坝坡方向面板长度的增加与坝高的增加比值为 1.72：1.0，面板长度的增加比坝高增加明显较大，因此变形也相对较大。

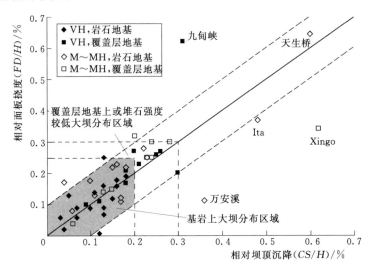

图 2.17　面板堆石坝最大面板挠度与坝顶沉降统计规律

2.5.3　面板应力分析

　　面板的应力由坝体自重、水荷载及堆石流变等外在作用引起。面板与坝体之间的变形不协调将引起较大应力，在过大应力作用下面板将可能产生开裂。

因此，面板必须具有抵抗一定拉应力的能力。已有大量文献[31,32]表明，在水荷载作用下面板的大部分顺坡向（平行于坝坡方向）应力为压应力，除了面板两侧靠近底部、坝顶及两岸部位。这些部位有时承受拉应力，面板最大拉应力通常发生在面板的底部。本书约定拉应力为正值，压应力为负值。图2.18为

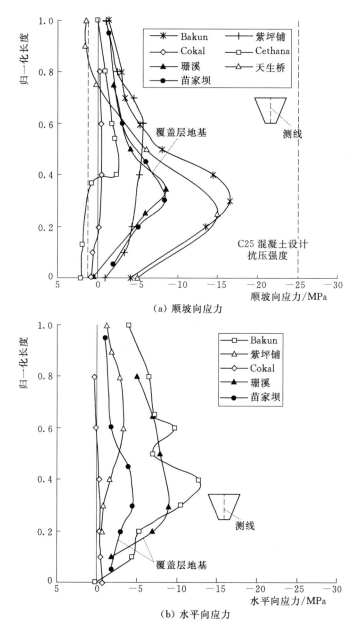

（a）顺坡向应力

（b）水平向应力

图2.18 若干面板堆石坝蓄水后面板典型断面实测应力分布

蓄水后若干典型面板堆石坝面板典型断面实测顺坡向和水平向应力分布。各实例面板典型断面应力分布规律类似。由图中结果可知，最大压应力发生在靠近底部位置，最大值范围在 $-16.5 \sim -1.0$ MPa，而某些大坝在靠近底部或顶部的部位观测到拉应力。C25 混凝土的设计压缩和拉伸强度分别为 25MPa 和 1.27MPa。上述观测到的拉应力基本在可接受范围内。Cethana 大坝底部的最大拉应力和天生桥大坝顶部的最大拉应力分别达 2.0MPa 和 1.5MPa。这些拉应力超过混凝土材料的拉伸强度，因此在 Cethana 大坝的底部观测到一些拉伸裂缝[17]，而在天生桥大坝的顶部观测到一些拉伸裂缝，其中大部分裂缝是水平方向的[32]。

为了进一步揭示面板堆石坝面板的应力变形特性，笔者对覆盖层上苗家坝面板堆石坝开展了系列数值计算。堆石材料和地基材料采用弹塑性模型模拟，该模型可以描述材料的体积应变行为。为了描述流变时效变形，计算采用通过流变试验提出的流变模型。计算参数通过轴向试验和反演分析获得。面板采用线弹性模型模拟。面板和堆石体之间的接触行为采用摩擦接触方法模拟，该方法假设面板和堆石体为两个独立的变形体，接触面相互接触时假设符合库仑摩擦定律。为了精确反映面板的变形特性，沿面板厚度方向划分 5 排单元。采用空间 8 节点等参单元模拟面板力学特性，模型总共包含 1650 个空间 8 节点等参单元。计算过程详细模拟面板坝的施工和后续蓄水过程，其中面板的建设分 3 个阶段模拟。上述相关内容在第 5 章进行了详细介绍，此处只取部分典型结果进行分析。图 2.19 为计算所得蓄水后面板上游面顺坡向应力分布。施工期在面板自重的作用下，面板大部分区域受压。蓄水期，水压力增加面板和下覆堆石之间的剪切（摩擦）转换，进而在中部引起压应力，而在周边区域引起拉应力。最大拉应力大约为 1.10MPa，发生在周边区域拐角部位。长期流变作用一定程度上可以改善拉应力状态，但是会引起较大的压应力。水平向（平行于坝轴线方向）应力分布与顺坡向应力分布基本相似。计算所得应力结果与观测到的典型面板堆石坝的应力结果基本相似。上述计算结果与典型面板堆石坝面板应力的已有相关研究结果基本一致，认为在水荷载作用下面板大部分区域处于受压状态，只在两侧部位产生一定拉应力，最大拉应力一般发生在面板底部[31,32]。若干高面板堆石坝面板中部明显产生挤压失效[2]，例如巴西的 Compos Novos 大坝、Barra Grande 大坝及 Mohale 大坝。而其他一些大坝在两侧和底部观测到拉伸开裂[32]，例如水布垭大坝、公伯峡大坝及西北口大坝。这些结果是上述面板应力分布规律的直接证明。

面板拉应力的产生机理主要可以总结为两个方面：一是面板挠度或坝体鼓起变形在面板两侧和底部引起较大弯矩，这些弯矩进而引起较大拉应力；二是堆石坝体向中间部位产生移动变形，这些移动变形对面板具有向中间拖曳的作用，因而在周边区域引起较大拉伸力，进而引起面板周边区域额外的拉应力。图 2.19 展示了典型面板堆石坝蓄水后面板变形趋势及中间部位面板的弯矩和轴向力分布。蓄水过程中，水压力增加剪切摩擦作用，进而加深拉伸区域，且在面板底部引起最大拉应力。Mahabad 等[31] 通过计算认为，面板拉应力的发展及沿深度增加的趋势与面板和堆石体之间的剪切摩擦沿深度增加直接相关。

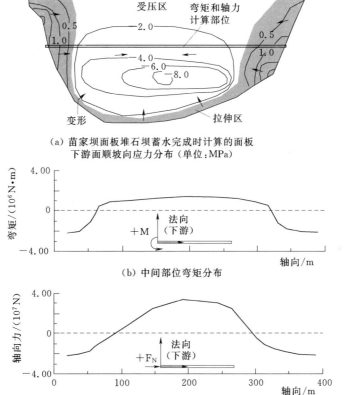

(a) 苗家坝面板堆石坝蓄水完成时计算的面板
下游面顺坡向应力分布（单位：MPa）

(b) 中间部位弯矩分布

(c) 中间部位轴力分布

图 2.19 苗家坝面板堆石坝蓄水完成时计算的面板下游面顺坡向应力
分布和中间部位内力分布

垫层的刚度对面板拉应力具有显著影响。Seo 等[12] 通过数值计算发现，垫层刚度发生 6 倍的变化时，面板的拉应力对应可能产生 9 倍的变化。Zhang 等[33] 研究了面板下覆沥青层和挤压边墙对面板力学特性的影响。结果发现，沥青层可以显著改善面板顺坡向和水平向应力，因为其可以改善面板与垫层之间的接触性状；由于较大的刚度，挤压边墙造成压缩应力和拉伸应力增加，特别是在靠近四周的区域。Mahabad 等[31] 通过有限元计算发现，垂直缝可以改善面板的水平应力，特别是靠近两岸部位。面板的应力状态受多个因素的影响，为了避免过大应力的出现，需要采取一定的消除措施。当前改善面板应力的措施主要包括：改进施工和碾压方法（例如控制碾压层厚度、加水碾压及良好的粒径分布）、增加接缝间距和面板厚度、改进面板与垫层的接触力学特性（例如加入沥青层）、使用高质量筑坝材料及优化面板的施工顺序等。

2.5.4　面板脱空和开裂分析

在面板堆石坝中，面板有时是大坝仅有的控制渗流的防渗结构。过大堆石变形往往引起面板和垫层之间的脱空变形，甚至面板的开裂。面板严重开裂可能造成过大的渗漏量，进而引起进一步的面板破坏。因此，设计面板必须具有抵抗面板开裂的能力。本节总结面板的脱空和开裂机制。表 2.5 收集了 11 个面板堆石坝面板的脱空变形和开裂情况。

脱空变形主要分布在各分期面板的顶部，最大值发生在中间部位并向两岸逐渐减小。面板脱空主要发生在施工期，脱空的直接原因是面板与垫层之间变形不协调。施工期，前期面板浇筑后，随着坝体继续填筑，支撑面板的坝体在后期填筑坝体自重和堆石流变等作用下产生体积收缩，表现为坝体中下部外鼓而上部亏坡。面板刚度较大难以适应坡面变形因而出现脱空。坝料压缩性强、施工分期和填筑超高不合理、预留沉降时间短以及挡水度汛等因素均可能加大脱空变形。蓄水过程中，在水压力作用下面板和垫层重新接触，面板脱空区域显著减小。坝体后期变形阶段，在堆石流变作用下，坝体收缩沉降加大，顶部面板脱空变形有一定程度的增加。表 2.5 表明面板和垫层之间的脱空主要发生在施工期，而且主要由面板和垫层之间不一致变形引起。施工期，面板脱空变形主要发生在各阶段面板的上部，而且最大变形发生在中部。图 2.20 为面板施工期典型的脱空变形及其分布。Zhang 等[34]、Zhang 和 Zhang[33] 等发现，随着蓄水的进行，在水压力作用下面板和垫层重新接触，因此脱空变形和区域大大减小；堆石的流变变形会加大上部面板的脱空变形。由于难以获得足够的实测资料，表 2.5 中只收集了有限的有关面板堆石坝面板脱空变形的实测资料，因此上述有关结论无法进一步通过本章实测资料来验证。

面板堆石坝的安全主要受面板开裂控制，面板开裂会引起过大的渗漏量，进一步威胁大坝安全。当拉应力超过混凝土材料的拉伸强度时，面板将产生开裂。由表 2.5 的结果可以总结面板开裂的原因主要包括以下几点：①蓄水作用和堆石流变引起的堆石变形；②温度裂缝；③干缩裂缝。坝体重力、水压力及堆石流变等引起的结构应力所造成的面板开裂（结构裂缝）是面板最常见的破

表 2.5　　　　　　　　　11 个面板堆石坝面板脱空变形和开裂统计

大坝	坝高/m	面板面积/(10^3 m²)	施工期脱空变形	面 板 开 裂			
				开裂	位置	阶段	原因
Aguamilpa	187	136.4	—	平行趾板方向裂缝	右岸	面板施工后	堆石变形
公伯峡	132.2	0.8	10 cm（宽），5.1m（高）	垂直裂缝	顶部	运行期	温度应力和堆石变形
Ita	125	6.1	12 cm（宽），6.5m（高）	水平裂缝	底部	蓄水期间	地基形状
Lesu	60	—		面板裂缝	右岸	运行期	堆石流变
水布垭	233	124.9	23 cm（宽），7.5m（高）	水平裂缝	顶部和底部	蓄水期间	面板不当施工顺序和堆石变形
天生桥	178	103.9	15 cm（宽），6.8m（高）	水平裂缝	底部	蓄水期间	坝体施工顺序
西北口	95	1.0	6 cm（宽），2.3m（高）	水平裂缝	前面板	施工期	温度应力和干缩应力
Xingo	150	135	—	平行趾板方向裂缝	右岸	蓄水期间	堆石不均匀变形
Mohale	145	110	—	挤压破坏	中部	蓄水期间	堆石变形
Barra Grande	185	120	—	挤压破坏	中部	蓄水后	水压力
Campos Novos	202	55	—	挤压破坏	中部	蓄水期间	堆石变形

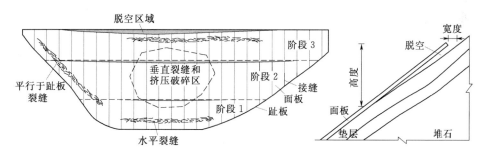

图 2.20　面板堆石坝施工期典型面板脱空分布和蓄水期典型面板开裂分布示意图

损。过大的堆石变形是上述开裂的主要原因。结构裂缝是拉伸失效或剪切失效的结果。当拉应力超过混凝土材料的拉伸强度时，便会产生结构裂缝。大部分观测的结构裂缝产生在面板底部或两侧，如上所述，结构促使的拉应力主要发生在面板的周边区域。在面板弯矩和坝体拖曳效应的影响下，面板顶部和底部的主拉应力主要平行于坝坡方向，因而引起面板水平裂缝的发展。裂缝一旦产生，在应力集中作用下，开裂将会沿着裂缝的末端进一步发展，而且渗流作用进一步扩宽裂缝。在坝体拖曳效应的影响下，面板两侧承受的水平方向拉应力大于顺坡向拉应力。此外，两岸部位坝体和岸坡岩体之间的不均匀变形有时引起面板的剪切失效。水平向拉应力和潜在的剪切失效作用是引起面板两岸产生平行于趾板方向裂缝的主要原因。在某些面板堆石坝中，面板中部有时发生挤压失效引起垂直裂缝。这主要是因为较大的堆石变形在中部面板垂直缝部位引起挤压效应，挤压效应引起较大的水平压应力以及显著的应力集中进而引起面板的挤压失效。挤压失效引起的垂直裂缝主要发生在高度超过 150m 的面板堆石坝中。面板蓄水期开裂分布规律如图 2.20 所示。

面板的开裂行为在不同阶段会发生相应变化。蓄水过程中，水压力促使较大面板挠度，进而引起大部分开裂的发展。在长期运行过程中，由于应力状态的改善，开裂区域的程度显著减小。因为坝体变形引起的面板拉应力显著减小，面板大部分区域转换为受压状态。Arici[35] 对 Cokal 大坝面板的开裂行为开展了详细的研究，并对开裂区域和开裂宽度以及影响开裂的因素进行分析。结果发现，水库蓄水引起的拉伸开裂发生在面板的底部。蓄水完成时最大开裂宽度发生在靠近趾板的位置，最大开裂宽度大约为 1.0mm；在长期运行过程中，面板的平均开裂宽度由 0.5mm 减小到 0.4mm，并且开裂区开裂程度明显减小。面板与垫层的接触效应以及面板的厚度对面板开裂特性的影响并不明显。增加配筋率是减小面板开裂宽度的最有效措施。面板的开裂可能引起有效渗透系数的增加以及坝体的侵蚀问题。为了减少开裂有必要采取相关措施，例如优化面板的施工顺序，使其越晚浇筑越好。

对于一般面板堆石坝，上述结构应力是引起面板开裂的主要原因，裂缝一般为水平向或平行于趾板方向，主要分布在面板底部和两侧。而对于处于严寒地区的面板堆石坝，除结构应力外，温度应力是引起面板裂缝的重要原因。施工期，在持续低温作用下，面板与环境初始温差巨大，面板产生收缩作用，受垫层和下部面板的约束作用，面板表面可能发生开裂。运行期，在严寒地区持续低温作用下，水面线以上面板温度较低，而水面线以下面板受水温的影响保持较高温度，此时水面线附近面板温度梯度较大，容易引起较大温度拉应力。在寒潮和昼夜温差作用下，温度拉应力更加显著。在温度拉应力和结构应力共同作用下，面板可能在水面线附近产生裂缝。例如在寒潮和冬季持续低温作用下，公伯峡面板堆石坝在面板顶部水位附近观测到大量的纵向裂缝[32]。

2.6　面板堆石坝渗漏统计分析

2.6.1　面板堆石坝渗漏统计规律

面板堆石坝的渗漏主要取决于渗流控制系统和接缝的工作状态以及防渗结

构是否存在裂缝或缺陷。虽然过大渗漏量并不会引起变形的显著增加，但是过大的渗漏可能引起水量经济损失，进而影响水库的功能。本节尝试讨论面板堆石坝渗漏量与坝高的统计规律。图 2.21 为所有实例大坝运行期渗漏量与坝高之间的统计规律。

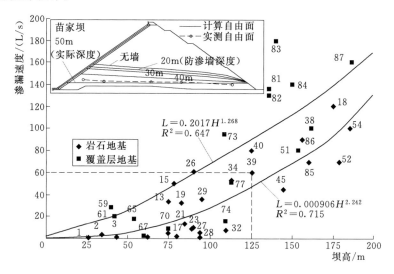

图 2.21　典型面板堆石坝运行期面板堆石坝渗漏量与坝高统计规律

对于基岩上的大坝，当大坝高度低于 125m 时，大坝的渗漏速度基本小于 60L/s；而当大坝高度超过 125m 时，大坝的渗漏速度显著增加，范围大约为 60~120L/s。其主要原因是：当大坝高度较高时，在水压力作用下接缝张拉可能更加显著，同时防渗结构也可能更加容易发生开裂。Rice 和 Duncan[36]、Brown 和 Bruggemann[37] 发现，即使很小的接缝张拉或者防渗结构开裂开度小于 1mm 都会造成防渗结构有效渗透系数的明显增加，进而引起渗漏速度显著增加。对于覆盖层上的大坝，当大坝高度超过 125m 时，渗漏速度显著增加，且范围在 80~180L/s。渗漏速度随坝高大约呈指数增加。根据图 2.21 的结果，基岩上大坝的渗漏速度与坝高之间的关系可以大致拟合为 $L = 0.000906H^{2.242}$，而覆盖层上大坝的渗漏速度与坝高之间的关系可以大致拟合为 $L = 0.2017H^{1.268}$。覆盖层上大坝的渗漏速度显著大于基岩上大坝的渗漏速度，特别是坝高超过 125m 时。该结果的主要原因是覆盖层地基会产生较大渗漏，同时地基变形可能进一步引起接缝张拉和防渗结构开裂。Alto Anchicaya 大坝（高 140m）、Xingo 大坝（高 150m）及 Aguamilpa 大坝（高 187m）的实测渗漏量明显较大，分别为 180L/s、140L/s 及 160L/s。这些大坝均修建在覆盖层地基上。这些大坝产生较大渗漏量的主要可能原因是它们的面板均产生明显的开裂，见表 2.5。从经济学的角度考虑，每秒几十升的渗漏损失是可以接受的[2]。但是由上述结果可知，高度超过 125m 的面板堆石坝可能产生明显的渗漏问题，因此有必要重点关注高坝的渗流控制问题。在不同地基条件和坝高分组条件下，图 2.21 中渗漏速度的范围仍然较大，没有进一步考虑其他影响大坝渗漏量的因素是造成上述结果的主要原因，例如大坝长度。理论上，大坝的渗漏速度主要取决于防渗结构中裂缝或接缝张拉的宽度和长度以及开裂部位或者张拉部位的水压力。当考虑整个大坝的渗漏速度时，裂缝的数量和位置变得非常重要，这说明大坝的长度也是影响大坝整体渗漏量的重要因素。由表 2.1 的渗漏量统计结果可以得出，在坝高相似的情况下，大坝实测渗漏量呈现随大坝坝顶长度增加而增加的趋势。

基于实测数据的地基防渗墙渗流控制有效性的评价分析很少被报道，因为很难获得面板堆石坝覆盖层地基的实测渗漏结果。本章收集的数据表明，大部分基岩上或者覆盖层上的面板堆石坝渗漏速度均在可接受的范围内，特别是当大坝高度小于 125m 时。该结果表明，大坝的渗流明显受到防渗系统的控制。第 5 章中对覆盖层上的苗家坝面板堆石坝开展了非稳定饱和渗流分析，分别采用抛物线变分不等式和 Signorini's 边界条件确定饱和渗流自由面和渗流逸出点。图 2.22 为计算获得大坝蓄水后渗流场分布及不同深度防渗墙下坝体浸润线的位置。在防渗墙深度为 50m（工程实际采用深度）的情况下，浸润线位置明显较低，只轻微高于河床地基，计算所得浸润线位置与实测结果吻合较好。该结果表明覆盖层地基的渗流只有在防渗墙嵌入基岩中完全截断透水覆盖层后才能被有效阻止。当采用悬挂式防渗墙时，渗流自由面位置明显较高，且地基可能产生侵蚀作用[36,37]。上述现象主要可能是由悬挂式防渗墙底部或周围增加的水力梯度和流速引起，或者由防渗墙接缝张拉引起。

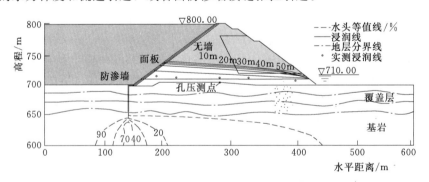

图 2.22　苗家坝面板堆石坝渗流场分布及不同深度防渗墙时浸润线位置

图 2.23 为若干典型面板堆石坝实测渗漏速度和典型断面底部地基孔隙水压力随时间的变化关系。坝体底部孔隙水压力基本小于 0.15MPa，说明坝体内部渗流自由面非常低，不会超过 15m 高。上述结果表明，面板堆石坝大部

分堆石体孔压为零，基本处于干燥的状态，几乎不存在孔隙水压力。实测孔隙水压力随着水位增加而增加，且相应产生波动。蓄水完成时，孔隙水压力基本达到峰值，之后运行期逐渐趋于平缓和稳定。大坳大坝的孔隙水压力在蓄水后约150d时明显产生波动，可能主要是由于洪水因素的影响。降雨也会对孔隙水压力产生影响。渗漏速度的变化过程和规律与孔隙水压力基本相似。蓄水完成后渗漏速度基本达到最大值，之后逐渐减小并趋于稳定。这个过程可以由3个方面来解释：首先，面板的开裂程度和宽度在蓄水完成时达到最大值，之后逐渐减小[35]；其次，运行期，在水力耦合作用下，堆石体的渗透系数产生轻微的减小[38]；此外，运行期垫层中细小颗粒在一定程度上可以填充接缝张拉，因而减小渗流量。所有实例结果表明，渗流控制系统可以有效减小面板堆石坝孔隙水压力，并且减少通过坝体的渗漏量。

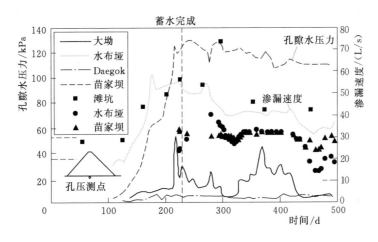

图 2.23　若干典型面板堆石坝实测孔压和渗漏速度随时间变化过程

2.6.2　渗流作用对大坝变形特性的影响

已有部分文献[2]表明，当面板堆石坝存在较大渗漏量时，并没有观测到渗流作用引起明显的变形增量。陈益峰等[38]基于对水布垭大坝的水力耦合分析结果认为大坝渗流效应对大坝变形的影响并不显著。Cruz等[2]基于已有经验发现，当蓄水期发生较大渗漏时，坝体并没有发生明显额外沉降增量。上述相关结论可以进一步通过图2.24的结果来进行验证和说明。为了避免不同测量时间带来的影响，图2.24中只选择测量时间大于5年的实例实测渗漏和变形资料进行分析。可以看出，实测渗漏速度较大的面板堆石坝并没有明显观测到较大的坝顶沉降和面板挠度。虽然坝顶沉降和面板挠度受多种因素影响，在不同的渗漏量分组中变化范围较大，但是上述结果在一定程度上仍然可提供关于渗漏对大坝变形特性影响的有意义和参考价值的认识。

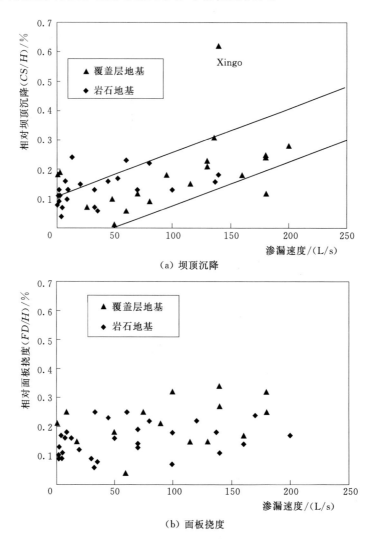

（a）坝顶沉降

（b）面板挠度

图 2.24　面板堆石坝测量时间大于 5 年的坝顶沉降及
面板挠度与渗漏速度统计规律

较大渗漏量没有引起明显沉降增量主要与堆石的颗粒骨架结构有关。堆石碾压后形成一个结构骨架支撑上覆坝体的重力。因为颗粒之间的接触面积较小，组成骨架的岩石颗粒间的接触压应力非常大，甚至接近岩石的抗压强度。因为颗粒在碾压过程中破碎密实了。颗粒间的高压应力进一步引起颗粒间的接触抵抗力。这些接触抵抗力显著大于渗流作用通过堆石孔隙引起的拖曳力，因此渗流作用并不会对堆石骨架产生显著影响。此外，渗流作用对坝体变形影响较小也与渗流作用只存在一小部分坝体中有关。图 2.24 显示覆盖层上大坝的坝顶沉降呈现一定的随渗漏速度增加而增加的趋势，但是规律并不明显。产生该结果的主要可能原因是覆盖层地基中的渗流作用可能引起地基侵蚀，进而松散覆盖层内部结构，引起一定的沉降增量。

虽然渗流作用对坝体沉降的影响有限，但是渗流作用在蓄水过程中会引起坝体的湿化变形。渗入坝体内部的水分会湿润堆石材料，使堆石颗粒间的胶结能力降低，进而引起一定的湿化变形[15,26]。由于堆石碾压不充分和堆石湿化等作用，蓄水期坝体也可能发生湿陷沉降，但是湿陷沉降一般主要发生在心墙堆石坝中，面板堆石坝相对较少发生[39]。此外，如果大坝堆石渗透性较弱或没有明显的排水区及时有效排出渗水，蓄水后较大的渗漏速度可能威胁大坝的稳定。例如运用砂砾石或细粒含量较多的堆石料填筑的坝体，其排水能力整体较弱，需要重点设置排水结构。我国沟后大坝就是采用砂砾石填筑的坝体，由于渗流作用发生了稳定失效。

2.7 本章小结

本章基于 87 个面板堆石坝实例实测资料，从统计学角度分析了面板堆石坝变形和渗漏特性。本章主要获得的结论如下：

（1）通过统计分析获得了面板堆石坝变形特性的一般统计规律。大部分面板堆石坝的运行期最大累计坝顶沉降小于或等于 $0.40\% H$，大部分大坝的竣工期最大坝内沉降小于 $1.0\% H$。大部分大坝的运行期最大累计面板挠度小于或等于 $0.40\% H$，其中超过 1/2 小于 $0.2\% H$。堆石体变形是引起面板拉应力及开裂和挤压破坏的主要原因。

（2）通过统计分析获得了估计面板堆石坝变形和渗漏特性的经验关系。建立经验关系使用的实例数据较多，并尽量多地考虑了影响大坝变形特性的因素。人工神经网络模型是估计面板堆石坝变形特性的可选方法。

（3）面板堆石坝变形特性受堆石强度、地基条件、河谷形状以及渗流作用等的影响。其中堆石强度和地基条件是影响大坝变形特性的主要因素。覆盖层地基上的大坝或者堆石强度较低的大坝，其大坝沉降变形明显较大，同时稳定时间也较长。蓄水作用显著影响大坝变形特性，特别是面板挠度。当河谷形状因子小于 3 时，坝体底部存在明显拱效应。渗流作用对大坝变形的影响并不显著。

（4）面板堆石坝最大孔隙水压力和渗漏量一般发生在蓄水完成时，之后有一定减小并逐渐趋于稳定。大坝高度超过 125m 时，面板堆石坝较容易发生渗漏问题，特别是当大坝修建在覆盖层地基上时。面板堆石坝渗漏问题主要来自于接缝张拉和防渗结构开裂。

参 考 文 献

［1］ Cooke J B. Progress in rockfill dams ［J］. Journal of Geotechnical Engineering，1984，110 (10)：1381 - 1414.

［2］ Cruz P T，Freitas J，Monoel S. Cracks and flows in concrete face rockfill dams (CFRDs) ［C］. Proceedings of Symposium on Dam Engineering，Lisbon，Portugal，2007. 1 - 14.

［3］ Clements R P. Post - construction deformation of rockfill dams ［J］. Journal of Geotechnical Engineering，1984，110 (7)：821 - 840.

［4］ Sherard J L，Cooke J B. Concrete - face rockfill dam：I. assessment ［J］. Journal of Geotechnical Engineering，1987，113 (10)：1096 - 1112.

［5］ Pinto N L S，Marques F P. Estimating the maximum face deflection in CFRDs ［J］. International Journal of Hydropower dams，1998，5 (6)：28 - 31.

［6］ Hunter G J，Fell R. Deformation behaviour of embankment dams ［M］. The University of New South Wales，2003.

［7］ Won M S，Kim Y S. A case study on the post - construction deformation of concrete face rockfill dams ［J］. Canadian Geotechnical Journal，2008，45 (6)：845 - 852.

［8］ 郦能惠. 中国高混凝土面板堆石坝性状监测及启示 ［J］. 岩土工程学报，2011，33 (2)：165 - 173.

［9］ Jiang G，Cao K. Concrete face rockfill dams in China ［C］. Proceedings of International Symp on High Earth - Rockfill Dams，Beijing，1993. 25 - 37.

［10］ Kim Y - S，Kim B - T. Prediction of relative crest settlement of concrete - faced rockfill dams analyzed using an artificial neural network model ［J］. Computers and Geotechnics，2008，35 (3)：313 - 322.

［11］ Kim Y - S，Seo M - W，Lee C - W，et al. Deformation characteristics during construction and after impoundment of the CFRD - type Daegok Dam，Korea ［J］. Engineering Geology，2014，178：1 - 14.

［12］ Seo M W，Ha I S，Kim Y S，et al. Behavior of concrete - faced rockfill dams during initial impoundment ［J］. Journal of Geotechnical and Geoenvironmental Engineering，2009，135 (8)：1070 - 1081.

［13］ Hunter G，Fell R. Rockfill modulus and settlement of concrete face fockfill dams ［J］. Journal of Geotechnical and Geoenvironmental Engineering，2003，129 (10)：909 - 917.

［14］ 王启国. 金沙江虎跳峡河段河床深厚覆盖层成因及工程意义 ［J］. 岩石力学与工程学报，2009，28 (7)：1455 - 1466.

［15］ Xing H F，Gong X N，Zhou X G，et al. Construction of concrete - faced rockfill dams with weak rocks ［J］. Journal of Geotechnical and Geoenvironmental Engineering，2006，132 (6)：778 - 785.

［16］ El Korchi F Z，Jamin F，El Omari M，et al. Collapse phenomena during wetting in granular media ［J］. European Journal of Environmental and Civil Engineering，2016，20 （10）：1262 - 1276.

［17］ Fitzpatrick M D，Cole B A，Kinstler F L，et al. Design of concrete - faced rockfill dams ［C］. In：Cooke J B，Sherard J L. ed. In Proceedings of the Symposium on Concrete Face Rockfill Dams：Design，Construction and Performance，Detroit，1985. 410 - 434.

［18］ Kermani M，Konrad J M，Smith M. An empirical method for predicting post - construction settlement of concrete face rockfill dams ［J］. Canadian Geotechnical Journal，2017，54 （6）：755 - 767.

［19］ Hunter G J. The pre - and post - failure deformation behaviour of soil slopes ［D］. Sydney，Australia：University of New South Wales，2003.

［20］ Fell R，Macgregor P，Stapledon D，et al. Geotechnical Engineering of Dams ［M］. London，UK：Baikema/Taylor & Francis，2005.

［21］ 中国水力发电工程学会水工及水电站建筑物专业委员会. 利用覆盖层建坝的实践与发展 ［M］. 北京. 中国水利水电出版社，2009.

［22］ Zhou W，Chang X L，Zhou C B，et al. Creep analysis of high concrete - faced rockfill dam ［J］. International Journal for Numerical Methods in Biomedical Engineering，2010，26 （11）：1477 - 1492.

［23］ Lawton F L，Lester M D. Settlement of rockfill dams ［C］. Proceedings of the 8th ICOLD Congress，Edinburgh，Scotland，1964. 599 - 613.

［24］ 党发宁，杨超，薛海斌，等. 河谷形状对面板堆石坝变形特性的影响研究 ［J］. 水利学报，2014，45 （4）：435 - 442.

［25］ Sowers G F，Williams R C，Wallace T S. Compressibility of broken and the settlement of rockfills ［C］. Proceedings of 6th International Conference on Soil Mechabics and Foundation Engineering，Toronto，1965. 561 - 565.

［26］ Zhou W，Hua J，Chang X，et al. Settlement analysis of the Shuibuya concrete - face rockfill dam ［J］. Computers and Geotechnics，2011，38 （2）：269 - 280.

［27］ Xu Y，Zhang L M. Breaching parameters for earth and rockfill dams ［J］. Journal of Geotechnical and Geoenvironmental Engineering，2009，135 （12）：1957 - 1970.

［28］ Gurbuz A，Peker I. Monitored performance of a concrete - faced sand - gravel dam ［J］. Journal of Performance of Constructed Facilities，2016，30 （5）：04016011.

［29］ Wen L，Chai J，Xu Z，et al. Monitoring and numerical analysis of behaviour of Miaojiaba concrete - face rockfill dam built on river gravel foundation in China ［J］. Computers and Geotechnics，2017，85：230 - 248.

［30］ ICOLD. Concrete face rock fill dams concepts for design and construction ［C］. Committee on Materials for Fill dams. 2014.

［31］ Mahabad N M，Imam R，Javanmardi Y，et al. Three - dimensional analysis of a concrete - face rockfill dam ［J］. Proceedings of the ICE - Geotechnical Engineering，2014，167 （4）：323 - 343.

［32］ Wang Z，Liu S，Vallejo L，et al. Numerical analysis of the causes of face slab cracks in Gongboxia rockfill dam [J]. Engineering Geology, 2014, 181: 224 – 232.

[33] Zhang G, Zhang J – M. Numerical modeling of soil – structure interface of a concrete – faced rockfill dam [J]. Computers and Geotechnics, 2009, 36 (5): 762 – 772.

[34] Zhang B, Wang J G, Shi R. Time – dependent deformation in high concrete – faced rockfill dam and separation between concrete face slab and cushion layer [J]. Computers and Geotechnics, 2004, 31 (7): 559 – 573.

[35]　Arici Y. Investigation of the cracking of CFRD face plates [J]. Computers and Geotechnics, 2011, 38 (7): 905 – 916.

[36] Rice J D, Duncan J M. Findings of case histories on the long – term performance of seepage barriers in dams [J]. Journal of Geotechnical and Geoenvironmental Engineering, 2010, 136 (1): 2 – 15.

[37] Brown A J, Bruggemann D A. Arminous Dam, Cyprus, and construction joints in diaphragm cut – off walls [J]. Géotechnique, 2002, 52 (1): 3 – 13.

[38] Chen Y, Hu R, Lu W, et al. Modeling coupled processes of non – steady seepage flow and non – linear deformation for a concrete – faced rockfill dam [J]. Computers & Structures, 2011, 89 (13 – 14): 1333 – 1351.

[39] Mahinroosta R, Alizadeh A, Gatmiri B. Simulation of collapse settlement of first filling in a high rockfill dam [J]. Engineering Geology, 2015, 187, 32 – 44.

第 3 章

面板堆石坝变形特性多元非线性
回归预测模型

　　大坝的变形控制是面板堆石坝建设最关键的问题。为了评价面板堆石坝的变形特性，有必要对大坝的典型变形特性进行定量分析和讨论。本章的目标是基于第 2 章收集的 87 个面板堆石坝工程实例数据，建立预测大坝变形特性的多元非线性回归经验预测模型。采用多元非线性回归方法建立面板堆石坝 3 个变形特性（包括坝顶沉降、坝内沉降和面板挠度）和 6 个控制变量（包括坝高、孔隙率、地基条件、堆石强度、河谷形状和运行测量时间）之间的经验关系，并对每个控制变量的相对重要性进行评价。将获得的经验关系与已有经验方法进行比较，最后运用两个工程实例，验证所建立回归模型的可行性。

3.1　概述

　　面板堆石坝最突出的问题是变形问题，过大的变形将引起面板、趾板及防渗墙结构的开裂，进而造成过大的渗漏损失。例如巴西的 Campos Novos 大坝和 Barra Grande 大坝均出现了严重的渗漏问题[1]。掌握面板堆石坝变形特性对大坝设计和安全评价至关重要。

　　为了预测面板堆石坝变形特性，很多方法被提出。目前预测面板堆石坝变形特性的方法主要包括三种，即数值计算、离心模型试验法以及经验预测方法。大量先进的数值本构模型被提出，并用于预测面板堆石坝的变形特性。数值方法的缺点是，数值模型必须建立在试验数据的基础上。堆石材料由大量具有较大粒径的岩石颗粒组成（平均尺度至少为 5cm，最大尺度达 2m），具有不同的颗粒尺度、形状及矿物组成等。由于上述原因，进行堆石材料全尺度的试验研究基本是不可能的。缩尺效应将显著影响堆石材料试验结果的准确性。考虑到不同分区的材料特点，试验过程中有限的试验样本也往往难以代表工程实际情况。研究长期变形时，相对于实际情况，荷载的加载时间也是有限的。数值模型必须依赖试验结果建立，因此容易出现上述不确定性问题。为了克服数值计算方法的不足，一些研究者对大坝进行离心模型试验。离心模型试验法是工程上较常采用的一种方法，它主要通过相似模拟来研究复杂的物理现象。在岩土工程中，离心模型试验主要通过离心力来模拟物体的实际重力，通过不断调整离心力，使建筑物的受力状态与原型相吻合。目前离心模型试验技术多用于土石坝或黏土心墙堆石坝。离心模型试验一般采用原型材料进行试验，通过离心作用使结构与实际所承受外力相吻合，可以模拟实际的受力过程。而数值计算需要建立相关的本构模型，对前提进行相关假设，降低计算精度。但是，目前面板堆石坝离心模型试验相关研究较少[2]。同时，高成本、模型边界的处理、模型的简化等试验局限性，在某种程度上限制了离心模型试验的应用。由于上述原因，当前面板堆石坝的设计仍然主要基于工程判断和工程经验，因此预测面板堆石坝变形特性的经验方法至关重要。它具有运用方便、操作简单以及便于参考等优点。基于足够多的实例数据建立的经验预测方法，可以预测获得可靠的变形特性，为大坝设计提供重要参考。

很多研究者采用已有实例数据建立预测面板堆石坝变形特性的经验预测方法。这些方法主要可以总结为三类，即经验公式方法、隐式经验方法和工程类比方法。经验公式方法建立变形特性和变形控制因素（例如坝高和时间）的直接经验公式。Lawton 和 Lester[3] 基于 11 个大坝实例数据建立了坝顶沉降的经验预测公式。Sowers[4] 和 Clements[5] 分别基于 14 个和 68 个大坝的实测数据建立坝顶后期沉降的经验预测公式。Hunter 和 Fell[6] 基于 35 个大坝的实测数据分别建立了预测坝内沉降和工后面板挠度的经验预测公式。隐式经验方法是指基于大量实测数据建立的预测变形特性的定量化判断过程。Hunter[7] 采用 35 个大坝实测数据建立了考虑堆石强度、粒径分布以及坝坡的坝顶沉降经验预测公式。基于 19 个大坝实测数据，Kermani[8] 建议采用考虑堆石垂直变形模型、坝高及堆石强度的经验预测方法预测工后坝顶沉降。Gurbuz[9]、Pinto 和 Marques[10] 分别建立预测坝内沉降和面板挠度的经验预测公式。工程类比方法直接采用相似大坝的变形曲线估计目标大坝的变形。例如 Clements[5] 对 68 个大坝的后期变形展开研究，建议通过比较相似大坝的实测数据来估计目标大坝的变形。上述研究中采用的实例数据库相对较小，同时考虑的大坝影响因素（坝高或者测量时间）也有限。此外，针对坝内沉降和面板挠度的经验方法目前较少涉及。虽然第 2 章已经获得若干面板堆石坝变形特性经验关系，但仍然是基于单变量的曲线拟合获得，有必要进一步进行深入的研究。

本章基于 87 个面板堆石坝工程实例实测数据，采用多元非线性回归方法，建立预测面板堆石坝变形特性的多元非线性经验预测模型。对每个影响因素（包括坝高、地基条件、堆石强度、孔隙率、河谷形状和运行时间）对大坝变形特性的影响程度进行定量化分析，并将建立的经验预测模型运用于两个工程实例以说明模型的可行性和准确性。

3.2 面板堆石坝变形特性数据库分析

第 2 章中收集了包含 87 个面板堆石坝实测变形特性的数据库。基于该数据库，本节对大坝地理位置、大坝建成年份、大坝高度、地基条件、堆石强度、河谷形状以及测量时间等做进一步的介绍，并简要分析变形特性与各因素的相关关系。

所收集的实例来自近 20 个国家，如图 3.1（a）所示，由于数据获取和地理分布的原因，大部分实例（41.4%）来自中国。来自韩国和澳大利亚的实例也相对较多，占比分别为 13.8% 和 14.9%。来自其他国家的实例整体相对较少，总共占比 17.3%。如图 3.1（b）所示，收集的大坝主要建成于 1980—2010 年，其中 2000—2010 年修建的实例最多，该时间段大坝监测系统的布置也较为完善，可获取的数据较多。早期（1980 年以前）的实例较少，因为该时间段没有实测资料，同时可获取的实例有限。2010 年以后的实例也只占较小的比例，因为该时间段大坝刚建成不久，监测数据较难获取且不充分。

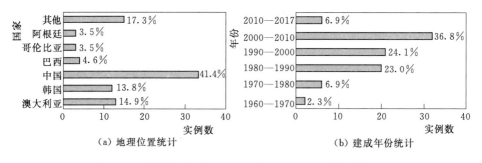

图 3.1　收集的面板堆石坝地基位置和建成年份分类统计

大坝整体高度范围为 26～233m，图 3.2 为大坝高度分布。2.3% 的大坝高度小于 30m，12.6% 的大坝高度小于 50m，52.9% 的大坝高度小于 100m，86.2% 的大坝高度小于 150m，97.7% 的大坝高度小于 200m。所收集大坝的高度主要在 30～150m，占比为 83.9%。

为了考虑地基条件的影响，数据收集过程中考虑了不同的地基条件。其

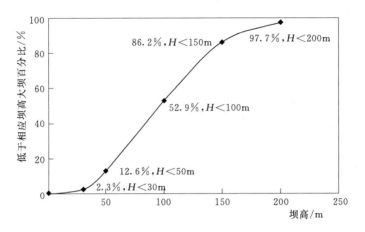

图 3.2 收集的面板堆石坝实例坝高分布统计

中，岩石地基指大坝完全修建在新鲜基岩上的情况。覆盖层地基指大坝地基全部分布有河床覆盖层，而部分覆盖层地基指地基中只有部分河床部位（<50%）分布有覆盖层的情况。对个别修建在强风化岩石上的大坝也作了区分考虑。图3.3（a）为大坝地基情况占比分布。大部分（64.4%）大坝修建在岩石地基上，28.7%的大坝修建在覆盖层地基上，而只有少部分大坝修建在部分覆盖层或强风化岩石上。为了方便和简化，在后续分析中只区分岩石地基和覆盖层地基两种地基条件。图3.3（b）为大坝设计孔隙率的统计占比情况。大部分大坝的设计孔隙率在 0.20～0.30，也就是说大坝碾压后堆石体剩余 0.20～0.30

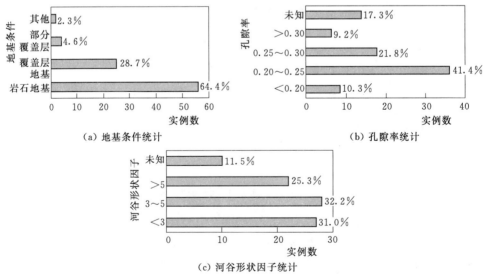

图 3.3 收集的面板堆石坝实例地基条件、孔隙率和河谷形状因子分类统计

的孔隙率，这也是大坝变形的主要基础。面板堆石坝设计孔隙率的范围主要集中在 $0.20\sim0.25$ 之间。大坝河谷形状因子定义为 $SF=A/H^2$，其中 A 是上游坝面面积，H 为坝高。国际大坝委员会（ICOLD）规定，一般河谷形状因子小于 3 认为是狭窄河谷，大于 3 则认为是宽河谷。由图 3.3（c）可以看出，收集大坝中狭窄河谷占比为 31%，而大部分河谷为宽河谷，在后续分析中对河谷只区分狭窄河谷和宽河谷。堆石强度在第 2 章已详细介绍，本章不再赘述。

进行回归分析前，对大坝变形特性与各影响因素（坝高、地基条件、堆石强度、孔隙率、河谷形状和测量时间）之间相关关系的大致规律进行初步分析。大坝变形特性与坝高的相关关系如图 3.4 所示。由图 3.4 可以看出，面板堆石坝的归一化坝顶沉降、坝内沉降及面板挠度均呈现随大坝高度增加而增加的趋势。由于其他影响因素众多，整体数据较为离散，在后续回归分析中将进一步确认坝高对面板堆石坝变形特性的影响。

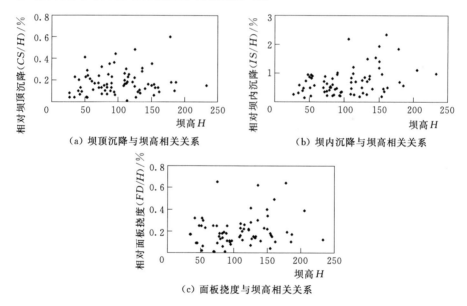

（a）坝顶沉降与坝高相关关系

（b）坝内沉降与坝高相关关系

（c）面板挠度与坝高相关关系

图 3.4 面板堆石坝典型变形特性与坝高相关关系

面板堆石坝归一化坝顶沉降、坝内沉降以及面板挠度与两种地基条件的相关性如图 3.5 所示。由于数据点众多，同时对地基只区分岩石地基和覆盖层地基两种情况，因此图 3.5 没有呈现明显的相关规律性。由第 2 章的分析可知，覆盖层地基对面板堆石坝的影响非常显著。覆盖层上面板堆石坝的坝体沉降和面板挠度明显较大，后续回归分析将进一步定量化揭示覆盖层地基对面板堆石坝变形特性的影响。

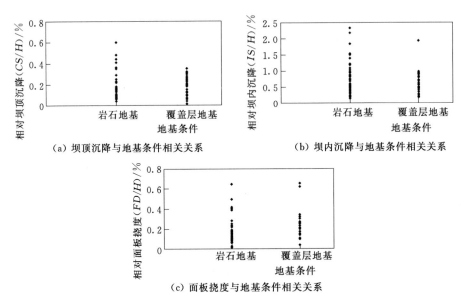

（a）坝顶沉降与地基条件相关关系　　　　（b）坝内沉降与地基条件相关关系

（c）面板挠度与地基条件相关关系

图 3.5　面板堆石坝典型变形特性与地基条件相关关系

面板堆石坝归一化坝顶沉降、坝内沉降及面板挠度与堆石强度分类的相关性如图 3.6 所示。虽然图 3.6 中大坝变形特性与堆石强度分类的规律并不明显，但是仍然可以看出面板堆石坝变形特性呈现随堆石强度降低而逐渐增加的

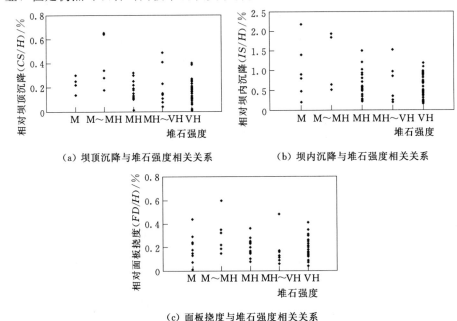

（a）坝顶沉降与堆石强度相关关系　　　　（b）坝内沉降与堆石强度相关关系

（c）面板挠度与堆石强度相关关系

图 3.6　面板堆石坝典型变形特性与堆石强度相关关系

趋势。该结果与第 2 章的结论类似。造成图 3.6 中数据离散规律不明显的主要原因是面板堆石坝变形特性的影响因素众多，而图 3.6 中只考虑堆石强度的影响。有关堆石强度对面板堆石坝变形特性的影响将在多元回归分析中进一步得到验证和定量化揭示。

孔隙率的变化是面板堆石坝变形的本质。面板堆石坝碾压完成大约剩余 20% 的孔隙率。大坝变形是孔隙率减小的过程。面板堆石坝归一化坝顶沉降、坝内沉降及面板挠度与孔隙率的相关性如图 3.7 所示。由图 3.7 可知，面板堆石坝变形特性明显呈现随孔隙率增加而增加的趋势。3 个典型变形特性的变化规律基本类似。在多元回归分析中将进一步定量化揭示孔隙率对面板堆石坝变形特性的影响。

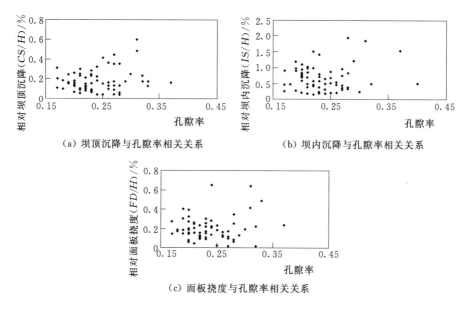

图 3.7　面板堆石坝典型变形特性与孔隙率相关关系

面板堆石坝归一化坝顶沉降、坝内沉降及面板挠度与河谷形状因子（A/H^2）的相关性如图 3.8 所示。由第 2 章分析可知，河谷形状因子小于 3 时，认为大坝位于狭窄河谷，变形相对较小，特别是竣工期坝内沉降变形的结果。由图 3.8 可知，面板堆石坝归一化变形特性均呈现随河谷形状因子增加而逐渐增加的趋势，而且河谷形状因子较小（$A/H^2 < 3$）时增加较为明显，之后逐渐趋于稳定。

面板堆石坝归一化坝顶沉降、坝内沉降及面板挠度与测量时间的相关性如图 3.9 所示。由于图中并未区分影响面板堆石坝变形特性的其他因素，因此数据较为离散，大坝变形特性没有呈现随测量时间变化的明显趋势。虽然数据较

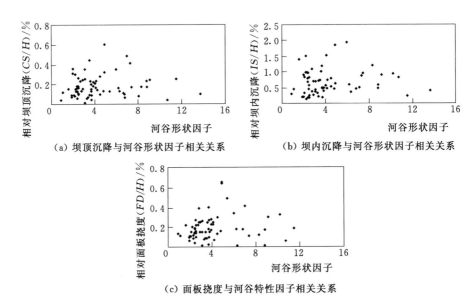

图 3.8　面板堆石坝典型变形特性与河谷形状因子相关关系

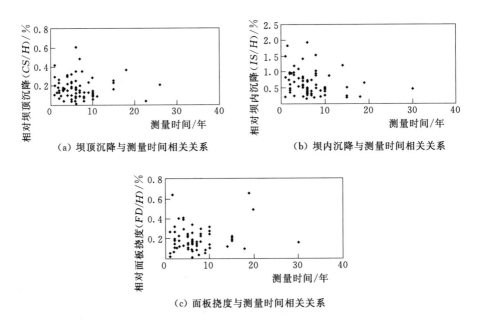

图 3.9　面板堆石坝典型变形特性与测量时间相关关系

为离散，但是由第 2 章的分析可知，面板堆石坝的变形特性呈现随测量时间增加而增加的趋势，特别是在测量时间小于 5 年的时间段内。由于数据很多而对各因素区分不详细，面板堆石坝变形特性没有呈现随测量时间变化的明显规律

性，在后续回归分析中将对各因素对大坝变形特性的影响展开详细讨论，定量
化揭示各因素对面板堆石坝变形特性的影响。

3.3 面板堆石坝典型变形特性和控制变量

3.3.1 面板堆石坝典型变形特性

面板堆石坝在施工、蓄水和运行过程中均发生变形，蓄水后大部分面板堆
石坝都能表现良好并保持稳定。坝顶沉降 CS、坝内沉降 IS 以及面板挠度 FD
是用来评价面板堆石坝变形特性的 3 个最主要参数。3 个典型变形特性的示意
图如图 3.10 所示。

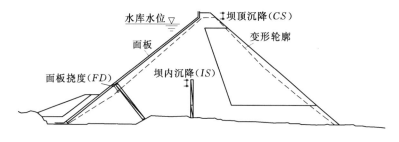

图 3.10　面板堆石坝典型变形特性示意图

本章坝顶沉降是指测量时间坝体顶部的最大沉降。坝顶沉降直接关系到
大坝施工过程中坝顶预留沉降，而坝顶沉降一般根据经验选取或者数值计算
获得。坝顶典型沉降分布如图 3.11 所示。受下部堆石体厚度影响，坝顶最

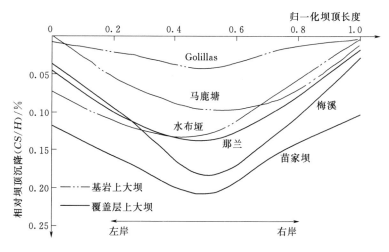

图 3.11　若干典型面板堆石坝坝顶沉降沿坝轴线分布

85

大沉降主要发生在坝顶中部，并向两岸方向逐渐减小，受覆盖层地基压缩变形的影响，覆盖层上大坝坝顶沉降相对于基岩上的大坝较大。坝内部沉降是指坝体内部的最大沉降。坝内沉降直接影响面板的变形。坝体的变形沉降主要呈现中间大而周围小的分布规律，最大坝体沉降一般发生在坝体的中部。对于基岩上的面板堆石坝最大值一般发生在 0.5 倍坝高位置，对于覆盖层上的大坝，最大值位置呈现向下移动的趋势。图 3.12 为基岩上和覆盖层上典型大坝坝体沉降分布的比较。本章中面板挠度指测量时面板的最大挠度。面板的变形主要由坝体变形决定。施工期受坝顶沉降和坡脚鼓出的影响，面板最大变形一般发生在面板上部和靠近坝基的底部。蓄水期和运行期受水压力的影响，面板最大变形一般发生在中部。基于多个大坝的实测挠度分布，面板的变形可以描述为 D 形分布（最大值发生在面板中部）或者 B 形分布（最大值发生在面板中部和靠近坝基的底部）。面板堆石坝坝顶沉降、坝内沉降以及面板挠度的详细结果已在第 2 章中进行了分析和讨论，本章不再赘述。

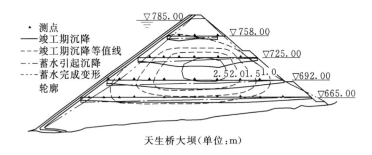

天生桥大坝（单位：m）

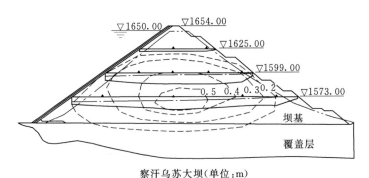

察汗乌苏大坝（单位：m）

图 3.12　基岩上和覆盖层上面板堆石坝沉降分布比较

3.3.2　变形特性和控制变量

施工过程中面板堆石坝的沉降主要受两个机制的控制：堆石颗粒破碎和颗

粒位置移动。上述机制受堆石颗粒矿物成分、粒径分布、颗粒形状以及颗粒尺寸等影响。坝体材料碾压和垂直应力增加造成相对密度增加和堆石孔隙率减小。上述变形机制主要由 4 个方面的外因引起，即施工期增加的坝体重力荷载、蓄水期作用在面板上的水压力、水分入渗引起的湿化变形及堆石材料的长期流变。

面板堆石坝的变形特性受多种因素的影响，主要可以总结为三类：①建设方法的影响，包括碾压机械参数、层厚和洒水等；②材料特性的影响，包括堆石岩性、堆石无侧限饱和压缩强度、堆石粒径分布、孔隙率、细粒含量和颗粒破碎等；③荷载和边界条件的影响，包括水库蓄水、水位波动、降雨、地震和渗流等。例如对于不同的建设技术，早期抛填坝的坝顶沉降平均为现代碾压坝的 5～8 倍[11]。Fell 等[12]发现由于大量因素的影响，坝顶沉降和面板挠度的值可能具有 1～2 个数量级的差异。

Kim 等[13]基于 35 个实测大坝数据，对面板堆石坝坝顶沉降与坝高、孔隙率、施工期垂直变形模型及河谷形状因子的相关性展开分析，认为坝高、孔隙率和垂直变形模量是影响坝顶沉降的主要因素，并进一步建立了考虑上述主要影响因素的坝顶沉降人工神经网络预测模型。Clements[5]总结 68 个大坝的坝顶沉降变形，认为堆石强度和地基条件对坝顶沉降的影响显著。Hunter[7]、Hunter 和 Fell[6]、Fell 等[12]基于大量实测数据对面板堆石坝的变形特性开展了系统全面的研究，认为大坝高度、堆石强度、河谷形状以及测量时间是面板堆石坝变形特性的主要影响因素，其中坝高和堆石强度的影响尤为突出。相似地，Won 和 Kim[14]也发现堆石强度和测量时间对坝顶沉降和面板挠度具有显著影响。Pinto 和 Marques[10]认为面板挠度主要由坝高、堆石强度及河谷形状决定，并建立了经验预测方法。综合考虑上述研究涉及的可能影响因素，包括坝高、孔隙率、地基条件、堆石强度、河谷形状以及运行测量时间等，本章取上述影响因素作为多元非线性回归分析的控制变量。

在回归分析中，对分析的 3 个变形特性（坝顶沉降 CS、坝内沉降 IS 以及面板挠度 FD）进行无量纲化处理，见表 3.1。对 6 个控制变量也进行相应的无量纲化处理，其中坝高和孔隙率为连续变量，其他变量按照离散变量处理。地基条件区分为岩石地基和覆盖层地基，堆石强度区分为 VH、MH～VH 和 M～MH 三种，河谷形状因子区分为狭窄河谷（$SF<3$）和宽河谷（$SF>3$）。对于运行测量时间，由第 2 章分析可知，面板堆石坝的变形稳定时间大约为 5 年，因此在回归分析中将时间划分为 $MP<5$ 年和 $MP>5$ 年两个时间段。需要说明的是坝内沉降只是指竣工期的沉降变形，因此不包含时间变量。表 3.1 总结了回归分析采用的所有变形特性和控制变量。

表 3.1　　　　　　　多元非线性回归分析变形特性和控制变量

变　形　特　性	控制变量（影响因素）		
坝顶沉降 $Y_1 = CS/H$（坝顶沉降/坝高）	坝高	$X_1 = H/H_r$（坝顶沉降/坝高）	
	孔隙率	$X_2 = VR$	
坝内沉降 $Y_2 = IS/H$（坝内沉降/坝高）	地基条件	X_{31}	X_{32}
	岩石地基	$1^a(e^b)$	$0(1)$
坝顶沉降 $Y_3 = FD/H$（面板挠度/坝高）	覆盖层地基	$0(1)$	$1(e)$
	堆石强度	X_{41}　　　X_{42}	X_{43}
	VH 强度	$1(e)$　　$0(1)$	$0(1)$
	MH~VH 强度	$0(1)$　　$1(e)$	$0(1)$
	M~MH 强度	$0(1)$　　$0(1)$	$1(e)$
	河谷形状因子	X_{51}	X_{52}
	SF<3	$1(e)$	$0(1)$
	SF>3	$0(1)$	$1(e)$
	运行时间	X_{61}	X_{62}
	MP<5 年	$1(e)$	$0(1)$
	MP>5 年	$0(1)$	$1(e)$

注　$H_r = 100\text{m}$，参考值。
　a　加法（线性）回归分析取值。
　b　乘法（非线性）回归分析取值。

3.4　多元非线性回归分析方法

3.4.1　多元回归分析方法

通常采用两种函数形式建立经验关系，即加法（线性）和乘法（非线性）形式[15]：

$$Y_i = b_0 + b_1 X_1 + b_2 X_2 + (b_{31} X_{31} + b_{32} X_{32}) + (b_{41} X_{41} + b_{42} X_{42} + b_{43} X_{43})$$
$$+ (b_{51} X_{51} + b_{52} X_{52}) + (b_{61} X_{61} + b_{62} X_{62}) \tag{3.1}$$

$$Y_i = b_0 X_1^{b_1} X_2^{b_2} (X_{31}^{b_{31}} X_{32}^{b_{32}})(X_{41}^{b_{41}} X_{42}^{b_{42}} X_{43}^{b_{43}})(X_{51}^{b_{51}} X_{52}^{b_{52}})(X_{61}^{b_{61}} X_{62}^{b_{62}}) \tag{3.2}$$

式中：Y_i（$i=1，2，3$）为 3 个变形特性，被当做 3 个独立的变量；X_i（$i=1，2，…，3$）为控制变量；b_i 为回归系数。

通过两侧取对数，式（3.2）可以很容易地转变为加法形式：

$$\ln Y_i = \ln b_0 + b_1 \ln X_1 + b_2 \ln X_2 + (b_{31} \ln X_{31} + b_{32} \ln X_{32}) + (b_{41} \ln X_{41} + b_{42} \ln X_{42}$$
$$+ b_{43} \ln X_{43}) + (b_{51} \ln X_{51} + b_{52} \ln X_{52}) + (b_{61} \ln X_{61} + b_{62} \ln X_{62}) \tag{3.3}$$

对于任何给定的 X_i，上述 3 个方程可以写为

$$\left. \begin{array}{l} Y_i = g(X_1, X_2, X_{31}, X_{32}, X_{41}, X_{42}, X_{43}, X_{51}, X_{52}, X_{61}, X_{62}) + \varepsilon \\ E(\varepsilon) = 0, \text{Var}(\varepsilon) = \sigma_\varepsilon^2 \end{array} \right\} \tag{3.4}$$

式中：ε 为残差；σ_ε 为残差的标准差。

给定控制变量 X_i 时，Y_i 的条件期望和方差分别为 $E(Y \mid X_1, X_2, \cdots, X_{62})$ 和 $\mathrm{Var}(Y \mid X_1, X_2, \cdots, X_{62}) = \sigma_\varepsilon^2$。$b_i$ 和 σ_ε^2 可以通过对尺度为 n 的一系列的观测数据，即 $(x_{j1}, x_{j2}, \cdots, x_{j63}, y_i)$，$j=1, 2, \cdots, n$，进行回归分析获得。一般采用最小二乘法获取参数。在回归分析中 σ_ε 假设为常量保持不变。

回归模型的选取涉及控制变量和函数形式的选择，以达到所有控制变量和所关注的大坝变形特性是最相关的。其中一个用来判断拟合程度的指标与残差相关，定义为 $e_j = y_j - \overline{y}_j$，其中 y_j 和 $\overline{y}_j$ 为第 j 个独立变量的实测值和预测值。基于最小二乘法，回归系数 b_i 通过最小化残差平方获得，即

$$\min_{b_0, b_1, b_2, \cdots, b_{62}} \sum_{j=1}^n e_j^2 = \sum_{j=1}^n (y_j - \overline{y}_j)^2 = \sum_{j=1}^n \left[y_j - g(x_j \mid b_0, b_1, b_2, \cdots, b_{62}) \right]^2$$

$$(3.5)$$

复决定系数 R^2 为

$$R^2 = 1 - \frac{\sum (y_j - \overline{y}_j)^2}{\sum (y_j - y_{\mathrm{ave}})^2} = 1 - \frac{\sum e_j^2}{\sum (y_j - y_{\mathrm{ave}})^2} = 1 - \frac{SSE}{SST} \quad (3.6)$$

式中：SSE 为残差平方和；SST 为总离差平方和；y_{ave} 为所有独立变量 Y 的平均值。

R^2 衡量各控制变量对变形特性的解释程度，其取值在 $0 \sim 1$ 变化。其值越接近于 1，则自变量的解释程度越高，其值越接近于 0，则自变量的解释程度越弱。也就是说具有较大 R^2 的模型对数据系列具有较高的吻合度。一般来说增加自变量的个数，回归平方和增加，残差平方和减小，所以 R^2 增大；相反，减少自变量的个数，回归平方和减小，残差平方和增加，所以 R^2 减小。

一般地，希望所建立的回归模型能很好地拟合所给数据，并且最大程度上反映实际情况。因此要求在选取控制变量时不能遗漏对变形特性有重要影响的因素，但也要尽量避免考虑过多的控制变量。因为某些控制变量之间具有很大的关联性，这样不仅增加计算量，而且可能导致回归模型稳定性差，影响模型的运用。建立回归模型时并不是控制变量越多越好。在建立回归模型过程中，丢掉对变形特性影响不明显的控制变量并不会明显影响回归拟合效果。因为所保留的控制变量对应的回归系数估计量的方差比考虑更多变量得到的对应估计方差还要小。但是如果保留过多影响不明显的控制变量，可能会带来参数估计和预测的有偏性，估计和预测的精度也可能降低。实际收集的实例数据中包含的控制变量数据往往有限，因此有必要把握预测精度和简化的平衡。基于上述考虑有必要评估每一个控制变量对变形特性的影响重要程度，挑选出影响最明

显的控制变量。目前主要用调整的 R_a^2 准则、C_P 准则、AIC 准则和 BIC 准则来实现对控制变量的评价和选择工作[15]，本章采用调整的 R_a^2 准则[15]来实现该工作。

为了改善自变量的个数对回归模型的影响，避免使用过多的控制变量，调整后的复决定系数 R_a^2 定义[15]为

$$R_a^2 = 1 - \frac{SSE(n-k-1)}{SST(n-1)} = \frac{(n-1)R^2 - k}{n-(k+1)} \tag{3.7}$$

式中：k 为采用的控制变量个数。

很明显 $R_a^2 < R^2$，并且 R_a^2 并不随控制变量个数的增加而增大。这是因为尽管 $1-R^2$ 随控制变量个数的增加而减小，但是 $(n-1)/(n-k-1)$ 随着 k 的增加而增大。如果额外的控制变量不能明显改善对数据系列变化的描述，那么具有 k 个控制变量的 R_a^2 将小于具有 $k-1$ 个控制变量的 R_a^2。也就是说当增加的控制变量对回归模型的贡献很小时，那么 R_a^2 会减小。因此，通过比较 R_a^2，可以选择出包含最少关键控制变量的简化回归模型。在建立实际回归模型时，要求调整后的 R_a^2 越大越好。在所有包含不同控制变量的回归模型中，使 R_a^2 达到最大的回归模型即认为是最优简化回归模型。本章多元非线性回归分析主要借助 SPSS 21 数据统计软件完成。

3.4.2　回归分析过程

采用下述流程建立任何一个变形特性和 6 个控制变量的经验关系：

（1）数据选择。从 87 个大坝的数据库中选取包含所有控制变量 X_1、X_2、X_3、X_4、X_5、X_6 和变形特性 Y 的实例。这是因为在数据库中不是所有的大坝实例均具有完全的控制变量和变形特性数据。

（2）第一次回归分析。对 Y 进行加法或乘法形式的回归分析。考虑的控制变量包括：①所有 6 个控制变量 X_i；②任何 5 个控制变量 X_i 的组合。比较所有控制变量 X_i 的加法和乘法形式的复决定系数 R^2，选取其中较大值，则认为该模型是最佳预测模型。在进行乘法形式回归分析时，先通过两边取自然对数把函数形式转化为线性函数形式，最终回归分析均转化为线性回归分析。

（3）排列各控制变量 X_i 对变形特性 Y 的重要程度。计算忽略任何一个控制变量情况下残差平方和 SSE 相对于考虑所有控制变量情况下残差平方和 SSE 的增量 ΔSSE。比较忽略任何一个控制变量残差平方和的增量 ΔSSE。根据每个控制变量对 Y 的相对贡献，排列各控制变量重要程度。如果某个控制变量去除后，模型 ΔSSE 明显较大，则表明该变量对变形特性具有显著影响，相反若 ΔSSE 相对较小，则该变量对变形特性影响并不明显。

（4）二次回归分析。对变形特性 Y 进行加法或乘法形式回归分析。考虑

的控制变量包括：①4 个最重要控制变量 X_i 的结合；②3 个最重要控制变量 X_i 的结合；③2 个最重要控制变量 X_i 的结合；④只考虑最重要的控制变量 X_i 的情况。

（5）模型选择。比较第（2）步和第（4）步建立的每一个回归模型的调整后的复决定系数 R_a^2。选择其中具有最大 R_a^2 值的加法或者乘法形式回归模型，所选择的模型被认为是最佳加法或乘法形式模型。比较最佳加法和乘法模型的 R_a^2，选择其中较大值的模型，该模型即为考虑合理的有较少控制变量的最佳简化回归模型。

（6）模型细化完善。检查数据库中是否包含具有简化模型所涉及控制变量 X_i 和变形特性 Y 数据的其他实例。如果没有，第（5）步选择的简化模型即为最终简化模型。如果包含其他实例数据，把新包含的实例与第（1）步所选择的实例组合形成新回归分析数据系列，基于完善的数据系列再次进行回归分析，得到最终简化回归分析模型。最终对每一个变形特性建立考虑所有控制变量 X_i 和考虑关键控制变量 X_i 的回归模型。

3.5　变形特性多元非线性回归预测模型的建立

根据 3.4.2 节所述分析流程，对 3 个变形特性，即坝顶沉降 CS、坝内沉降 IS 及面板挠度 FD 进行研究。以坝顶沉降分析为例，第（1）～（6）步的相应结果如下所述：

（1）从 87 个大坝的数据库中选取出 58 个包含所有控制变量 X_1、X_2、X_3、X_4、X_5、X_6 和坝顶沉降 CS 的实例。对坝顶沉降进行无量纲化处理，$y=CS/H$，即取为坝顶沉降变形相对坝高的比值。图 3.3～图 3.8 为坝顶沉降与所有 6 个控制变量的大致相关性，坝顶沉降呈现随坝高、孔隙率、河谷形状和测量时间增加而大致增加的趋势，同时呈现随堆石强度降低而增加的趋势。由于数据过多，而影响因素区分并不明显，地基条件对坝顶沉降的影响并不明显，这将在后面的回归分析中进行讨论。

（2）进行加法或乘法形式的回归分析。表 3.2 的第 1 行显示考虑所有控制变量 X_i 的乘法形式回归分析结果。第 4～7 行显示考虑其中任何 5 个控制变量结合下的回归分析结果。表 3.3 的第 1 行显示考虑所有控制变量 X_i 的加法形式回归分析结果。第 4～7 行显示考虑其中任何 5 个控制变量结合下的回归分析结果。乘法形式回归分析模型的 $R^2=0.717$，大于加法形式的 $R^2=0.701$，因此考虑所有控制变量 X_i 的乘法形式回归模型被认为是最佳预测模型，即

$$\ln Y = -2.168 + 0.322\ln X_1 + 0.115\ln X_2 + 0.387\ln X_{31} + 0.434\ln X_{32}$$
$$+ 0.295\ln X_{41} + 0.314\ln X_{42} + 0.735\ln X_{43} + 0.051\ln X_{51}$$

$$+0.077\ln X_{52}+0.096\ln X_{61}+0.116\ln X_{62} \tag{3.8}$$

模型条件偏差 $S_{\ln Y\,|\,\ln X}=0.358$。使用原控制变量，式 (3.8) 可以写为

$$\frac{CS}{H}=0.114\left(\frac{H}{H_r}\right)^{0.322}VR^{0.115}e^{A} \tag{3.9}$$

其中 $A=a_1+a_2+a_3+a_4$，对于岩石地基和覆盖层地基 a_1 的取值分别为 0.387 和 0.434；对于堆石强度 VH、MH~VH 和 M~MH，a_2 的取值分别为 0.295、0.314 和 0.735；对于窄河谷（$SF<3$）和宽河谷（$SF>3$），a_3 的取值分别为 0.051 和 0.077；对于测量时间小于 5 年和大于 5 年，a_4 的取值分别为 0.096 和 0.116。为了避免与自然常数 e 混淆，本章孔隙率采用 VR 表示，其他系列公式中也一致。

（3）在表 3.2 中，与第 1 行的 SSE 相比较，第 2~7 行的 SSE 增量分别为 27.9%、3.0%、10.7%、16.9%、1.2% 和 0.9%，因此控制变量对坝顶沉降影响的重要程度为：$X_1>X_4>X_3>X_2>X_5\approx X_6$。$X_1$、$X_4$、$X_3$ 3 个变量的影响相对于其他 3 个变量的影响更加重要，意味着坝高、地基条件、堆石强度是坝顶沉降的主要影响因素，而孔隙率、河谷形状和测量时间的影响相对并不十分明显。

（4）表 3.2 第 8 行显示考虑最重要的 4 个控制变量的乘法形式回归结果，第 9 行显示考虑最重要的 3 个控制变量的乘法形式回归结果，第 10 行显示考虑最重要的 2 个控制变量的乘法形式回归结果，第 11 行显示考虑最重要的控制变量的乘法形式回归结果。相应地，表 3.3 第 8 行显示考虑最重要的 4 个控制变量的加法形式回归结果，第 9 行显示考虑最重要的 3 个控制变量的加法形式回归结果，第 10 行显示考虑最重要的 2 个控制变量的加法形式回归结果，第 11 行显示只考虑最重要的控制变量的加法形式回归结果。

（5）表 3.2 第 1~11 行显示考虑 X_1、X_4、X_3 的乘法形式模型具有最大的 R_a^2（0.687），该模型被认为是最佳乘法形式简化模型。相应加法形式回归模型的结果列于表 3.3 中，可以看出，考虑 X_1、X_4、X_3 的加法形式模型具有最大的 R_a^2（0.614），但是该值小于乘法形式的模型。因此认为考虑 X_1、X_4、X_3 的乘法形式模型是最佳简化模型。

（6）检查数据库发现，另外有 12 个具有 X_1、X_4、X_3、CS 的实例存在，这些实例主要缺失其他控制变量的数据。将这些实例数据与第（1）步中 58 个实例数据组合，进行进一步的考虑 X_1、X_4、X_3 的乘法形式回归分析，获得新的回归模型，其中 $R_a^2=0.712$。该模型即为最终简化模型，即

$$\ln Y=-2.177+0.280\ln X_1+0.112\ln X_{31}+0.143\ln X_{32}$$
$$+0.286\ln X_{41}+0.347\ln X_{42}+0.515\ln X_{43} \tag{3.10}$$

模型条件偏差 $S_{\ln Y\,|\,\ln X}=0.363$。使用原控制变量，式 (3.10) 可以写为

表 3.2　面板堆石坝坝顶沉降幂乘法形式回归分析结果

编号	实例数	考虑变量 $\ln X_i$	$\ln b_0$	b_1	b_2	b_{31}	b_{32}	b_{41}	b_{42}	b_{13}	b_{51}	b_{52}	b_{61}	b_{62}	SSE	$\triangle SSE$ /%	R^2	R_a^2	$S^2_{\ln Y \mid \ln X}$
1	58	$\ln X_{1,2,3,4,5,6}$	-2.168	0.322	0.115	0.387	0.434	0.295	0.314	0.735	0.051	0.077	0.096	0.116	5.721	—	0.717	0.684	0.128
2	58	$\ln X_{2,3,4,5,6}$	-1.878	—	0.201	0.298	0.412	0.214	0.296	0.654	0.101	0.124	0.075	0.103	7.311	27.9	0.542	0.601	0.126
3	58	$\ln X_{1,3,4,5,6}$	-2.142	0.312	—	0.368	0.431	0.289	0.310	0.732	0.050	0.075	0.093	0.115	5.885	3.0	0.710	0.615	0.128
4	58	$\ln X_{1,2,4,5,6}$	-1.966	0.310	0.103	—	—	0.302	0.402	0.745	0.101	0.091	0.106	0.154	6.327	10.7	0.658	0.603	0.126
5	58	$\ln X_{1,2,3,5,6}$	-1.902	0.298	0.098	0.421	0.521	—	—	—	0.108	0.110	0.067	0.087	6.680	16.9	0.605	0.599	0.130
6	58	$\ln X_{1,2,3,4,6}$	-2.015	0.312	0.106	0.367	0.421	0.296	0.324	0.762	—	—	0.057	0.089	5.786	1.2	0.691	0.602	0.128
7	58	$\ln X_{1,2,3,4,5}$	-2.111	0.316	0.121	0.356	0.438	0.242	0.299	0.737	0.069	0.091	—	—	5.770	0.9	0.705	0.597	0.127
8	58	$\ln X_{1,2,3,4}$	-2.106	0.319	0.126	0.378	0.426	0.279	0.297	0.719	—	—	—	—	5.798	1.4	0.689	0.616	0.129
9	58	$\ln X_{1,3,4}$	-2.244	0.290	—	0.396	0.404	0.315	0.340	0.846	—	—	—	—	5.804	1.6	0.640	0.687	0.130
10	58	$\ln X_{1,4}$	-2.265	0.287	—	—	—	0.354	0.391	0.845	—	—	—	—	5.871	2.7	0.625	0.603	0.128
11	58	$\ln X_1$	-2.323	0.276	—	—	—	—	—	—	—	—	—	—	5.890	3.1	0.601	0.542	0.128
12	70	$\ln X_{1,3,4}$	-2.177	0.280	—	0.112	0.143	0.286	0.347	0.515	—	—	—	—	6.347	—	0.743	0.712	0.132

表 3.3　面板堆石坝坝顶坝沉降加法形式回归分析结果

编号	实例数	考虑变量 X_i	b_0	b_1	b_2	b_{31}	b_{32}	b_{41}	b_{42}	b_{43}	b_{51}	b_{52}	b_{61}	b_{62}	SSE	ΔSSE /%	R^2	R_a^2	$S_{Y\mid x}^2$
1	58	$X_{1,2,3,4,5,6}$	0.049	0.033	0.028	0.038	0.056	0.015	0.023	0.077	0.021	0.035	0.013	0.025	6.421	—	0.701	0.665	0.131
2	58	$X_{2,3,4,5,6}$	0.032	—	0.089	0.031	0.049	0.011	0.019	0.062	0.075	0.092	0.012	0.021	8.212	26.5	0.530	0.521	0.132
3	58	$X_{1,3,4,5,6}$	0.047	0.031	—	0.036	0.053	0.014	0.025	0.073	0.025	0.037	0.015	0.025	6.612	3.21	0.694	0.595	0.138
4	58	$X_{1,2,4,5,6}$	0.081	0.042	0.021	—	—	0.022	0.034	0.083	0.034	0.045	0.037	0.046	7.109	11.5	0.643	0.583	0.132
5	58	$X_{1,2,3,5,6}$	0.088	0.025	0.017	0.046	0.079	—	—	—	0.035	0.076	0.011	0.022	7.506	17.3	0.591	0.579	0.135
6	58	$X_{1,2,3,4,6}$	0.045	0.035	0.027	0.033	0.052	0.017	0.025	0.076	—	—	0.015	0.026	6.501	1.1	0.675	0.582	0.132
7	58	$X_{1,2,3,4,5}$	0.052	0.035	0.029	0.038	0.068	0.018	0.027	0.081	0.019	0.032	—	—	6.483	0.6	0.689	0.577	0.135
8	58	$X_{1,2,3,4}$	0.105	0.021	0.026	0.042	0.063	0.016	0.025	0.081	—	—	—	—	6.515	1.7	0.673	0.596	0.136
9	58	$X_{1,3,4}$	0.113	0.008	—	0.022	0.046	0.015	0.033	0.089	—	—	—	—	6.521	1.8	0.625	0.614	0.132
10	58	$X_{1,4}$	0.114	0.009	—	—	—	0.025	0.047	0.095	—	—	—	—	6.597	2.5	0.611	0.583	0.132
11	58	X_1	0.112	0.007	—	—	—	—	—	—	—	—	—	—	6.618	3.4	0.587	0.524	0.137
12	70	$X_{1,3,4}$	0.110	0.010	—	0.025	0.086	0.018	0.035	0.092	—	—	—	—	7.132	—	0.726	0.689	0.135

$$\frac{CS}{H} = 0.113 \left(\frac{H}{H_r}\right)^{0.280} e^B \tag{3.11}$$

其中 $B = b_1 + b_2$，对于岩石地基和覆盖层地基，b_1 取值分别为 0.112 和 0.143；对于堆石强度 VH、MH～VH 和 M～MH，b_2 的取值分别为 0.286、0.374 和 0.515。此时加法形式简化模型为

$$Y = 0.110 + 0.010 X_1 + 0.025 X_{31} + 0.086 X_{32} + 0.018 X_{41} + 0.035 X_{42} + 0.092 X_{43} \tag{3.12}$$

模型条件偏差 $S_{\ln Y \mid \ln X} = 0.367$。使用原控制变量，式（3.12）可以写为

$$\frac{CS}{H} = 0.110 + 0.010 \left(\frac{H}{H_r}\right) + B_1 \tag{3.13}$$

其中 $B_1 = b_1 + b_2$，对于岩石地基和覆盖层地基，b_1 的取值分别为 0.025 和 0.086；对于堆石强度 VH、MH～VH 和 M～MH，b_2 的取值分别为 0.018、0.035 和 0.092。该模型的 R_a^2（0.689）小于最佳乘法形式简化模型的 R_a^2（0.712）。

采用相同的分析过程，可以获得另外两个变形特性，即坝内沉降 IS 和面板挠度 FD 的回归模型。坝内沉降 IS 和面板挠度 FD 的乘法形式和加法形式回归分析结果分别见表 3.4～表 3.7。所有变形特性的最佳预测模型和最佳简化预测模型总结在表 3.8 中。采用原控制变量表示的所有变形特性的最佳预测模型非线性方程和最佳简化模型非线性方程总结于表 3.9 中。最佳简化模型主要用于比较，当观测数据较少时可以采用。

由经验公式结果可以看出，3 个变形特性与控制变量均呈现非线性关系，因此乘法形式回归分析相对于加法形式更加合理。由上述回归经验关系式可以看出，坝顶沉降呈现随坝高和孔隙率增加而增加的关系，覆盖层地基、较低堆石强度、宽河谷以及较长测量时间下，大坝的坝顶沉降较大。坝内沉降和面板挠度也呈现相似的关系。通过对 ΔSSE 的比较，获得每个变形特性控制变量影响重要性程度见表 3.10。每个变形特性控制变量的重要性排序是不同的，但是对于 3 个变形特性，X_1、X_4、X_3（坝高、堆石强度、地基条件）均是最重要的控制变量，相对于其他控制变量 X_2、X_5、X_6（孔隙率、河谷形状、测量时间）明显更加重要。下面对每个变形特性的影响因素分别进行讨论。

对于坝顶沉降，坝高、堆石强度及地基条件的影响相对于孔隙率、河谷形状及测量时间的影响明显更加显著，其中坝高的影响最为显著。大坝高度代表自重荷载，它直接影响大坝变形特性，但是坝顶沉降并不简单地与坝高成比例，因为其他因素也对坝顶沉降产生较大影响。堆石强度在一定程度上体现堆石体抵抗变形的能力。堆石强度较低时，堆石颗粒容易破碎并滚动进而产生较大的变形。Kermani 等[8] 发现，堆石的固有强度较低时，其应变速度受应力水

表 3.4　面板堆石坝坝内沉降乘法形式回归分析结果

编号	实例数	考虑变量 $\ln X_i$	$\ln b_0$	b_1	b_2	b_{31}	b_{32}	b_{41}	b_{42}	b_{43}	b_{51}	b_{52}	SSE	ΔSSE /%	R^2	R_a^2	$S_{\ln Y\mid \ln X}^2$
1	61	$\ln X_{1,2,3,4,5,6}$	−0.910	0.382	0.166	0.195	0.298	0.424	0.514	0.764	0.114	0.142	11.219	—	0.612	0.603	0.196
2	61	$\ln X_{2,3,4,5,6}$	−1.122	0.241	0.123	0.231	0.306	0.548	0.647	0.893	0.101	0.118	15.013	33.8	0.467	0.466	0.196
3	61	$\ln X_{1,3,4,5,6}$	−0.891	0.386	—	0.200	0.305	0.421	0.509	0.756	0.112	0.136	11.541	2.9	0.606	0.598	0.196
4	61	$\ln X_{1,2,4,5,6}$	−1.025	0.294	0.145		—	0.499	0.612	0.837	0.106	0.129	12.297	9.6	0.554	0.479	0.195
5	61	$\ln X_{1,2,3,5,6}$	−1.110	0.267	0.133	0.227	0.324	—	—	—	0.102	0.119	13.685	23.0	0.501	0.471	0.194
6	61	$\ln X_{1,2,3,4,6}$	−0.889	0.377	0.150	0.213	0.313	0.407	0.503	0.703		—	11.487	2.3	0.608	0.582	0.193
7	61	$\ln X_{1,2,3,4,5}$	−0.904	0.379	0.161	0.194	0.295	0.420	0.497	0.724	0.112	0.139	11.320	0.9	0.610	0.579	0.195
8	61	$\ln X_{1,2,3,4}$	−0.808	0.362	0.154	0.231	0.315	0.399	0.486	0.692			11.648	3.8	0.605	0.592	0.195
9	61	$\ln X_{1,3,4}$	−1.021	0.317	—	0.231	0.288	0.431	0.530	0.861			11.741	4.6	0.591	0.585	0.193
10	61	$\ln X_{1,4}$	−1.097		—			0.361	0.427	0.598			11.797	5.2	0.589	0.569	0.222
11	61	$\ln X_1$	−1.115	0.293	—								11.808	5.3	0.564	0.546	0.221
12	71	$\ln X_{1,3,4}$	−1.004	0.269	—	0.163	0.211	0.401	0.513	0.964			12.221	—	0.627	0.619	0.222

表 3.5　面板堆石坝坝内沉降加法形式回归分析结果

编号	实例数	考虑变量 X_i	b_0	b_1	b_2	b_{31}	b_{32}	b_{41}	b_{42}	b_{43}	b_{51}	b_{52}	SSE	ΔSSE /%	R^2	R_a^2	$S_{Y\mid X}^2$
1	61	$X_{1,2,3,4,5,6}$	0.111	0.325	0.063	0.055	0.062	0.096	0.115	0.199	0.102	0.131	13.104	—	0.594	0.579	0.211
2	61	$X_{2,3,4,5,6}$	0.098	0.296	0.144	0.098	0.087	0.085	0.090	0.134	0.155	0.169	17.535	32.4	0.453	0.447	0.213
3	61	$X_{1,3,4,5,6}$	0.109	0.321	—	0.058	0.061	0092	0.113	0.186	0.098	0.126	13.480	2.6	0.588	0.574	0.216
4	61	$X_{1,2,4,5,6}$	0.213	0.425	0.158	—	—	0.057	0.086	0.169	0.087	0.119	14.363	10.3	0.537	0.460	0.214
5	61	$X_{1,2,3,5,6}$	0.255	0.512	0.207	0.034	0.056	—	—	—	0.065	0.107	15.984	26.7	0.486	0.452	0.213
6	61	$X_{1,2,3,4,6}$	0.157	0.319	0.059	0.061	0.077	0.089	0.103	0.181	—	—	13.417	2.6	0.590	0.559	0.212
7	61	$X_{1,2,3,4,5}$	0.134	0.339	0.061	0.054	0.065	0.102	0.118	0.126	0.101	0.127	13.221	0.8	0.592	0.556	0.214
8	61	$X_{1,2,3,4}$	0.294	0.289	0.124	0.046	0.058	0.103	0.118	0.144	—	—	13.605	3.9	0.587	0.568	0.214
9	61	$X_{1,3,4}$	0.318	0.246	—	0.035	0.043	0.107	0.121	0.133	—	—	13.713	4.8	0.573	0.562	0.212
10	61	$X_{1,4}$	0.424	—	—	—	—	0.123	0.138	0.117	—	—	13.779	5.4	0.571	0.546	0.244
11	61	X_1	0.496	0.207	—	—	—	—	—	—	—	—	13.792	5.4	0.547	0.524	0.243
12	71	$X_{1,3,4}$	0.320	0.251	—	0.042	0.051	0.101	0.118	0.145	—	—	14.274	—	0.608	0.581	0.244

表 3.6　面板堆石坝面板挠度乘法形式回归分析结果

编号	实例数	考虑变量 $\ln X_i$	$\ln b_0$	b_1	b_2	b_{31}	b_{32}	b_{41}	b_{42}	b_{43}	b_{51}	b_{52}	b_{61}	b_{62}	SSE	ΔSSE /%	R^2	R_a^2	$S_{\ln Y' \mid \ln X}^2$
1	56	$\ln X_{1,2,3,4,5,6}$	−2.135	0.528	0.034	0.221	0.492	0.114	0.289	0.524	0.117	0.209	0.054	0.064	8.505	—	0.815	0.727	0.113
2	56	$\ln X_{2,3,4,5,6}$	−2.017	—	0.042	0.234	0.546	0.102	0.257	0.449	0.129	0.294	0.059	0.073	11.200	31.7	0.597	0.744	0.114
3	56	$\ln X_{1,3,4,5,6}$	−2.131	0.525	—	0.225	0.501	0.110	0.276	0.507	0.121	0.216	0.057	0.071	8.587	0.9	0.811	0.741	0.113
4	56	$\ln X_{1,2,4,5,6}$	−1.942	0.448	0.051	—	—	0.116	0.307	0.564	0.101	0.199	0.046	0.057	9.476	11.4	0.702	0.731	0.115
5	56	$\ln X_{1,2,3,5,6}$	−1.879	0.423	0.064	0.251	0.506	—	—	—	0.105	0.196	0.061	0.078	10.312	21.2	0.621	0.737	0.115
6	56	$\ln X_{1,2,3,4,6}$	−2.127	0.524	0.046	0.224	0.499	0.117	0.292	0.531	—	—	0.059	0.071	8.741	2.8	0.799	0.729	0.113
7	56	$\ln X_{1,2,3,4,5}$	−2.129	0.526	0.038	0.226	0.503	0.116	0.293	0.529	0.113	0.204	—	—	8.627	1.4	0.805	0.727	0.112
8	56	$\ln X_{1,3,4,5}$	−2.099	0.497	—	0.298	0.487	0.164	0.307	0.565	0.121	0.216	—	—	8.722	2.6	0.774	0.756	0.116
9	56	$\ln X_{1,3,4}$	−2.056	0.464	—	0.315	0.484	0.196	0.325	0.583	—	—	—	—	8.796	3.4	0.742	0.721	0.119
10	56	$\ln X_{1,4}$	−2.051	—	—	—	—	0.201	0.342	0.605	—	—	—	—	8.891	4.5	0.727	0.704	0.115
11	56	$\ln X_1$	−2.042	0.414	—	—	—	—	—	—	—	—	—	—	8.942	5.1	0.706	0.689	0.116
12	61	$\ln X_{1,3,4}$	−2.035	0.325	—	0.291	0.404	0.198	0.302	0.608	—	—	—	—	8.892	—	0.822	0.809	0.117

表 3.7　面板堆石坝面板挠度加法形式回归分析结果

编号	实例数	考虑变量 X_i	b_0	b_1	b_2	b_{31}	b_{32}	b_{41}	b_{42}	b_{43}	b_{51}	b_{52}	b_{61}	b_{62}	SSE	ΔSSE /%	R^2	R_a^2	$S_{Y\mid X}^2$
1	56	$X_{1,2,3,4,5,6}$	−0.014	0.100	0.005	0.047	0.060	0.026	0.030	0.073	0.033	0.048	0.015	0.027	9.185	—	0.791	0.698	0.121
2	56	$X_{2,3,4,5,6}$	0.012	—	0.016	0.034	0.051	0.042	0.054	0.086	0.017	0.026	0.034	0.046	12.100	30.2	0.579	0.714	0.123
3	56	$X_{1,3,4,5,6}$	−0.012	0.113	—	0.051	0.062	0.033	0.041	0.079	0.023	0.045	0.021	0.036	9.274	0.78	0.787	0.711	0.124
4	56	$X_{1,2,4,5,6}$	0.007	0.132	0.025	—	—	0.047	0.058	0.092	0.015	0.022	0.006	0.011	10.234	12.3	0.681	0.702	0.123
5	56	$X_{1,2,3,5,6}$	0.010	0.198	0.045	0.061	0.077	—	—	—	0.019	0.032	0.021	0.046	11.137	22.4	0.602	0.708	0.124
6	56	$X_{1,2,3,4,6}$	−0.008	0.109	0.011	0.056	0.069	0.032	0.041	0.086	—	—	0.013	0.021	9.440	2.5	0.775	0.700	0.123
7	56	$X_{1,2,3,4,5}$	−0.010	0.110	0.014	0.054	0.066	0.033	0.041	0.084	0.025	0.046	—	—	9.317	1.5	0.781	0.698	0.122
8	56	$X_{1,3,4,5}$	0.022	0.087	—	0.045	0.060	0.023	0.034	0.075	0.036	0.057	—	—	9.420	2.8	0.751	0.726	0.121
9	56	$X_{1,3,4}$	0.053	0.079	—	0.041	0.060	0.021	0.038	0.078	—	—	—	—	9.500	3.5	0.720	0.692	0.124
10	56	$X_{1,4}$	0.065	0.122	—	—	—	0.019	0.027	0.064	—	—	—	—	9.602	4.7	0.705	0.676	0.125
11	56	X_1	0.078	0.143	—	—	—	—	—	—	—	—	—	—	9.657	5.3	0.685	0.661	0.124
12	61	$X_{1,3,4}$	0.057	0.082	—	0.046	0.065	0.032	0.036	0.079	—	—	—	—	9.963	—	0.797	0.777	0.124

表 3.8　面板堆石坝 3 个典型变形特性的最佳预测模型总结

模型类型	$\ln Y$	实例数	$\ln b_0$	b_1	b_2	b_{31}	b_{32}	b_{41}	b_{42}	b_{43}	b_{51}	b_{52}	b_{61}	b_{62}	R^2 或 R_a^2	$S_{\ln Y\mid \ln X}^2$
全变量模型	$\ln(CS/H)$	58	−2.168	0.322	0.115	0.387	0.434	0.295	0.314	0.735	0.051	0.077	0.096	0.116	0.717	0.128
	$\ln(IS/H)$	61	−0.910	0.382	0.166	0.195	0.298	0.424	0.514	0.764	0.114	0.142	0.054		0.612	0.196
	$\ln(FD/H)$	56	−2.135	0.528	0.034	0.221	0.492	0.114	0.289	0.524	0.117	0.209	0.054	0.064	0.815	0.113
简化模型	$\ln(CS/H)$	70	−2.177	0.280	—	0.112	0.143	0.286	0.347	0.515					0.712	0.132
	$\ln(IS/H)$	71	−1.004	0.269	—	0.163	0.211	0.401	0.513	0.964					0.619	0.222
	$\ln(FD/H)$	61	−2.035	0.325	—	0.291	0.404	0.198	0.302	0.608					0.809	0.117

表 3.9 面板堆石坝坝顶沉降、坝内沉降、面板挠度回归经验公式总结

变形	回归模型		说明	实例数	R^2 或 R_a^2
CS	全变量模型	$\dfrac{CS}{H}=0.114\left(\dfrac{H}{H_r}\right)^{0.322}VR^{0.115}e^A$	$A=a_1+a_2+a_3+a_4$ $a_1=0.387$（R 地基），0.434（G 地基） $a_2=0.295$（VH），0.314（MH～VH），0.735（M～MH） $a_3=0.051$（$SF<3$），0.077（$SF>3$） $a_4=0.096$（$MP<5$ 年），0.116（$MP>5$ 年）	58	0.717
	简化模型	$\dfrac{CS}{H}=0.113\left(\dfrac{H}{H_r}\right)^{0.280}e^B$	$B=b_1+b_2$ $b_2=0.112$（R 地基），0.143（G 地基） $b_2=0.286$（VH），0.374（MH～VH），0.515（M～MH）	70	0.712
IS	全变量模型	$\dfrac{IS}{H}=0.403\left(\dfrac{H}{H_r}\right)^{0.382}VR^{0.166}e^C$	$C=c_1+c_2+c_3+c_4$ $c_1=0.195$（R 地基），0.298（G 地基） $c_2=0.424$（VH），0.514（MH～VH），0.764（M～MH） $c_3=0.114$（$SF<3$），0.142（$SF>3$）	61	0.612
	简化模型	$\dfrac{IS}{H}=0.366\left(\dfrac{H}{H_r}\right)^{0.269}e^D$	$D=d_1+d_2$ $d_1=0.163$（R 地基），0.211（G 地基） $d_2=0.401$（VH），0.513（MH～VH），0.964（M～MH）	71	0.619
FD	全变量模型	$\dfrac{FD}{H}=0.118\left(\dfrac{H}{H_r}\right)^{0.528}VR^{0.034}e^E$	$E=e_1+e_2+e_3+e_4$ $e_1=0.221$（R 地基），0.492（G 地基） $e_2=0.114$（VH），0.289（MH～VH），0.524（M～MH） $e_3=0.117$（$SF<3$），0.209（$SF>3$） $e_4=0.054$（$MP<5$ 年），0.064（$MP>5$ 年）	56	0.815
	简化模型	$\dfrac{FD}{H}=0.131\left(\dfrac{H}{H_r}\right)^{0.325}e^F$	$F=f_1+f_2$ $f_1=0.291$（R 地基），0.404（G 地基） $f_2=0.198$（VH），0.302（MH～VH），0.608（M～MH）	61	0.809

表 3.10 面板堆石坝典型变形特性控制变量重要性程度排序

变形特性	影响因素重要程度排序	最重要因素
坝顶沉降（CS）	$X_1>X_4>X_3>X_2>X_5\approx X_6$	X_1、X_4、X_3（坝高、堆石强度、地基条件）
坝内沉降（IS）	$X_1>X_4>X_3>X_2\approx X_5$	X_1、X_4、X_3（坝高、堆石强度、地基条件）
面板挠度（FD）	$X_1>X_4>X_3>X_5>X_6\approx X_2$	X_1、X_4、X_3（坝高、堆石强度、地基条件）

平的影响明显，相对固有强度较高的堆石明显较大。对于覆盖层地基上的面板堆石坝，地基的压缩变形是不可忽略的。覆盖层地基往往具有结构松散、岩性不连续、物理力学性质不均匀等特点，是一种典型的复杂地质条件。覆盖层容易产生较大压缩变形，进而直接影响上部坝体的沉降变形，尤其是当前越来越多的面板坝不得不修建在覆盖层地基上时。大坝建设面临覆盖层地基越来越厚和力学特性越来越差的现状，因此覆盖层地基对大坝变形必将产生重要影响。有关覆盖层地基对大坝变形特性的影响，将在第 5 章中进行深入分析和讨论。

由计算结果可以发现，设计孔隙率对大坝坝顶沉降的影响并没有上述 3 个因素明显。主要的原因可能是：面板堆石坝的设计孔隙率较为接近，基本上在 20％左右，孔隙率没有明显差异。河谷形状和测量时间对坝顶影响均较小而且较为接近。河谷形状对坝顶沉降影响不显著的主要可能原因是回归分析所采用数据均为运行若干年后（大部分大于 3 年）的实测数据，狭窄河谷虽然引起一定拱效应，造成大坝早期变形不彻底，但是运行若干年后，拱效应有所释放，大坝的变形也逐渐稳定。变形运行测量时间主要代表堆石长期流变的影响。高面板堆石的长期流变可能达到最终稳定变形的 20％左右[14]。综上所述，本章回归分析所采用数据均为运行若干年后的实测数据，堆石体已经完成部分流变变形。同时流变变形对堆石体最终的变形也并不算特别显著，因此测量时间呈现对坝顶沉降影响不是特别明显的结果。

本章坝内沉降只关注竣工期沉降值，因此没有测量时间的影响。其他影响因素的重要程度排序基本与坝顶沉降相似。面板挠度主要由坝体变形决定，因此其影响因素与坝顶和坝内沉降基本一致，不同之处在于河谷形状比孔隙率和测量时间的影响相对较大，虽然本身也并不明显。这可能是因为狭窄河谷对面板的约束作用相对于坝体更明显。虽然上述分析表明孔隙率、河谷形状及测量时间对面板堆石坝变形特性没有坝高、堆石强度及地基条件明显，但是这些影响因素仍不可忽略，除非数据不足情况下才可使用简化模型。

3.6　与现有预测方法的比较

目前已有一些经验方法用来预测大坝变形特性。Lawton 和 Lester[3]基于 11 个大坝实测数据建立坝顶沉降经验预测公式。Sowers[4] 和 Clements[5] 分别基于 14 个和 68 个大坝实测数据建立坝顶后期沉降的经验预测公式。Hunter 和 Fell[6] 基于 35 个大坝的实测数据分别建立预测坝内沉降和工后面板挠度的经验公式。Hunter[7] 采用 35 个大坝的实测数据建立考虑堆石强度、粒径分布及坝坡的坝顶沉降经验预测方法。基于 19 个大坝实测数据，Kermani[8]建议采用考虑堆石垂直变形模型、坝高及堆石强度的经验预测方法预测坝顶沉降。Gurbuz[9]、Pinto 和 Marques[10]建立预测坝内沉降和面板挠度的经验预测公式。此外，Kim 等[13]、Marandi 等[16]分别采用人工神经网络模型建立坝顶沉降和坝内沉降智能预测方法。已有相关面板堆石坝变形特性的经验预测方法见表 3.11。

表 3.11　　　　面板堆石坝典型变形特性已有经验预测方法总结

变形	经验公式法	类比或隐式方法	智能预测方法
CS	$CS=0.001H^{1.5}$（Lawton 和 Lester[3]） $CS=cH(\log t_2-\log t_1)/100$（Sowers[4]） $CS=aH^b$（Clements[5]）	类比相似大坝变形曲线（Sherard 和 Cooke[11]） 基于堆石变形模量、粒径分布、坝坡等（Hunter[7]） 基于堆石垂直变形模量和堆石强度等（Kermani 等[8]）	人工神经网络模型（Kim 等[13]）
IS	$IS=\gamma DH_i/E_v$（Hunter 和 Fell[6]）	基于堆石垂直变形模量和堆石强度等（Gurbuz[9]）	人工神经网络模型（Behnia[17]）
FD	$FD=\gamma_w dh_i/E_t$（Hunter 和 Fell[6]）	基于坝高和河谷形状等（Pinto 和 Marques[10]）	智能预测方法（Marandi 等[16]）

采用实例数据来评价本章获得的模型和已有模型的准确性。预测模型的精度可以采用偏因子表示，即实测值与采用预测模型获得预测值的比值。表 3.12 比较了 8 组预测方法的偏因子，即本章所得全变量模型、简化模型、Lawton 和 Lester 公式[3]、Sowers 公式[4]、Clements 公式[5]、Hunter 和 Fell[6]方法、Kermani 等[8]方法以及 Pinto 和 Marques 方法[10]。表中实例是指用来计算偏因子的实例数。本章获得的最佳预测全变量模型偏因子最接近于 1，其值范围为 1.06～1.12，并且标准方差较小，而最佳简化模型的偏因子范围为 1.10～1.13，标准方差相对于全变量模型只有轻微的增加。Lawton 和 Lester 公式[3]和 Clements 公式[5]的偏因子分别高达 6.7 和 2.5，严重高估坝顶沉降，而 Sowers 公式[4]偏因子为 0.2，严重低估坝顶沉降。Pinto 和 Marques 方法[10]偏因子达 3.3，严重高估面板挠度。Hunter 和 Fell 方法[6]和 Kermani 等的方法[8]获得偏因子相对较为合理，但是与本章获得的全变量模型和简化模型相比，偏因子大且标准方差也较大。需要说明的是，模型比较分析过程中，本章模型存在固有优势，因为计算偏因子的实例是本章建立模型所使用的实例。但是这些实例有一部分也是用来建立已有经验公式的实例，因此本章所作的比较仍然有一定合理性。

表 3.12　基于本章数据库的不同面板堆石坝变形特性预测模型偏因子比较

变形	全变量模型			简化模型			Lawton 和 Lester 公式[3]			Sowers 公式[4]		
	实例	偏因子均值	标准差	实例	偏因子均值	标准差	实例	偏因子均值	标准差	实例	偏因子均值	标准差
CS	65	1.12	0.35	66	1.13	0.36	33	6.7	4.5	36	0.2	1.3
IS	63	1.06	0.42	71	1.10	0.41	—	—	—	—	—	—
FD	57	1.11	0.41	67	1.10	0.43	—	—	—	—	—	—

变形	Clements 公式[5]			Hunter 和 Fell 方法[6]			Kermani 等方法[8]			Pinto 和 Marques 方法[10]		
	实例	偏因子均值	标准差	实例	偏因子均值	标准差	实例	偏因子均值	标准差	实例	偏因子均值	标准差
CS	46	2.5	0.51	51	0.81	0.65	66	1.65	1.21	—	—	—
IS	—	—	—	39	1.21	0.64	—	—	—	—	—	—
FD	—	—	—	45	1.47	1.10	—	—	—	55	3.3	6.5

　　图 3.13 比较了坝顶沉降、坝内沉降及面板挠度采用不同经验方法所得预测值与实测值。其中，统计模型是指第 2 章统计图表中拟合的关系曲线，全变量模型则是本章回归分析获得的预测模型。图中对角线为参考线，表示实测值与预测值相等，数据点越接近对角线表示预测效果越准确。总体来说，全变量回归模型的预测结果与实测结果较为接近，基本分布在对角线周围。统计模型预测结果也较为合理，离散程度较小，但是相对于全变量回归模型误差仍然相对较大。其他已有经验预测方法预测结果离散性较大，相对于本章两种模型误差较大，该结果与表 3.12 结果一致。全变量回归模型可以合理预测变形的

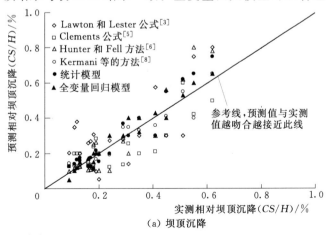

(a) 坝顶沉降

图 3.13（一）　不同预测方法下面板堆石坝典型变形特性预测值
与实测值的比较

103

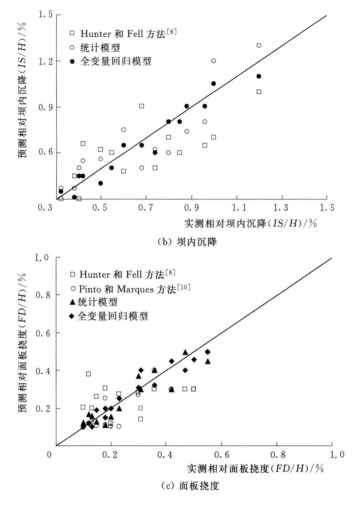

图 3.13（二）　不同预测方法下面板堆石坝典型变形特性预测值
与实测值的比较

主要原因是本章的回归模型基于大量实例数据获得，相对于已有方法数据库明显较大。另外一个原因是本章的模型考虑了较为全面的影响因素，而已有预测方法只考虑 1～2 个影响因素。

3.7　实例分析

本节介绍两个实例来说明本章提出的预测模型的运用效果。其中，一个为国外 1971 年建成的 Cethana 面板堆石坝，该坝建于新鲜岩石地基上；另一个为国内 2009 年建成的察汗乌苏面板堆石坝，该大坝建于覆盖层地基上。

Cethana 大坝位于澳大利亚塔斯马尼亚岛北部 Forth 河上，大坝为混凝土面板堆石坝，最大坝高 110m，水库总库容约为 1.46 亿 m³，水电站装机容量为 10 万 kW。工程主要目的是发电，于 1971 年完工。坝址位于陡峭的峡谷中，河谷形状因子大约为 2.5，基岩为奥陶纪石英岩和石英砾岩。枢纽工程由混凝土面板堆石坝、溢洪道、电站及导流隧洞组成。混凝土面板堆石坝长 213m，上下游坡度均为 1:1.3，堆石总体积为 140 万 m³，面板混凝土为 1.13 万 m³，面板厚度采用 0.3+0.002H，平均超出设计厚度 0.125m。坝体堆石强度达 80MPa，属于 VH 强度类型。坝体堆石体设计孔隙率为 0.26。坝体中心（3B）区最大粒径为 600mm，层厚 0.9m，用 10 t 振动碾碾压 4 遍。下游（3C）区层厚 1.35m，级配范围比 3B 区稍宽，压实方法同 3B 区。上游区（2A）采用最大粒径为 150mm 的优质细石，层厚 0.45m。上游区（3A），采用筛选的石料，最大粒径为 375mm，层厚 0.45m。上游面从坝顶到坝脚分成 12.2m 宽的面板，在靠近坝肩处再分成 6.1m 的宽度。在 6.1m 宽面板以外区域不再分缝。纵向接缝和周边缝采用了橡胶止水和铜片止水。沿面板顶端与混凝土趾板相接的地带进行帷幕灌浆和固结灌浆。考虑到施工期间大坝要过水，其下游面的设计防护高度为 36m。在坝体内安置了综合测量系统来监测坝体和面板位移。早期结果表明大坝性能良好，包括地基渗流在内的坝趾总渗漏量仅为 0.035m³/s，大坝运行 30 年实测变形数据见表 3.13。

　　采用本章获得的最佳预测模型和最佳简化模型来估计 Cethana 大坝的 3 个变形特性参数。估计值包括平均估计值和显著性水平为 95% 的估计范围。以采用简化模型计算坝顶沉降为例，通过使用表 3.9 中坝顶沉降的简化模型，在已知坝高、地基条件和堆石强度的情况下可以直接采用公式计算获得 CS/H 均值。基于计算获得的 CS/H 均值和已知条件偏差 0.367，可以获得显著性水平为 95% 的估计范围。采用两套回归预测模型获得的大坝 3 个变形特性列于表 3.13 中。为了比较，将采用 Hunter 和 Fell 方法[6]获得的估计值也列于表中。由均值估计结果可以看出，全变量模型的估计结果相对于简化模型总体上更好。估计变形和实测变形基本吻合，但是实测值和估计值之间仍然存在一定的差异。主要可能原因包括两点：首先，影响面板堆石坝变形的因素众多，但是所建立的回归模型最多只考虑了 6 个影响因素，还有一些其他影响大坝实际运行过程中变形特性的因素并没有被考虑，例如降雨和水库水位波动等；其次，回归模型虽然考虑了 6 个因素，但是对每个因素均进行了简化，并没有完全体现各因素的影响，例如对地基条件、堆石强度、河谷形状和测量时间只取了若干典型离散变量，实际上这些因素的影响应该是更加详细的。但是由表 3.13 可知，所有实测值均在 95% 显著性水平的区间范围内。与本章提出的回归模型相比，Hunter 和 Fell 方法[6]在一定程度上低估了坝顶沉降，同时高估了坝内沉降和面板挠度。

察汗乌苏水电站位于我国新疆境内的开都河上，工程枢纽主要由趾板建在覆盖层上的混凝土面板砂砾石坝、右岸表孔溢洪洞、右岸深孔泄洪洞、右岸发电引水系统、电站厂房及开关站等建筑物组成。工程规模为大（2）型工程，安装 3 台 110MW 的水轮发电机组，总装机 330MW。以发电为主，兼有防洪、灌溉等综合效益，具有不完全年调节能力，将开都河下游防洪标准由 20 年一遇提高到 50 年一遇。水库大坝为混凝土面板砂砾石坝，大坝高 110m，坝顶长 337.6m，坝底最大宽度约为 400m。水库正常蓄水位为 1649.00m。大坝堆石强度接近 90MPa，属于 VH 类堆石强度。大坝位置河谷形状较为宽阔，河谷形状因子大约为 3.7，堆石孔隙率为 0.17。坝基底部均匀分布有深厚覆盖层，覆盖层最大深度为 46.7m。察汗乌苏面板堆石坝坝体填筑开始于 2006 年 5 月，2009 年 6 月底坝体填筑至 1653.54m 高程。水库于 2007 年 10 月 31 日开始下闸蓄水，并于 2009 年 6 月水位蓄水至接近正常蓄水位 1649m 高程。为了观测大坝的变形特性，保证大坝安全稳定运行，在坝体中布置有详细的监测系统，用来监测面板、坝体、周边缝及防渗墙的应力变形特性。大坝运行 2 年坝体和面板的实测变形数据见表 3.14。

表 3.13   Cethana 面板堆石坝变形特性预测值与实测值比较

变形/%	观测值	全变量模型		简化模型		Hunter 和 Fell 方法[6]
		平均估计值	95%显著性水平区间估计	平均估计值	95%显著性水平区间估计	平均估计值
CS/H	0.16	0.21	0.11～0.25	0.17	0.13～0.24	0.10
IS/H	0.46	0.52	0.34～0.78	0.56	0.41～0.75	0.56
FD/H	0.16	0.20	0.12～0.26	0.22	0.13～0.25	0.24

表 3.14   察汗乌苏面板堆石坝变形特性预测值与实测值比较

变形/%	观测值	全变量模型		简化模型		Hunter 和 Fell 方法[6]
		平均估计值	95%显著性水平区间估计	平均估计值	95%显著性水平区间估计	平均估计值
CS/H	0.20	0.24	0.12～0.51	0.18	0.13～0.48	0.14
IS/H	0.48	0.54	0.33～0.76	0.59	0.35～0.72	0.65
FD/H	0.27	0.28	0.11～0.49	0.25	0.12～0.45	0.34

采用本章获得的全变量模型和简化模型以及 Hunter 和 Fell 方法[6]估计大坝 3 个变形特性，结果见表 3.14。所有测量值均在 95%显著性水平的区间估计范围内。全变量预测模型预测误差均小于 20%，而简化模型则小于 23%。

全变量模型相对于简化模型更加接近实测值。而 Hunter 和 Fell 方法[6]的最大预测误差高达 35%，显然本章获得的模型相对较优。Hunter 和 Fell 方法具有低估坝顶沉降而高估坝内沉降和面板挠度的趋势。采用本章获得的模型，坝顶沉降、坝内沉降及面板挠度均可以获得较好的预测。

3.8 本章小结

本章基于 87 个具有详细数据的实例，采用多元非线性回归分析方法建立了预测坝顶沉降、坝内沉降及面板挠度的经验预测模型。根据回归分析结果可以获得以下结论：

（1）大坝高度为大坝变形特性最主要的影响因素。地基条件和堆石强度对大坝变形也具有重要影响。大坝高度、地基条件以及堆石强度是影响大坝变形特性的最主要影响因素，其他因素影响相对较小。

（2）建立了预测大坝变形特性的加法形式和乘法形式回归分析模型。采用改进的复决定系数来寻求控制变量数量和预测精度的平衡。结果发现，乘法形式回归模型是相对于加法形式回归模型更好的函数形式。

（3）全变量模型和简化模型的预测误差相对于已有经验方法明显较小。建立的经验预测模型相对于大部分已有经验公式优势较为明显，因为所建模型考虑因素较为全面，并且使用的实例数也相对较多。

（4）对 Cethana 大坝和察汗乌苏大坝进行实例分析表明，本章建立的模型可以为坝顶沉降、坝内沉降及面板挠度提供较好的初步估计。但是运用公式时必须参考本章方法考虑的变量模式。对于各变量取值在本章收集的变量范围以外的某些特别的实例，运用时需要注意。

参 考 文 献

［1］ Freitas M S，Cruz P T. Unpredicted cracks and repures at face slab in CFRDs - reparing works and treatment［C］//Proceeding of the Workshop on High Dam Know - how. Yichang，China，2007：p. 75 - 90.

［2］ 徐泽平，侯瑜京，梁建辉. 深覆盖层上混凝土面板堆石坝的离心模型试验研究［J］. 岩土工程学报，2010，32（9）：1323 - 1328.

［3］ Lawton F L，Lester M D. Settlement of rockfill dams［C］//Proceedings of the 8th ICOLD Congress. Edinburgh，Scotland，1964：599 - 613.

［4］ Sowers G F，Williams R C，Wallace T S. Compressibility of broken and the settlement of rockfills［C］//Proceedings of 6th International Conference on Soil Mechabics and Foundation Engineering. Toronto，1965：561 - 565.

［5］　Clements R P. Post - construction deformation of rockfill dams ［J］. Journal of Geotechnical Engineering，1984，110 (7)：821 - 840.

［6］　Hunter G，Fell R. Rockfill modulus and settlement of concrete face fockfill dams ［J］. Journal of Geotechnical and Geoenvironmental Engineering，2003，129 (10)：909 - 917.

［7］　Hunter G J. The pre - and post - failure deformation behaviour of soil slopes ［D］. Sydney：University of New South Wales，2003.

［8］　Kermani M，Konrad J - M，Smith M. An empirical method for predicting post - construction settlement of concrete face rockfill dams ［J］. Canadian Geotechnical Journal，2017，54 (6)：755 - 767.

［9］　Gurbuz A. A new approximation in determination of vertical displacement behavior of a concrete - faced rockfill dam ［J］. Environmental Earth Sciences，2011，64 (3)：883 - 892.

［10］　Pinto N L S，Marques F P. Estimating the maximum face deflection in CFRDs ［J］. International Journal of Hydropower Dams，1998，5 (6)：28 - 31.

［11］　Sherard J L，Cooke J B. Concrete - face rockfill dam：I. assessment ［J］. Journal of Geotechnical Engineering，1987，113 (10)：1096 - 1112.

［12］　Fell R，Macgregor P，Stapledon D，et al. Geotechnical Engineering of Dams ［M］. London：Baikema/Taylor & Francis，2005.

［13］　Kim Y - S，Kim B - T. Prediction of relative crest settlement of concrete - faced rockfill dams analyzed using an artificial neural network model ［J］. Computers and Geotechnics，2008，35 (3)：313 - 322.

［14］　Won M - S，Kim Y - S. A case study on the post - construction deformation of concrete face rockfill dams ［J］. Canadian Geotechnical Journal，2008，45 (6)：845 - 852.

［15］　Peng M，Zhang L M. Breaching parameters of landslide dams ［J］. Landslides，2011，9 (1)：13 - 31.

［16］　Marandi S M，VaeziNejad S M，Khavari E. Prediction of concrete faced rock fill dams settlements using genetic programming algorithm ［J］. International Journal of Geosciences，2012，3 (3)：601 - 609.

［17］　Behnia D A K，Noorzad A，Moeinossadat S R. Predicting crest settlement in concrete face rockfill dams using adaptive neuro - fuzzy inference system and gene expression programming intelligent methods ［J］. Journal of Zhejiang University - SCIENCE A (Applied Physics & Engineering)，2013，14 (8)：589 - 602.

第4章

考虑流变及水力耦合效应的覆盖层上面板堆石坝参数反演分析

本章建立考虑堆石和地基流变及水力耦合效应的覆盖层上面板堆石坝参数反演分析模型，揭示覆盖层对面板堆石坝力学特性的影响机制。分别采用弹塑性模型和流变模型描述堆石料和覆盖层的瞬时变形和时效变形；采用多孔介质水力耦合模型模拟堆石和覆盖层的水力耦合效应；基于遗传算法对参数进行反演分析。将数值计算结果与实测结果进行对比，说明建立的数值模型的合理性。基于实测资料和数值分析深入研究覆盖层上面板堆石坝的应力变形特性及其关键影响因素。对覆盖层上面板堆石坝和基岩上面板堆石坝力学特性差异进行深入对比分析。此外，对覆盖层上面板堆石坝长期变形展开分析，讨论其主要组成部分。

4.1 概述

由于具有适应地质条件的特点，越来越多的面板堆石坝修建在深厚覆盖层地基上，例如澳大利亚 1986 年建成的 122m 高的 Reece 大坝及我国 2008 年建成的 136m 高的九甸峡大坝。我国西部地区特别是西南地区河流中广泛分布有深厚覆盖层。这种类型地基具有结构松散、岩性不连续及粒径分布不均匀等特点。覆盖层地基主要由砾石、破碎岩石以及细砂等组成，其孔隙率范围一般为 0.21～0.33，干密度范围一般为 2.0～2.3 g/cm³，摩擦角范围一般为 33°～46°。覆盖层地基上建坝可能引起众多工程地质问题，例如过大的压缩变形、不均匀沉降、过大渗漏量以及地基液化和剪切失效等。

考虑到地基过大变形和长期固结效应可能威胁大坝工程安全,目前已经有众多研究修建在软黏土地基上大坝或者堤坝力学特性的案例分析。覆盖层地基渗透性很强并且相对于黏土地基具有更大的颗粒尺寸。但是有关覆盖层地基对土石坝变形特性的影响,即使越来越多的土石坝修建在覆盖层地基上,目前并没有得到充分考虑和研究。对于覆盖层上面板堆石坝,覆盖层与坝体和防渗系统之间的相互作用是最为关键的问题之一。目前若干学者已对覆盖层上面板堆石坝进行了安全评价。Gan 等[1]和 Lollino 等[2]分别对覆盖层上面板堆石坝进行了考虑堆石和地基时效变形的数值分析,评价了在考虑地基水力耦合效应和流变效应情况下,覆盖层地基上面板堆石坝应力变形特性以及地基对大坝和防渗结构的影响。但是他们的模型主要关注堆石流变变形,不考虑其他力学特性,例如渗流影响和部分饱和土体行为。徐泽平等[3]和刘汉龙等[4]分别对该类大坝开展了离心模型试验研究。但是由于离心模型试验本身局限性,获得结果只能为某些方面提供参考。沈婷等[5]和温续余等[6]分别对覆盖层上面板堆石坝的防渗结构形式及其力学特性进行数值分析和评价。赵魁芝和李国英[7]及孙大伟等[8]分别采用参数反演方法和有限元方法对覆盖层上梅溪和大河大坝进行变形分析和安全性研究。目前覆盖层上面板堆石坝的力学特性并没有得到完全揭示,有必要开展进一步研究,以分析和揭示大坝的力学特性,为合理利用覆盖层地基建坝提供支撑和参考。

本章结合数值计算和实测资料,对覆盖层地基上苗家坝面板堆石坝力学特性进行分析。建立考虑堆石和覆盖层流变及水力耦合效应的参数反演分析模型。分别采用弹塑性模型和流变模型描述堆石和地基的瞬时变形和时效变形;采用水力耦合分析方法模拟堆石和覆盖层的水力耦合效应;基于遗传算法建立参数反演分析模型。将数值计算结果与实测结果进行对比分析以验证数值模型的合理性。将覆盖层上大坝的变形特性结果与基岩上大坝的典型结果进行对比,分析覆盖层地基对大坝变形特性的影响,并进一步揭示影响机理。此外,深入分析影响覆盖层上面板堆石坝力学特性的影响因素。

4.2　工程实例

4.2.1　基本信息

苗家坝工程位于甘肃省文县境内的白龙江上。该工程主要以发电为主,年发电输出量为 924 亿 kW·h。水库总库容为 268 亿 m^3,水库正常蓄水位为 800m。工程设计大坝为面板堆石坝,面板堆石坝结合地基防渗墙作为主要防渗结构。工程布置和大坝典型断面如图 4.1 所示。面板堆石坝最大坝高 111m,

（a）面板堆石坝

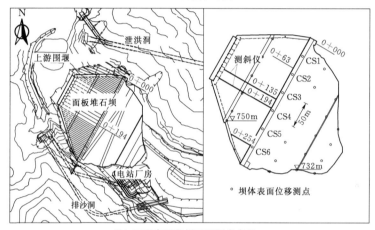

（b）工程布置和坝面监测点布置

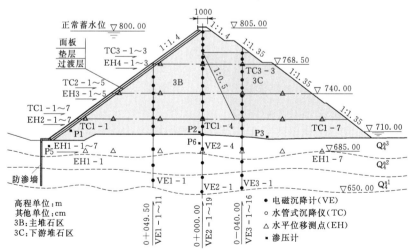

（c）典型断面及监测设备位置

图 4.1（一） 苗家坝面板堆石坝平面布置和典型剖面

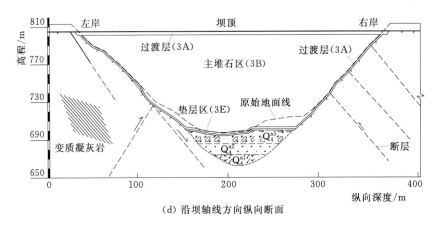

(d) 沿坝轴线方向纵向断面

图 4.1（二）　苗家坝面板堆石坝平面布置和典型剖面

坝顶长度 348.20m，坝顶宽度 10.0m。坝体上游坝坡比为 1∶1.4，下游综合坡比为 1∶1.55。坝体总堆石体体积约为 377 万 m^3。地基采用槽孔型防渗墙控制地基渗流，防渗墙厚度和最大深度分别为 1.2m 和 50m。混凝土面板材料为 C25 混凝土，其轴向压缩和拉伸强度分别为 −16.7MPa 和 1.78MPa。面板顶部 805m 高程处厚度为 0.3m，而底部 700m 高程处厚度为 0.618m。大坝趾板和连接板直接建设在地基表面上，厚度均为 0.8m。大坝渗流控制系统主要由混凝土面板、趾板、连接板、防渗墙及接缝系统等组成。

4.2.2　地基条件和碾压处理

苗家坝面板堆石坝建设在相对狭窄的河谷上，河谷形状大致呈 V 形。如图 4.1（c）所示，苗家坝大坝修建在覆盖层地基上，覆盖层厚度达 44～50m。覆盖层从底部到顶部主要可以划分为 4 层：5～10m 厚夹杂块砾石的砂砾石地基层（Q_4^{a1}）；12～15m 厚的砾石层（Q_4^{a2}）；6～20m 厚的夹杂砾石的砂砾石层（Q_4^{a3}）；2～4m 厚的水库表面淤积层。覆盖层地基下基岩主要由变质凝灰岩组成，在基岩地基中没有分布强风化岩石层。基岩岩石完整，只分布有少量断层和裂隙。由于覆盖层地基的分布特点，大坝直接建设在覆盖层之上。

面板堆石坝的力学特性取决于堆石的强度、粒径分布、堆石岩性、坝体施工技术以及地基条件等。在坝体建设之前应对覆盖层地基进行必要的处理。大坝施工期，对水库淤积层一般采用开挖处理，对剩下的覆盖层地基采用碾压处理。实测覆盖层变形模量范围为 30～50MPa。为了确定地基碾压施工参数，对地基碾压进行原位碾压试验。采用 25t 的 2.2m 宽拖式振动碾进行碾压试验。选取下游和河谷右岸侧两个试验点，每个试验点面积为 15m×8m，分为碾压遍数为 8 遍和 10 遍的两个碾压区。图 4.2 为地基覆盖层碾压前后的粒径分布。碾压作用下，颗粒破碎作用使小颗粒（＜5mm）的含量从 16.06％ 增加到 20.74％，使最大粒径从 600mm 减小到 500mm。碾压试验平均值结果见表 4.1。在碾压作用下，覆盖层地基由于颗粒破碎和位置调整可以达到较高的密度。由于颗粒位置调整和结构破碎，覆盖层的密度在碾压作用下明显增加，与碾压前干密度相比，碾压后密度增加 12％ 左右。两个碾压区的密度碾压后均大于 2.10g/cm³（设计值）。随着碾压遍数增加，覆盖层细颗粒含量及相对密度相应增加。实际施工中建议碾压遍数为 10 遍。

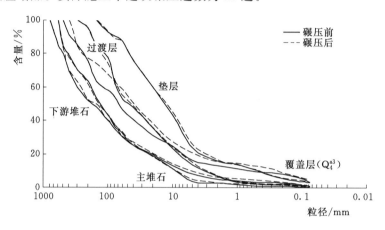

图 4.2 苗家坝面板堆石坝覆盖层地基和大坝建设材料粒径分布曲线

表 4.1　　　　苗家坝面板堆石坝覆盖层地基现场碾压试验结果

试验位置	碾压区	干密度 /(g/cm³)	相对密度	孔隙率 /％	沉降量 /cm
坝下 95m，右侧河床	8 遍	2.16	0.84	20.1	16.88
	10 遍	2.21	0.92	19.2	17.09
坝下 7m，右侧河床	8 遍	2.14	0.81	20.5	17.23
	10 遍	2.22	0.93	19.7	17.57

表 4.2 为基于系列现场和室内试验获得的碾压后覆盖层地基的物理力学特性。由表可知，覆盖层地基主要由砂砾石组成。粒径分析表明，覆盖层碾压后 5～500mm 粗颗粒的含量超过 80％，而＜0.075mm 细小颗粒的含量小于 5％，同时黏土含量小于 3％。覆盖层地基是典型的粗粒材料，具有自由排水特性，平均渗透系数为 1.6×10^{-4} m/s。

为了评估地基碾压处理的有效性，对碾压地基进行了样本试验和动力触探试验。图 4.3 为基于动力触探试验获得的 3 个测试点碾压前后地基承载力随深度的变化。地基碾压效果随着地基深度的增加而减小。基于动力触探结果可

表 4.2　　　　　　　苗家坝面板堆石坝覆盖层地基物理力学特性

覆盖层	厚度 /m	材料组成	黏土含量 /%	干密度 /(g/cm³)	相对密度	渗透系数 /(m/s)	变形模量 /MPa
Q_4^{al}	5~10	砂砾石、块碎石	<3	2.20	0.85	1.7×10^{-4}	35
Q_4^{al2}	12~15	砾石	<3	2.15	0.82	1.7×10^{-4}	50
Q_4^{al3}	6~20	砂砾石、砾石	<3	2.20	0.91	1.4×10^{-4}	40

知，碾压处理只对地基表层 6m 深度范围的地基起到密实和加固作用。表层 4m 深度范围的地基密实效果最为明显，地基干密度和相对密度以及地基承载力和压缩模量均显著增加，而渗透系数和孔隙率则大幅度减小。4~6m 深度范围内的覆盖层密度和地基承载力只有轻微的增加。6m 深处的覆盖层，碾压前地基的平均承载力为 586kPa，碾压后地基承载力为 610kPa。深度超过 6m 以下的覆盖层，碾压处理后地基没有产生显著的改进，但是其平均密度为 2.15g/cm³，大于设计值。

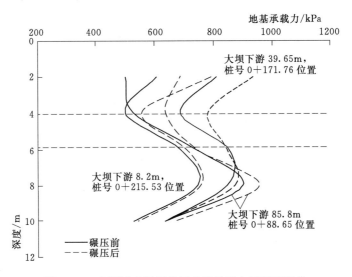

图 4.3　3 个测试点碾压前后地基承载力随深度变化

4.2.3　建设材料和施工规划

苗家坝大坝分区如图 4.1（c）所示。垫层材料主要由人工混合砂砾石组成，堆石和过渡层材料主要来自料场，其矿物成分主要为块状变质凝灰岩。变质凝灰岩干密度为 2.70~2.72g/cm³，空隙率为 0.51%~0.80%，母岩饱和抗压强度为 102~131MPa。主堆石区和下游堆石区材料来自相同料场，具有相同的矿物成分，堆石压缩强度为 120MPa。主堆石和下游堆石材料最大粒径均为 800mm，但是粒径分布并不相同。大坝碾压施工前，对堆石材料进行了碾压试验以确定合适施工参数。图 4.2 为堆石材料、过渡层材料以及垫层材料碾压前后粒径分布规律。结果表明，碾压前后粒径的改变并不明显。碾压后主堆石和下游堆石材料干密度分别为 2.35g/cm³ 和 2.25g/cm³，孔隙率分别为 0.19 和 0.20。标准贯入试验结果表明，堆石材料压缩性较小，主堆石和下游堆石压缩模量分别为 128MPa 和 97MPa。在实际施工过程中，主堆石和下游堆石碾压采用相同施工参数和薄层振动碾压方法。大坝详细建设材料和施工碾压方法信息如图 4.4 所示。

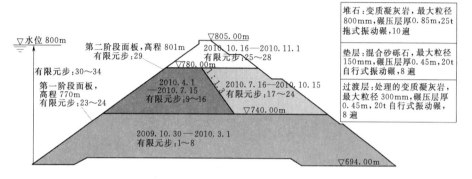

图 4.4 苗家坝面板堆石坝建设和施工详细信息

大坝建设采用分期填筑方案，具体施工规划如图 4.4 所示。苗家坝大坝建设划分为四个阶段。在坝体填筑前进行地基防渗墙建设，防渗墙于 2009 年 9 月开工，并于 2009 年 10 月完成建设。大坝于 2009 年 10 月开始填筑，并于 2010 年 11 月完成坝体的填筑，于 2011 年 2 月完成面板的铺设。水库于 2011 年 5 月开始蓄水，于 2011 年 7 月蓄水至 800m 高程。

4.2.4 大坝应力变形监测系统

由于苗家坝面板堆石坝技术特点和不利地基条件，坝体和地基布置有详细应力变形监测系统。安装在坝体和地基以及防渗墙上的监测设备详细情况见表 4.3。监测系统主要用于测量坝体和防渗墙结构变形和应力应变。同时布置有若干渗压计，用于测量坝体和地基中孔隙水压力。

大坝表面位移测点的分布如图 4.1（b）所示。大地观测系统由 13 个参考站组成，分布在距离坝址 1.5km 的范围内。总共包含 28 个测点分布在 5 条测线上，1 条包含 5 个测点的测线分布在坝顶，1 条布置在上游坝面，3 条布置在下游坝坡。每个测点之间的水平距离为 50m。坝顶沉降利用固定在坝体两岸的基准点，采用高精度水准仪进行测量。坝体内部垂直位移通过电磁沉降计和水管式沉降仪进行测量。电磁沉降计包含 3 条测线，分布在 0＋194 断面，其

表4.3　　　　　　　　　　苗家坝面板堆石坝主要监测系统布置

测 量 设 备	测 量 目 标	说　　明
测量点	坝顶和坝面沉降	13个测站，5条测线（28个测点），布置如图4.1（b）所示
电磁沉降计（ESGs）	坝内沉降	3条测线在断面0+194上，布置如图4.1（c）所示
水管式沉降仪（HSGs）	坝内沉降	7条测线（25个测点）在4个断面上，3条测线在断面0+194上，布置如图4.1（c）所示
水平位移计	水平位移	22个测点在断面0+194上，布置如图4.1（c）所示
土压力计	应力	12个测点（EC1～12）在断面0+199上
固定式测斜仪	面板挠度	3组分布在面板不同位置（如图4.1（b）所示），2组分布在防渗墙上
应变计	应变	19组布置在面板上，10组分布在防渗墙上
渗压计	孔隙水压力	4个测点（P1～P4）在断面0+194上，3个测点（P5～P7）布置在覆盖层地基中，布置如图4.1（c）所示

中部分测点用于测量地基的压缩变形。水管式沉降仪包含7条测线25个测点，分布在0+63、0+135、0+194及0+254等4个断面，其中0+194断面布置3条测线，详细布置如图4.1（c）所示。坝体内部水平位移通过振弦式位移计测量，总共包含4条测线22个测点，布置在0+194断面，如图4.1（c）所示。坝体不同方向的应力采用振弦式土压力计进行测量，总共4条测线12个测点布置在0+199断面的710m、715m、740m及768.5m四个高程上。为了监测面板位移，在0+135、0+194及0+254三个断面面板与垫层的接触位置分别布置一组测斜仪，同时面板中布置了19组应变计用于测量面板应力。此外在防渗墙两个典型断面上布置了两组测斜计和10组应变计。

　　部分监测设备在大坝开始建设时便进行了安装，例如电磁沉降计和水管式沉降仪，而剩下的部分设备是在大坝建设过程中或者建设之后才安装。即使布置了详细的监测设备，由于设备的损坏或运行不当，有时往往难以获得可靠的监测数据。此外，由于运行时间较短，目前苗家坝面板堆石坝只有有限的实测数据。可用数据的时间起点大约为2009年10月，即防渗墙完成施工以后。

4.3　实测结果分析

4.3.1　坝顶沉降监测结果

　　坝顶沉降由布置在大坝顶部的测点获得。坝顶测点（CS1～CS6）的实测数据可用测量时间阶段是2010年11月至2012年4月。该时间段包括工后沉降阶段、水库蓄水阶段以及8个月的水库运行阶段。图4.5（a）为测点沉降随时间的变化过程，图 4.5（b）显示坝顶沉降沿坝轴线方向分布规律。坝体竣工后坝顶沉降随着时间延长逐渐增加，但是蓄水之后沉降速度逐渐减小。坝顶测点最大沉降速度由 2011 年 7 月的 13.0mm/月减小到 2011 年 11 月的 3.5mm/月，意味着大坝变形逐渐趋于稳定。蓄水阶段，当水库水位由 710m 迅速上升到 800m 时，坝顶沉降速度明显增加。这主要可能是由水库水压力和堆石湿化变形引起。堆石湿化变形主要是在湿化作用下由堆石颗粒强度减小引起。由图 4.5（a）可以看出，坝顶沉降速度的增加总体滞后于水库蓄水几天时间。这主要可能是因为水压力逐渐增加，同时渗流入渗速度明显要小于水库水位的上升速度。坝顶中间部位沉降明显大于靠近两岸部位坝顶沉降，这是因为坝顶沉降主要由下部坝体土柱高度决定。实测苗家坝面板堆石坝蓄水 8 个月后最大坝顶沉降为 279mm（$0.25\% H$，H 为坝高），发生在测点 CS4 的位置。

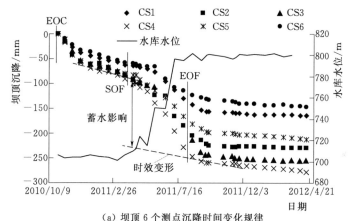

（a）坝顶 6 个测点沉降时间变化规律

EOC—施工完成；SOF—开始蓄水；EOF—蓄水完成

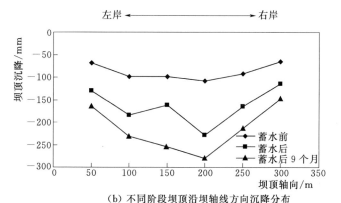

（b）不同阶段坝顶沿坝轴线方向沉降分布

图 4.5 2010 年 11 月至 2012 年 4 月苗家坝面板堆石坝
坝顶沉降测量结果

Fell 等[9]报道，具有高堆石强度（VH：70～240MPa）的面板堆石坝，其蓄水后坝顶沉降范围一般为 0.02% H～0.05% H；而对于中等堆石强度（VH：20～70MPa）的大坝，坝顶沉降范围一般为 0.10% H～0.15% H。相似地，相应强度面板堆石坝运行超过 10 年的坝顶沉降范围一般分别为 0.10% H～0.2% H 和 0.10% H～0.3% H[10]。Clements[11]提出，现代碾压面板堆石坝长期坝顶沉降范围大约为 0～0.25% H。Sherard 和 Cooke[12]获得面板堆石坝长期坝顶沉降范围一般为 0～0.25% H。综合上述结果可知，苗家坝面板堆石坝坝顶沉降几乎接近上述范围的最大值。一般情况下，产生较大坝顶沉降的原因主要与大坝高度、堆石料、地基特性（低强度岩性、颗粒破碎和不良粒径分布）以及施工方法等有关。对于苗家坝面板堆石坝，覆盖层地基的存在可能是引起较大坝顶沉降的主要原因。上述已有的范围中，使用的大部分实例建立在基岩地基上。

坝顶沉降特性主要由两部分组成，即时效变形和由蓄水作用引起的变形。基岩上面板堆石坝，总坝顶沉降的大约 10%～40% 由蓄水过程引起[10]，大约 85% 的总坝顶沉降变形发生在开始蓄水后 1 年内[13]。对于苗家坝面板堆石坝，总坝顶沉降的 70% 发生在蓄水完成前。上述结果表明水荷载是坝顶沉降的一个重要影响因素，蓄水过程中水荷载观测为加速坝顶的沉降。图 4.5（a）描述了水荷载对坝顶沉降的典型影响，坝顶沉降在水荷载作用下随时间呈现 S 形曲线。蓄水引起苗家坝坝顶沉降占比明显大于基岩上面板堆石坝的结果。这主要可能由两个原因造成：首先，大坝变形特性直接依赖于粒径分布的不均匀性和孔隙率，因此不良粒径分布和施工阶段不充分的碾压可能引起蓄水期较大变形；其次，在蓄水完成前，覆盖层地基可能产生显著变形，地基较大变形将对坝顶沉降产生较大影响。这些结果表明，覆盖层变形是引起坝顶沉降的一个重要影响因素。

4.3.2　坝内沉降监测结果

为了分析坝体内部的垂直位移，本节取 0+194 断面的实测沉降结果进行分析。坝体沉降的实测数据可用测量时间段是 2009 年 10 月至 2012 年 7 月。该时间段包括坝体施工期、水库蓄水阶段以及 1 年的水库运行阶段。图 4.6 为苗家坝面板堆石坝 0+194 断面 715m 高程坝体沉降测量。结果表明，坝内沉降随着时间逐渐累加。坝体变形主要由堆石体自重、水压力以及堆石流变变形引起。施工过程中，在连续自重增加作用下，坝体沉降快速增加。超过 80% 的总坝体沉降发生在蓄水前大坝施工阶段。蓄水过程中，坝体沉降随着水压力增加而逐渐增加，但是坝体沉降速度明显小于施工阶段的沉降速度。在水压作用下，主要在靠近上游侧坝体中引起较大的沉降增量。与坝顶沉降类似，坝体沉降增加速度也落后于水位上升过程几天。坝体沉降在蓄水完成1年之后逐渐趋于稳定，2012年4月以后最大沉降速度平均小于3mm/月。其他高程或断面测点的沉降观测结果与上述结果类似。

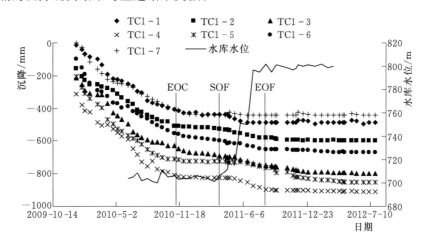

图4.6 苗家坝面板堆石坝0+194断面715m高程坝体沉降测量

竣工期和蓄水一年后实测坝体最大累计沉降分别为806mm（0.73% H）和910mm（0.83% H），发生在靠近坝基底部位置，高程大约为725m。一般来说，面板堆石坝累计内部最大沉降不应超过1.0% H。基岩上坝高不超过150m的面板堆石坝，坝体最大沉降一般不会超过1.0% H。Jiang 和 Cao[14]基于多个工程实例的实测坝体沉降结果，总结面板堆石坝竣工期坝体最大沉降范围一般为0.15% H～0.45% H，坝体最大沉降一般发生在1/2坝高位置处。其他研究者通过大量研究也发现，面板堆石坝最大沉降主要发生在1/2坝高的位置[15]。本章中，最大坝体沉降发生在靠近坝基的位置，同时最大沉降基本大于已有实例总结的结果，但是仍然在可接受的范围内。地基压缩变形可能是引起较大坝体沉降变形的主要原因。

4.3.3 水平位移监测结果

图4.7为苗家坝面板堆石坝0+194断面685m高程坝体水平位移测量。施工阶段，坝体主要产生沿坝中线分别向上游和向下游的变形。因为河谷基本对称，所以施工期水平位移基本沿坝轴线呈对称分布。坝体向上游或向下游的水平位移向着上下游方向逐渐增加。该结果与基岩上大坝结果基本相似[15]。实测最大水平位移主要发生在覆盖层地基中（高程685m位置），但是相对于坝体沉降明显较小。基岩上的大坝最大水平位移一般发生在坝基底部以上0.45 H的位置[15,16]。上述结果表明，在地基压缩变形的影响下，坝体最大变

形位置向下移动。竣工期上游侧和下游侧最大水平位移分别为 16.7cm（0.15% H）和 20.1cm（0.18% H）。蓄水作用下，水压力促使坝体整体向下游方向变形。在水压力作用下，实测最大水平位移增量为 25.0cm（0.23% H），发生在上游面靠近坝基的位置（高程 730m）。蓄水引起的变形增量由上游向下游逐渐减小。

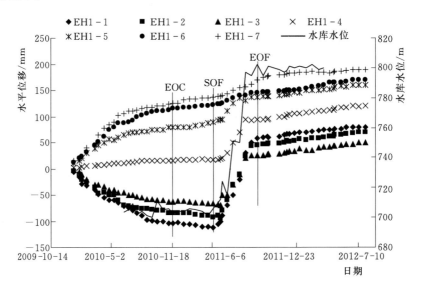

图 4.7　苗家坝面板堆石坝 0+194 断面 685m 高程坝体水平位移测量

4.3.4　面板和防渗墙变形监测结果

面板和防渗墙水平位移由测斜仪测量。测斜仪实测数据可用测量时间段是 2011 年 1 月至 2012 年 4 月。该时间段包括工后变形阶段、水库蓄水阶段以及 8 个月的水库运行阶段。防渗墙测斜仪实测数据最长的时间序列为 2009 年 9 月至 2012 年 3 月，覆盖大坝整个施工和工后变形阶段及 7 个月的水库运行阶段。图 4.8 为苗家坝面板堆石坝实测最大面板挠度和防渗墙水平位移。水压力引起面板显著的变形增量。蓄水过程中，面板同时发生沉降效应和水平向下游移动效应，水压力引起的最大增量挠度变形为 15cm，约为总挠度变形的 60%。该结果表明，水压力对面板挠度具有明显影响。Won 和 Kim[10] 认为，对于基岩上的面板堆石坝，大约 80% 的总面板挠度发生在蓄水阶段。Fitzpatrick 等[17] 认为，在水库蓄水后的最初运行 10 年内，面板平均变形速度大约为 3mm/年。在本节中，蓄水后面板平均变形速度减小到约 1mm/月。该变形速度总体上大于基岩上大坝相应的变形速度。上述结果主要是由于坝体和地基的较大工后变形引起。实测蓄水 1 年后最大面板挠度为 300mm（$0.27\%\ H$），发生在靠近坝基位置，高程为 728m。

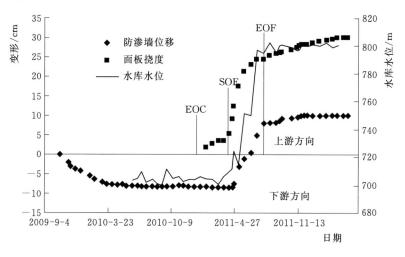

图 4.8　苗家坝面板堆石坝实测最大面板挠度和防渗墙水平位移

Seo 等[18]总结 25 个工程实例面板堆石坝面板挠度结果，认为面板挠度总体范围一般小于 $0.3\%\ H$。基岩上面板堆石坝，面板长期变形范围一般为 0～$0.2\%\ H$[10]。面板挠度最大值一般认为发生在面板中部或 1/3 坝高处[17]。苗家坝面板堆石坝最大面板挠度发生在靠近坝基的部位，上述结果与引起坝体最大变形靠近坝基部位的原因是一致的。

水库蓄水前，防渗墙主要向上游产生变形。该变形主要由防渗墙下游侧土体向上游变形引起。蓄水后，在水压力的作用下，防渗墙向相反方向变形。由图 4.8 可知，施工期防渗墙变形主要发生在大坝填筑的最初 4 个月时间内，大约 90% 的变形发生在该时间段内。蓄水过程中，防渗墙逐步转向下游变形。蓄水完成后防渗墙的变形基本达到最大值，之后逐渐趋于稳定。防渗墙水平位移最大值发生在防渗墙顶部中间部位，竣工期和蓄水完成时的变形量均为 10cm 左右。

4.4　考虑流变及水力耦合效应的参数反演分析模型

4.4.1　覆盖层和堆石料应力应变关系

为了进一步分析苗家坝面板堆石坝变形特性及其变形机理，对大坝开展进一步有限元分析。为了研究大坝地基覆盖层的应力应变关系，对覆盖层材料和堆石材料均进行大型单轴和双轴压缩试验[19]。试验结果表明，覆盖层压缩性随法向应力增大而减小。三轴排水压缩试验结果表明，偏应力和轴向应变关系曲线随着围压增大而增大。围压较小（例如0.1MPa）情况下，覆盖层后期减胀作用显著，而围压较大情况下，可以观测到覆盖层产生连续压缩效应。随着围压的增大，体积应变由剪胀变为收缩。根据该试验结果，覆盖层的剪切强度可以采用摩尔-库伦失效准则描述。

　　数值分析预测堆石材料力学特性的有效性很大程度上依赖于材料本构模型的合理性。基于理论假设或试验结果，目前已经提出众多用于描述不同类型土体材料的本构模型。具有比砂石更大粒径的粗颗粒土体的力学特性目前并没有得到很好的表述和模拟，例如覆盖层砂砾石材料和堆石坝堆石材料。非线性弹性邓肯-张E-B模型是用于描述堆石料最广泛采用的模型之一。众多工程实例数值和实测结果比较表明，该模型可以较好地描述堆石料的非线性行为[20]，且该模型计算参数较容易获取。邓肯-张E-B模型采用增量胡克定律描述材料的非线性特性，采用摩尔-库仑定律描述剪切失效，但是邓肯-张E-B模型并没有考虑材料剪胀和塑性变形。本章采用文献Zhang和Zhang[21]改进的双屈服面弹塑性模型描述覆盖层地基和堆石料的力学特性。该模型目前已成功运用于若干面板堆石坝建设过程应力和变形特性的模拟[21]。该模型主要特点是可以获得材料的体积应变行为，包括剪胀、收缩以及随着围压变化剪胀到收缩的变化过程。

　　该本构模型采用两个屈服面表述方式，即

$$\left.\begin{array}{l} f_1 = p^2 + 4q^2 \\ f_2 = \dfrac{q^2}{p} \end{array}\right\} \tag{4.1}$$

$$\left.\begin{array}{l} p = \dfrac{1}{3} \times (\sigma_1 + \sigma_2 + \sigma_3) \\ q = \dfrac{1}{\sqrt{2}} \sqrt{(\sigma_1 - \sigma_2)^2 + (\sigma_2 - \sigma_3)^2 + (\sigma_3 - \sigma_1)^2} \end{array}\right\} \tag{4.2}$$

式中：p为平均应力；q为主剪应力；σ_1、σ_2、σ_3分别为大主应力、中主应力及小主应力。

　　采用上述两个屈服面判断是否发生塑性应变。根据上述屈服面结果，引入部分塑性应变结果来描述塑性应变。如果$f_1 > (f_1)_{max}$或$f_2 > (f_2)_{max}$，即表明产生部分塑性应变，其中f_1和f_2是屈服面函数的当前值，$(f_1)_{max}$和$(f_2)_{max}$是屈服面函数的最大历史值。该模型中采用相关流动准则来确定塑性应变方向。

　　为了描述对应屈服面的弹塑性模量矩阵，引入两个塑性系数A_1和A_2。A_1和A_2可以使用三轴试验条件下的偏主应力-轴向应变关系和体积-轴向应变关

系的切向斜率，即 E_t 和 μ_t 来获取，即

$$
\left.\begin{array}{l}
A_1 = \dfrac{3\eta\left(\dfrac{3}{E_t} - \dfrac{\mu_t}{E_t} - \dfrac{2(1+\nu_{ur})}{E_{ur}}\right) + 12\times\left(\dfrac{\mu_t}{E_t} - \dfrac{1-2\nu_{ur}}{E_{ur}}\right)}{4\times(1+12\eta)(1+2\eta^2)} \\[4mm]
A_2 = \dfrac{3\times\left(\dfrac{3}{E_t} - \dfrac{\mu_t}{E_t} - \dfrac{2(1+\nu_{ur})}{E_{ur}}\right) + 24\eta\left(\dfrac{\mu_t}{E_t} - \dfrac{1-2\nu_{ur}}{E_{ur}}\right)}{4\times(6-\eta)(1+2\eta^2)}
\end{array}\right\}
\tag{4.3}
$$

式中：η 为应力比，定义为 $\eta=q/p$；E_{ur} 和 ν_{ur} 分别为根据经典弹性理论获得的弹性模量和弹性泊松比。

切向模量 E_t 可以表示为如下形式：

$$
E_q = KP_a\left(\frac{\sigma_3}{P_a}\right)^m(1-R_f)^2 S
\tag{4.4}
$$

其中

$$
S = (\sigma_1-\sigma_3)(1-\sin\varphi)/(2\sigma_3\sin\varphi)
$$

$$
\varphi = \varphi_0 - \Delta\varphi\lg(\sigma_3/P_a)
\tag{4.5}
$$

式中：R_f 为破坏比；σ_3 为小主应力；K 为模量数；P_a 为大气压；m 为定义围压对初始模量影响的指数；S 为应力水平；φ 为摩擦角随着围压变化；φ_0 和 $\Delta\varphi$ 为两个常数。

在试验结果的基础上，提出了一个新的切向体积模量的简单表达式，用来描述体积行为，即

$$
\mu_t = 1 - 2\times\left(G - F\lg\left(\frac{\sigma_3}{P_a}\right) + \frac{D(\sigma_1-\sigma_3)(1-R_f S_1)}{E_t}\right)
\tag{4.6}
$$

式中：G、F 和 D 为模型参数；σ_1 为大主应力。

上述弹塑性模型具有 8 个参数，即 φ、$\Delta\varphi$、R_f、K、m、G、F 和 D，这些参数可以通过轴向试验获取。通过轴向试验获得的堆石料和覆盖层材料模型计算参数见表 4.4。图 4.9 为覆盖层地基材料应力应变关系模型预测结果与试验结果的比较。预测获取的曲线与实测结果吻合较好，结果表明，该双屈服面弹塑性模型可以较好地描述覆盖层地基材料的力学特性。为了比较不同本构模型的结果并且分析材料剪胀效应和塑性变形对大坝变形的影响，计算过程中也采用邓肯-张 E-B 模型进行计算并将计算结果进行比较。

4.4.2 覆盖层和堆石料流变模型

虽然粗粒材料（例如堆石料和覆盖层材料）不会像黏土呈现典型长期固结时效变形，但是众多实际工程表明，在荷载保持不变的情况下，面板堆石坝仍然观测到明显的长期时效变形。Zhou 等[22] 对水布垭面板堆石坝进行流

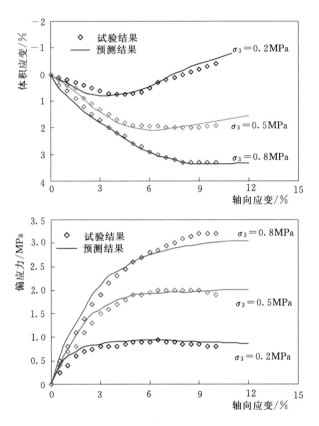

图 4.9　覆盖层材料应力应变关系模型预测结果与试验结果比较

变分析发现，堆石流变效应可以引起占总变形高达 13.8% 的变形增量，并引起一定的应力松弛。堆石料的长期变形（流变）主要由延时的颗粒破碎引起[23]。Silvani 等[23] 使用离散元方法描述堆石料时效变形，将破坏接触模型嵌入离散元代码中，以考虑颗粒的接触和破碎效应。Ma 等[24] 基于颗粒力学和结合的离散元和有限元方法，提出描述堆石料流变变形的微观模拟方法。上述方法可以真实描述颗粒运动、破碎、接触等效应。因为堆石料的时效变形机制发生在颗粒尺度，因此建立描述堆石料流变变形的基于颗粒力学的离散模型至关重要。但是颗粒形状和颗粒破碎描述是建立离散模型的主要难点。上述离散模型虽然可以在一定程度上从颗粒力学的角度描述堆石料的流变变形，但是相应模型的建立均基于大量假设，无法完全真实描述颗粒形状和破碎效应。由于计算机水平和理论的不足，上述离散模型目前只能进行简单的二维计算，无法用于真实三维状态的模拟和工程运用。因此，目前连续介质模型仍然是数值计算中描述堆石流变变形的主要方法。本章采用 Zhou 等[22] 提出的流变模型模拟堆石和覆盖层地基流变行为。虽然该模型基于标准轴向压缩试验结果拟合获得，实际运用表明，该模型可以较好地描述堆石的真实流变特性，特别是在高围压情况下。轴向流变应变 $\varepsilon_L(t)$ 和时间 t 的关系可以表示为

$$\varepsilon_L(t) = \varepsilon_{Lf}(1 - t^{-\lambda_L}) \tag{4.7}$$

式中：ε_{Lf} 为极限轴向流变应变；λ_L 为与轴向流变应变速度相关的系数。

ε_{Lf} 和 λ_L 可以从各种试验组的轴向蠕变与时间的相关曲线得到。极限轴向流变 ε_{Lf} 可以表述为

$$\varepsilon_{Lf} = \beta\sigma_3 = \frac{c_L S}{1 - dS}\sigma_3 \tag{4.8}$$

式中：σ_3 为围压；S 为应力水平；c_L 和 d 为流变参数，均可以通过拟合的 β 和 S 之间的曲线获得；系数 β 是 S 的双曲线函数。

λ_L 相对于 S 是独立的，但其是 σ_3 的指数函数。流变参数 η 和 m_L 通过拟合的 λ_L 和 σ_3 之间的曲线获得，其形式如下：

$$\lambda_L = \eta\sigma_3^{-m_L} \tag{4.9}$$

体积流变应变 $\varepsilon_V(t)$ 和时间 t 之间的关系也可以表示为

$$\varepsilon_V(t) = \varepsilon_{Vf}(1 - t^{-\lambda_V}) \tag{4.10}$$

式中：ε_{Vf} 为极限体积流变应变；λ_V 为与体积流变应变速度相关的系数。

极限体积流变 ε_{Vf} 可以表述为

$$\varepsilon_{Vf} = \alpha_V + \beta_V\sigma_3 = c_\alpha S^{d_\alpha} + c_\beta S^{d_\beta}\sigma_3 \tag{4.11}$$

式中：c_α、d_α、c_β 和 d_β 为体积流变参数；λ_V 为与 S 和 σ_3 无关的量，假设为一个常数。

该流变模型具有 9 个参数，即表述轴向流变的 c_L、d、η 和 m_L 以及表述体积流变的 c_α、d_α、c_β、d_β 和 λ_V。上述 9 个参数均可以通过一系列轴向流变试验获得。流变极限相对于应力水平和围压均呈非线性关系。

为了验证该堆石流变本构模型在苗家坝面板堆石坝堆石高围压情况下的适用性，将堆石料和覆盖层流变试验结果与使用流变模型获得的数值结果进行对比。采用有限元数值方法对流变试验进行模拟，其中瞬时变形由前一节介绍的弹塑性模型进行模拟。有限元数值模拟分析结果与流变试验结果的比较如图 4.10 所示。结果表明，数值结果与试验结果整体吻合较好，特别是趋势基本一致。

在数值模拟过程中，每一个计算步假设同时产生力学和流变响应。流变具体计算步骤可以总结如下：

（1）采用常规分析方法计算当前荷载步下的瞬时应变。计算每一个单元在当前荷载步荷载水平末的应力和应变。

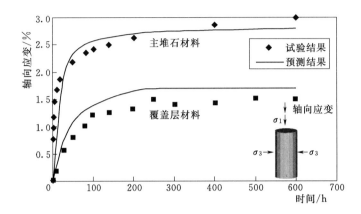

图 4.10　覆盖层材料应力应变关系模型预测结果与试验结果比较

（2）加载过程中，把当前时间荷载步的持续时间 t 划分为大量的时间增量 Δt。在每一个增量时间 Δt 内，假设应力和流变应变是保持不变的，并且在第一次计算时假设累积流变应变为零，可以计算得到每一个时间间隔 Δt 的流变应变比 $\dot{\varepsilon}(t)$。剪切和体积流变应变速度分别由下式计算：

$$\dot{\varepsilon}_L = \varepsilon_L \lambda_L t^{-(\lambda_L+1)} = \varepsilon_L \lambda_L \left(1 - \frac{\varepsilon_L(t)}{\varepsilon_{Lf}}\right)^{\lambda_L + \frac{1}{\lambda_L}} \tag{4.12}$$

$$\dot{\varepsilon}_V = \varepsilon_V \lambda_V t^{-(\lambda_V+1)} = \varepsilon_V \lambda_V \left(1 - \frac{\varepsilon_V(t)}{\varepsilon_{Vf}}\right)^{\lambda_V + \frac{1}{\lambda_V}} \tag{4.13}$$

$$\dot{\gamma} = \frac{1}{2}\left(\dot{\varepsilon}_L - \frac{1}{3}\dot{\varepsilon}_V\right) \tag{4.14}$$

式（4.12）表示剪切 γ 与轴向流变应变 ε_L 和体积流变应变 ε_V 之间的关系。然后可以由 $\dot{\varepsilon} \cdot \Delta t$ 获得当前加载水平下总的流变。

（3）在使用初始应变方法进行有限元分析后，可以获得当前荷载水平下的应力应变增量，并且可以获得直到当前加载步末的总应力和总应变。

本章中，混凝土和基岩材料采用线弹性模型模拟。线弹性模型参数和初始渗透系数见表 4.4。由于防渗墙结构与覆盖层存在显著刚度差异，两者之间存在明显的接触效应，两者的接触分析是高度非线性的。Arici[25] 通过对高面板堆石坝的接触数值计算发现，堆石和面板的接触作用并不会显著影响大坝变形特性以及面板的开裂行为。本章采用 Adina 软件系统中基于接触力学的 Lagrange 方法[26] 模拟防渗结构与土体的接触行为，因为该方法较为简便。采用 Lagrange 乘子法描述接触问题，通过迭代罚函数修正项确定 Lagrange 函数。基于已有相关数值计算，接触容差设置为 0.5mm，摩擦系数设置为 0.22。为了简便，面板和周边缝也采用该方法进行模拟。

表 4.4　　　　　防渗结构及基岩线弹性模型参数及其初始渗透系数

材料	密度 /(g/cm³)	弹性模量 /GPa	泊松比	渗透系数 /(m/s)
面板	2.45	28	0.167	1.0×10^{-12}
趾板	2.45	28	0.167	1.0×10^{-12}
防渗墙	2.45	26	0.167	1.0×10^{-12}
基岩	2.25	20	0.231	1.0×10^{-7}

4.4.3　水力耦合分析方法

对于建于低渗透性土体或软黏土上的大坝，由于地基长期孔隙水压力消散引起的固结效应可能会持续较长时间，并且变形速度保持较大。苗家坝大坝覆盖层地基是典型粗颗粒土，具有强渗透性。覆盖层地基孔隙率较大，一般具有自由排水能力。与软黏土相比，不同的材料结构表明，覆盖层地基中超孔隙水压力快速消散，并不存在明显固结效应。但是，面板堆石坝变形特性主要依赖于大坝和地基材料的力学和水力特性。堆石体和地基的水力耦合效应仍然对大坝变形特性可能具有较大影响，特别是当大坝修建在覆盖层地基上时。此时，蓄水开始后，地基一般处在渗透自由面以下。

本章采用文献 Chen 等[27] 提出的面板堆石坝水力耦合效应分析方法模拟坝体和地基的水力耦合效应。该方法已成功运用于当前世界上最高面板堆石坝水布垭大坝和某深厚覆盖层地基的水力耦合分析[27]。在水力耦合分析过程中，采用前述介绍的弹塑性模型模拟堆石料和覆盖层地基的变形响应。理论上，多孔介质中的渗流应该采用非饱和渗流模型描述，它可以直接考虑湿化变形。一般情况下，粗粒材料（例如堆石和覆盖层）中的毛细作用效应是很微弱的，可忽略不计。Chen 等[27] 采用非饱和渗流模型和非稳定渗流模型分别模拟某砂槽试验，结果发现非稳定渗流分析的结果与实测结果吻合良好。他们认为当上游水库水位相对固定时，非稳定渗流模型可以用来解决面板堆石坝的渗流问题。苗家坝覆盖层和堆石料的试验结果表明，含水率对堆石料和覆盖层强度的影响较小。因此渗流行为可以采用非稳定饱和渗流分析来描述。采用自适应惩罚Heaviside 函数的变分不等式方法确定饱和渗流过程自由面和逸出点。假定潜在出渗面的边界条件为 Signorini 型互充条件。根据变分不等式的要求，将整个渗流区域定义为一个新边界值问题，达西定律重新定义为如下形式：

$$v = -[1 - H(\phi - z)]\boldsymbol{k}\,\nabla\phi(t) \tag{4.15}$$

其中
$$\phi = z + p_w / \rho_w g$$

式中：t 为时间；v 为渗流速度；$\boldsymbol{k}$ 为渗透系数矩阵；ϕ 为总水头；z 为垂直位

置坐标；p_w 为孔隙水压力 $H(\phi-z)$ 是 Heaviside 罚函数（$\phi \geqslant z$ 时，$H=1$；$\phi < z$ 时，$H=0$）；ρ_w 为水的密度；g 为重力加速度。

耦合变形和渗流过程受连续介质力学的动量守恒定律支配。在 Biot 理论框架下，控制方程可以描述如下：

$$
\left.
\begin{aligned}
&\nabla \cdot \left[\boldsymbol{D} : \nabla \left(\frac{\partial u}{\partial t} \right) - \alpha \frac{\partial p_w}{\partial t} \delta \right] + \frac{\partial f}{\partial t} = 0 \\
&[1-H(\phi-z)] \rho_w \left(\frac{\partial \varepsilon_v}{\partial t} + S_w \frac{\partial \phi}{\partial t} \right) + \nabla \cdot (\rho_w \nu) = 0
\end{aligned}
\right\}
\tag{4.16}
$$

式中：$\boldsymbol{D}$ 为切向弹性模量张量；u 为位移矢量；α 为 Biot 固结系数；δ 为 Kronecker 三角矢量；f 为体积力矢量；ε_v 为体积应变；S_w 为与水压缩性相关的存储量。

渗透性随应力状态的变化是模拟耦合过程的关键。堆石和地基变形和孔隙率的改变将造成渗透性的变化。在每一个施工步作用下，渗透性的变化采用一个改进的 Kozeny-Carman 方程来表示，该方程可以用于描述渗透性对孔隙率和体积变形的依赖性。在小变形假设下，孔隙率的变化与体积应变相关，即

$$
\left.
\begin{aligned}
&k = k_0 \left(\frac{n}{n_0} \right) \left(\frac{1-n_0}{1-n} \right)^2 \\
&n = 1 - (1-n_0) \exp(\beta_1 \varepsilon_v)
\end{aligned}
\right\}
\tag{4.17}
$$

式中：k 和 k_0 分别为当前和初始的渗透系数；n 和 n_0 分别为当前和初始的孔隙率。

如果颗粒假设为不可变形，则 $\beta_1=1$。本章试验获得苗家坝覆盖层地基和堆石料的初始渗透系数见表 4.5。

对于力学过程，初始条件和边界条件由下式控制：

$$
\boldsymbol{u}|_{t=t_0} = \boldsymbol{u}_0 (\Omega \text{ 上}); \boldsymbol{u} = \bar{\boldsymbol{u}} (\Gamma_u \text{ 上}); t = \bar{t} (\Gamma_t \text{ 上})
\tag{4.18}
$$

式中：$\boldsymbol{u}_0$ 为整个区域 Ω 上的初始位移矢量；$\bar{\boldsymbol{u}}$ 为位移边界 Γ_u 上的预设的位移矢量；$\bar{t}$ 为牵引边界 Γ_t 上的预设牵引矢量。

对于渗流过程，Dirichlet 和 Neumann 边界条件为

$$
\phi(t) = \bar{\phi}(t) (\Gamma_\phi \text{ 上}); q_n(t) = \bar{q}(t) (\Gamma_q \text{ 上})
\tag{4.19}
$$

式中：$\bar{\phi}$ 为水头边界 Γ_ϕ 上的预设水头；$\bar{q}$ 为流量边界 Γ_q 上的预设流量，对于不透水边界，$\bar{q}=0$。

渗流自由面满足 Signorini 类型的补充边界条件为

$$
\left.
\begin{aligned}
&\phi(t) \leqslant z, q_n(t) \leqslant 0 \\
&[\varphi(t) - z] q_n(t) = 0
\end{aligned}
\right\}
\tag{4.20}
$$

潜在出渗边界 Γ_s 上满足以上边界条件，在出渗点满足 $\phi=0$ 及 $q_n=0$。

采用迭代算法求解水力耦合过程，直到满足收敛条件。采用中点增量法求解非线性变形过程。使用满足 Signorini 条件的抛物线变分不等式，确定非稳定渗流过程自由面和逸出点。每一个时间步均求解水力耦合过程并且假设当前步渗透系数保持不变，然后计算流变变形，基于该步变形结果计算渗透系数的变化，并在下一步计算时采用变化的渗透系数。

4.4.4 有限元模型

数值计算三维有限元网格如图 4.11 所示。有限元模型主要包含 67185 个单元和 73184 个节点。该模型的所有单元采用空间 8 节点等参单元模拟。为了精确获得防渗结构的力学特性，沿防渗结构厚度方向剖分为 5 排单元，主要防渗结构包括面板、防渗墙以及趾板。考虑到覆盖层地基的分布特点和碾压处理的影响，数值模型将覆盖层地基划分为 3 层。由前述分析可知，地基施工碾压的影响区域只限于覆盖层的表层（即 Q_4^{a3} 层），因此数值模型中将表层覆盖层模拟为上层。虽然地基碾压处理一定程度上可以增加地基密度和地基承载力，但是与后期坝体施工的影响相比，地基碾压的影响可以认为是相对较小的，因此地基碾压引起的更深厚度处覆盖层的影响在数值计算中没有进一步考虑。所有计算参数取为碾压后的参数。数值计算中地基中间层（Q_4^{a2}）和底层（Q_4^{a1}）根据实际地质条件划分，数值模型地基分层的考虑如图 4.11 所示。

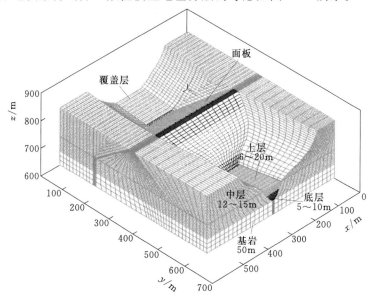

图 4.11 苗家坝面板堆石坝三维有限元计算模型

数值计算过程中真实模拟大坝的建设和蓄水过程，具体模拟时间步过程如图 4.4 所示。水库蓄水前，时间步长根据大坝的实际施工顺序确定。使用较薄的单元层往往可以获得更加精确的结果，但是也需要更多计算机资源和计算时间。施工阶段单元层厚度总体取为 5m。面板的建设划分为 3 个阶段，之后根据蓄水上升速度，时间步长设置为 10d。模型底部边界固定而两侧边界设置为法向约束。同时，对于渗流分析，这些对应的边界设置为不透水边界。大坝上游面和下游面以及河谷在水位以下的表面设置为已知水头边界，水头根据水位波动情况而定。剩下的边界设置为潜在出渗边界，满足 Signorini 互充条件。计算中初始水头分布通过大坝建设前的稳定渗流计算获得。数值模型模拟的水力耦合过程初始时间为 2009 年 10 月 30 日，终止时间为 2012 年 7 月 30 日。本章通过集成各种本构模型和反演分析方法，借助 Matlab 和 Adina 软件完成计算。

本章数值计算采用弹塑性模型描述堆石料和覆盖层的瞬时变形，采用流变模型模拟大坝的时效变形，采用水力耦合分析方法描述地基和坝体的水力耦合效应。上述模型可以描述大坝的主要变形特性，也存在以下几点不足。数值模型中无法获取影响大坝变形的湿化变形以及与湿化变形相关的部分饱和土体行为。湿化变形主要是渗流或降雨入渗减小材料颗粒间胶结强度引起的坝体或地基变形。苗家坝施工过程对坝料和地基的碾压试验表明，加水碾压并不会明显引起沉降增加，说明苗家坝面板堆石坝堆石材料和覆盖层地基对湿化作用并不敏感。此外，本章模型无法描述地基的固结效应。由孔隙水压力消散引起的固结效应对黏土的变形具有重要影响，特别是长期变形。本章覆盖层和堆石材料具有空隙率大、渗透性强及自由排水等特点。孔隙水压力在堆石和覆盖层材料中快速消散，并不存在明显的固结效应。当前模型无法模拟湿化效应、颗粒破碎效应以及其他系列对大坝变形特性具有影响的复杂效应。目前已经提出了考虑不同复杂效应的系列本构模型，但是这些模型往往非常复杂，需要特定的计算参数。在工程实践中，通过试验往往难以获得计算所需的可靠参数。另外，相对简单模型的参数往往较容易获得。从工程实践的角度，采用考虑主要力学特性的数值模型往往可以获得可靠的数值结果。

4.4.5　参数反演分析

岩土工程中获得堆石材料的力学参数是非常困难的。力学参数一般通过一系列轴向试验获得，但是大颗粒粒径使得通过试验手段很难获得堆石料的真实压缩特性。由于缩尺效应存在，通过试验手段有时很难获得合理的力学计算参数。很多研究者提出估计堆石料力学参数的不同方法[28]，但是这些方法往往只是经验的，难以获得可信的结果。基于实测变形结果的参数反演分析是估计数值模型参数的有效方法。本章基于苗家坝工程实测资料，对数值模型参数进行反演分析。所采用的反演方法为文献 Zhou 等[29]中介绍的方法。该方法结合混合遗传算法和有限元分析进行参数反演。目标函数表述为如下形式：

$$f(x_1, x_2, \cdots, x_n) = \left\{ \frac{1}{ks} \sum_{i=1}^{s} \sum_{j=1}^{k} \left[g_i(x_1, x_2, \cdots, x_n, t_j) - u_i(t_j) \right]^2 \right\}^{0.5} \quad (4.21)$$

式中：x_1，x_2，$\cdots$，x_n为需要反演的参数；$g_i(x_1, x_2, \cdots, x_n, t_j)$为第 i 个测点在 t_j 时刻的计算变形；$u_i(t_j)$为相应时间和位置的观测变形；s 和 k 分别为反演分析中采用的实测点数量和时间点数量。

基于混合遗传算法，每一个时间步均进行有限元计算并将计算值与实测值进行拟合评估。采用混合遗传算法进行反演分析的过程详细总结如下：

（1）生成初始种群 $\boldsymbol{P}(j) = \{\boldsymbol{x}^1(j), \boldsymbol{x}^2(j), \cdots, \boldsymbol{x}^{p_1}(j)\}$，其中 j 指当前代，p_1 为个体数。

（2）通过有限元计算获得 $g_i(x_1, x_2, \cdots, x_n, t_j)$ 值以及每一个个体下的目标函数值并评估 $\boldsymbol{P}(j)$。

（3）随机选择两个个体进行杂交操作并产生一个后代。然后应用突变来保持多样性。

（4）从父代和子代种群中选择 3 个具有最好拟合的个体，进而可以评价貌似最小点。如果貌似最小点的拟合程度小于上述选择的 3 个独立个体，则在子代中具有最大拟合误差的个体将被最小点替代。

（5）每个个体与其后代进行竞赛，竞赛后选中获胜者并进化到下一代。

（6）重复第（3）～（5）步，直到满足终止标准。

反演分析中，更多的参数意味着需要更多监测点和监测数据，并且要求具有更高的计算机资源和计算时间。本章数值模型采用的弹塑性模型具有 8 个参数，而流变模型具有 9 个参数。对全部 17 个参数进行反演很难实现，需要大量计算机资源和时间。一个可行的方式是，选取部分对大坝变形具有显著影响的参数进行反演。已有文献表明面板堆石坝变形对本构模型不同参数的敏感性明显不同[2,29]。Zhang 等[21]对本章采用的弹塑性模型进行参数敏感性分析发现，相对于 m、φ_0、$\Delta\varphi$ 及 R_f，面板堆石坝的变形对参数 K、m、G 及 F 的变化明显较为敏感。相似地，Zhou 等[22]根据堆石料流变试验结果建立流变本构模型过程中发现，相对于其他参数，参数 c_L、η、c_a、c_β 及 λ_V 的变化对材料流变变形的影响明显更加显著。根据上述结果，本章选取流变模型参数 c_L、η、c_a、c_β 及 λ_V 和弹塑性模型参数 K、m、G 及 F 作为目标反演参数。剩下的参数通过试验获得。采用 0+194 断面 15 个水管式沉降仪的观测数据进行反演分析。监测数据覆盖时间段为 2009 年 10 月至 2012 年 4 月。为了减少计算量提高计算效率，首先根据蓄水后实测数据对流变模型参数进行反演分析。获得流变模型参数假设不变，然后对弹塑性模型参数开展反演分析。

　　反演分析前，已经对苗家坝堆石和覆盖层材料进行了一系列室内试验，用于确定计算参数。因此，可以将反演分析结果与通过试验获得的参数结果进行对比。通过试验和反演分析获得的弹塑性模型参数和流变模型参数分别见表4.5 和表 4.6。0+194 断面蓄水 8 个月后反演分析沉降与实测沉降分布比较如图 4.12 所示。为了比较，将采用试验参数计算的结果也表示在图中。通过反演分析获得的弹塑性模型 K 值明显大于试验获得的相应参数，而参数 m、G 和 F 的值较为接近。该结果表明，堆石在原场压缩条件下的变形模量大于试验获得的值。反演分析获得流变模型参数 c_L、η 和 c_β 大于试验获得的相应结果，而参数 c_a 和 λ_V 的值则相对较小，但是所有参数均较为接近，没有明显突变。如图 4.12 所示，基于试验参数获得的大坝沉降结果明显大于实测结果，而反演分析获得的沉降结果与实测结果吻合较好。这些结果表明，当前采用的数值模型和反演参数是合理的。

表 4.5　　　　　　堆石和覆盖层地基弹塑性模型参数和初始渗透系数

材料	密度/(g/cm³)	K	m	φ_0/(°)	$\Delta\varphi$/(°)	R_f	G	F	D	k_0/(m/s)
垫层	2.25	1400(1448)	0.42(0.44)	48	8.6	0.86	0.43(0.44)	0.30(0.32)	5.5	1.5×10^{-6}
过渡层	2.23	1300(1356)	0.42(0.43)	49	8.7	0.87	0.41(0.42)	0.28(0.30)	5.2	2.1×10^{-4}
主堆石	2.35	1250(1312)	0.45(0.46)	53	8.5	0.89	0.37(0.39)	0.25(0.26)	5.2	3.2×10^{-3}
下游堆石	2.25	1050(1149)	0.35(0.36)	51	8.4	0.80	0.35(0.37)	0.26(0.30)	5.0	1.9×10^{-3}
Q_4^{al}	2.20	1000(1115)	0.43(0.43)	43	8.6	0.78	0.30(0.32)	0.23(0.25)	4.6	1.7×10^{-4}
Q_4^{al2}	2.15	1200(1427)	0.43(0.41)	42	8.6	0.80	0.38(0.35)	0.26(0.25)	5.1	1.7×10^{-4}
Q_4^{al3}	2.20	1500(1763)	0.42(0.42)	42	8.5	0.81	0.42(0.45)	0.33(0.34)	5.3	1.4×10^{-4}

注　括号中的值为反演获得参数，其余值为试验获得参数。

表 4.6　　　　　　　　　　堆石和地基流变模型参数

材料	c_L	d	η	m_L	c_a	d_a	c_β	d_β	λ_V
主堆石	0.2507 (0.2745)	0.7968	0.0862 (0.1107)	0.3568	0.5437 (0.4879)	1.9872	0.3152 (0.3989)	1.4526	0.0721 (0.0606)
下游堆石	1.3624 (1.2153)	0.2247	0.1126 (0.1201)	0.9486	0.3462 (0.3027)	0.7254	0.2078 (0.2084)	0.9987	0.1044 (0.0899)
覆盖层	1.4526 (1.3546)	0.2569	0.1937 (0.1457)	1.0253	0.3364 (0.3149)	0.5698	0.1564 (0.1779)	0.9156	0.1001 (0.0898)

注　括号中的值为反演获得参数，其余值为试验获得参数。

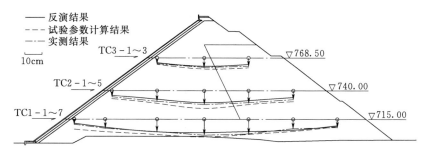

图 4.12 苗家坝面板堆石坝 0+194 断面蓄水后 8 个月实测与数值计算沉降结果比较

4.5 数值结果分析

4.5.1 覆盖层地基变形

为了获得覆盖层地基变形情况，并深入研究引起坝体较大变形的机理，获得位于地基表面和地基表面以下 14m 位置沉降计 VE2-4 和 VE2-5 处的实测和数值计算沉降时间曲线对比图，如图 4.13 所示。沉降计具体位置可参考图 4.1（b）。实测地基沉降值随时间逐渐累积。坝体施工阶段，随着坝体荷载的连续增加，地基沉降迅速增加。蓄水期，地基沉降随着水压力增加而增加，但是变形速度小于施工期变形速度。蓄水后，地基沉降增加缓慢并逐渐趋于稳定。上述地基变形趋势与渗透性较低土体或黏土的变形规律是不同的。因为孔隙水压力的消散，渗透性较低土体或黏土地基表现出长期的变形规律。竣工前，实测地基表面最大累积沉降为 707mm，蓄水期最大累积沉降为 800mm。

如图 4.13 所示，较大地基变形主要可能由三个机制引起。第一是在坝体重力和水压力作用下，由于颗粒滑动和重新排列造成地基非线性压缩变形，即未考虑流变和水力耦合效应的变形。虽然坝体施工前已经对覆盖层地基进行了碾压处理，但是地基孔隙率仍然为 20% 左右，这为产生进一步压缩变形提供了前提条件。由图 4.13 中结果可知，蓄水完成时，压缩变形大约占总变形的83.6%。第二是在常荷载作用下由延迟颗粒断裂过程引起的地基流变变形。实际上地基的流变变形在整个过程中均会产生，流变变形随着时间累积，且早期流变变形速度较大，蓄水后变形速度逐渐减小。蓄水完成时，地基最大累积流变变形大约为 60mm，占总变形的 7.5% 左右。第三是水力耦合效应引起的变形。水力耦合效应引起的变形主要发生在蓄水期。水力耦合效应引起的最大累积变形大约为 52mm，占总变形的 6.5% 左右。由图 4.13 可知，考虑地基流变和水力耦合效应的数值结果仍然低于实测沉降结果，特别是在蓄水期。但是两

133

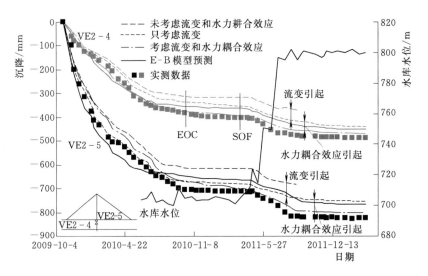

图 4.13　地基沉降计 VE2－4 和 VE2－5 沉降时间曲线数值和实测结果对比

者的变形趋势基本一致。数值结果与实测结果的最大沉降差异大约为 33mm，占总变形的 4.1％左右。造成数值模拟值低于实测结果的主要可能原因是：数值模型没有考虑地基湿化和非饱和土体力学特性。上述结果表明，地基压缩变形、流变变形以及与渗透性相关的变形主要控制着较大的地基变形，其中地基压缩变形是造成较大变形的主要因素，而流变变形和水力耦合效应是造成较大时效变形的主要原因。在图 4.13 中，考虑流变和水力耦合效应的数值变形也与采用邓肯-张 E－B 模型计算的结果进行了对比。采用 E－B 模型获得的竣工期沉降数值明显小于采用弹塑性模型的结果。最大沉降差发生在蓄水期，最大值为 55mm。产生上述现象的原因主要可能与 E－B 模型没有考虑材料塑性应变和剪胀效应有关。上述结果表明，本章采用的弹塑性模型可以较好地模拟覆盖层和堆石料的非线性变形。

　　图 4.14 为地基中两个渗压计（P5 和 P6）和坝体中两个渗压计（P1 和 P2）实测和数值计算孔隙水压力变化过程。实测和计算渗漏速度也表示在图中。施工期，地下水位非常低，因此地基和坝体中均未观测到孔隙水压力。蓄水过程中，实测和数值计算水压力均增加，且基本随着水位的波动而变化。孔隙水压力在蓄水完成时达到峰值，之后缓慢减小并趋于稳定。由于覆盖层地基具有强渗透性，地基中孔隙水压力可以迅速消散。数值计算获得的孔隙水压力与实测结果吻合较好，数值计算结果总体比实测结果更大一些，特别是覆盖层地基中孔隙水压力。但是，整个阶段数值计算和实测最大水压力差值均未超过 15kPa。由图 4.14 可知，渗漏速度变化过程与孔隙水压力变化过程基本相似。蓄水完成时，渗漏速度基本达到最大值，且在运行

过程中逐渐趋于稳定。

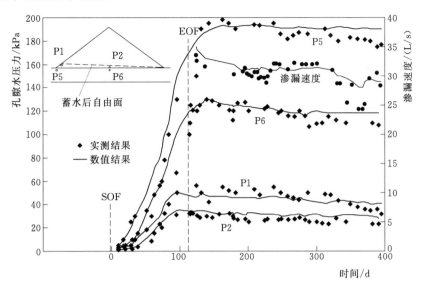

图 4.14 实测和数值计算的地基和坝体孔隙水压力和渗漏速度变化过程

蓄水过程中渗入坝体和地基中的水量将会湿化自由面以下的堆石和地基。湿化作用降低颗粒之间接触摩擦强度以及单个颗粒抗破碎强度，进而引起额外变形，即湿化变形。若干试验观测结果和原场观测结果[30]均表明，堆石中可能存在湿化变形。但是，Hunter 和 Fell [31]认为，只有大部分堆石被湿化情况下才可能引起明显湿化变形。如图 4.14 所示，坝体自由面较低，苗家坝渗流控制系统可以有效控制坝体和地基渗流，大坝长期渗漏速度只有 30L/s，而坝体底部孔隙水压力基本均小于 50kPa。此外，大坝施工过程中洒水试验结果表明，洒水时引起堆石密度平均增量为 0.02g/cm³，引起覆盖层密度增量为 0.01g/cm³。这些结果表明，苗家坝面板堆石坝堆石和覆盖层材料的压缩特性对湿化效应并不敏感。因此可以认为，湿化效应在苗家坝面板堆石坝中只引起有限的湿化变形。实际施工过程中，坝体碾压过程并未洒水，碾压后平均含水率为 2%。

4.5.2 坝体变形分析

图 4.15 为数值计算获得的苗家坝面板堆石坝竣工期网格变形图。由图可知，竣工期覆盖层地基产生明显压缩变形并在上下游侧产生水平位移。防渗墙明显产生向上游的变形。坝体总体向下产生沉降变形，上下游侧分别向外侧变形。同时由于两岸约束作用，坝体两岸产生指向中部的变形。此外，蓄水后坝顶沉降实测和计算结果吻合良好，进一步说明数值模型的可靠性。

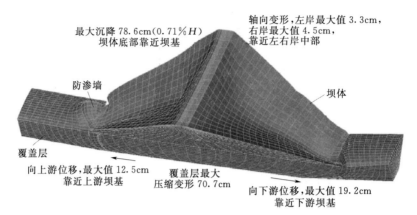

（a）苗家坝面板堆石坝竣工期网格变形图

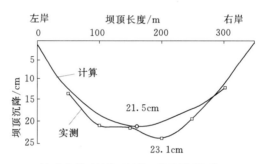

（b）苗家坝面板堆石坝竣工期及坝顶沉降

图 4.15　苗家坝面板堆石坝竣工期网格变形图及坝顶沉降

　　图 4.16 为 0＋194 断面蓄水完成时累计沉降分布，并比较了 0＋194 断面蓄水完成时数值计算和实测累积沉降以及上游坝面蓄水引起的沉降和水平位移增量。实测沉降等值线通过测点实测沉降数据内插获得。竣工前和蓄水完成时数值计算所得最大坝体累积沉降分别为 786mm（0.71％ H）和 882mm（0.80％ H），发生在靠近坝基的位置（725m 高程处），数值结果均小于实测结果。由图 4.16 可知，数值计算结果与实测结果在坝体外部区域吻合较好，但是在中间区域数值计算结果小于实测结果。

　　初次蓄水过程是一个关键的荷载条件。对于基岩上面板堆石坝，有研究表明，超过一半的总沉降发生在该阶段[10]。水荷载引起坝体向下变形。蓄水引起的最大沉降变形发生在坝体上游面靠近中部的位置。蓄水引起沉降向下游面方向逐渐减小。图 4.16 表明，实测最大蓄水引起的变形增量为 195mm（0.18％ H），发生在坝体上游面靠近坝基的位置（725m 高程）。实测结果总体大于数值计算结果，但是实测和数值计算结果的分布规律基本相同。数值计

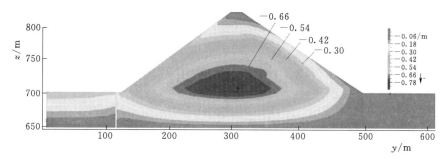

（a）最大断面蓄水完成时累计沉降分布

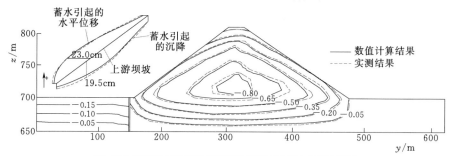

（b）最大断面蓄水完成时累积沉降及蓄水引起上游面沉降和
水平位移增量实测及数值计算结果比较（单位：m）

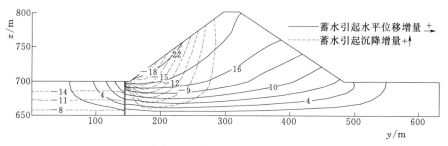

（c）蓄水引起沉降和水平位移分布（单位：m）

图 4.16 苗家坝面板堆石坝最大断面累积沉降及蓄水引起沉降和水平位移增量分布

算获得的蓄水引起最大水平位移变形增量为 230mm（0.21% H），发生在上游面靠近坝基的位置。蓄水引起最大水平位移增量及其位置与沉降增量的位置较为接近，这些结果与坝高、地基厚度以及堆石和地基材料的特性相关。

图 4.17 为计算和实测的三条电磁沉降计测线位置竣工期沉降分布及蓄水引起沉降增量分布结果。由图可以获得三点认识：首先，施工期和蓄水期均观测到地基中明显的沉降变形，蓄水后地基最大累计沉降变形超过 600mm；其次，由于下游堆石强度较低，下游堆石区沉降明显大于上游堆石区沉降；此外，坝体施工期和蓄水引起的最大沉降均发生在靠近坝基的位置。由图 4.17（b）可以发现，蓄水引起测线的沉降增量呈现 B 形分布，其中较大值发生在

坝体的上部和底部或地基的上部。这些结果主要由较大坝顶沉降和地基沉降
引起。

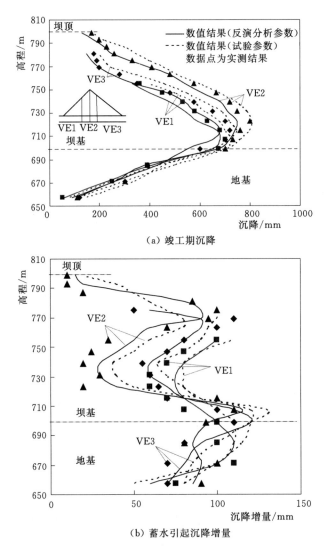

（a）竣工期沉降

（b）蓄水引起沉降增量

图 4.17　苗家坝面板堆石坝三条电磁沉降计测线沉降分布

　　如图 4.17 所示，虽然只有部分测点的数据用于参数反演分析，反演分析
获得的沉降结果整体上与实测结果吻合较好。采用试验获得参数的沉降结果明
显大于实测结果，虽然趋势基本相似，主要原因是试验获得的参数无法真实准
确反映堆石和覆盖层材料的力学特性。由图 4.17 可知，竣工期，反演参数计
算的上部坝体和覆盖层地基的沉降结果明显比试验参数计算的结果与实测值吻
合更好。而反演参数计算的坝体中部沉降结果比实测值小，试验参数计算的结

果比实测值大，两种结果与实测值吻合程度类似，但反演参数计算的结果总体要好一些。对于蓄水引起的沉降增量，虽然数值计算结果均比实测值大，但反演参数计算的结果明显与实测值更加吻合，而试验参数计算的结果明显偏大。与采用试验参数数值结果相比，反演分析获得的结果与实测结果总体吻合更好，结果更加合理。结果表明，本章反演分析方法是合理有效的，当前方法可以合理描述面板堆石坝变形特性。

3 个典型测点 TC1-4、TC2-2、TC3-3 计算与实测沉降过程及误差分布如图 4.18 所示。考虑堆石和地基流变及水力耦合效应下，计算所得测点沉

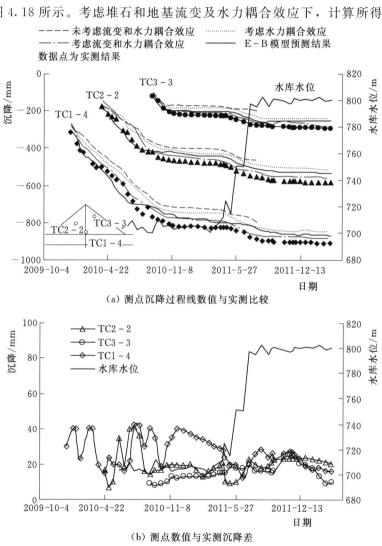

图 4.18　坝体 3 个典型测点沉降过程线数值与实测比较及误差分布

降趋势与实测结果相似。施工期，计算结果与实测结果之间存在一些较明显的差异，最大差异相对实测结果达 5.1％（42mm），发生在靠近坝体底部的中部区域。蓄水开始后，计算与实测结果间的差异减小，计算结果明显接近实测结果。计算结果与实测结果之间的差异主要可能是由数值模型局限性引起，包括：①数值模型无法真实考虑复杂加载过程，例如降雨入渗、施工碾压特点、材料颗粒分布不均匀等；②本构模型尚不完善，例如忽略非饱和土体行为，未考虑湿化变形和材料颗粒破碎；③对地基形状和地基条件进行简化，例如河谷形状和地基分布特点。其中，忽略降雨入渗可能是造成施工阶段数值计算与实测结果产生较大差异的主要原因，而忽略湿化变形可能是在坝体中间部位发生最大偏差的主要原因。此外，设备安装不当或破坏也可能引起一定误差。虽然数值计算结果与实测结果存在上述差异，但数值计算结果与实测结果总体吻合良好，可以为当前大坝的变形特性提供合理预测。

坝体沉降受多种因素影响。为了分析不同影响因素（即压缩变形、流变变形及水力耦合效应）对覆盖层上面板堆石坝沉降的相对贡献程度，不同条件下坝体测点沉降数值计算结果如图 4.18 所示。由结果可以发现：

第一，坝体材料压缩变形（即未考虑流变和水力耦合效应的瞬时变形）是大坝变形的主要来源。蓄水完成时，坝体最大累积非线性瞬时变形达到 800mm，占该时刻总变形的 90.3％。将该结果与采用未考虑塑性变形和剪胀作用的邓肯-张 E-B 模型的计算结果比较发现，采用 E-B 模型计算的结果总体低估大坝的沉降变形。两种模型计算的最大沉降差异发生在蓄水过程中，最大差异为 40mm，占该时刻总变形的 4.5％左右。这些结果表明，堆石材料的塑性变形和剪胀作用对坝体瞬时变形具有较大影响。

第二，堆石材料流变响应明显影响苗家坝面板堆石坝的变形特性。在考虑流变效应情况下，坝体变形相对于未考虑流变效应的结果具有明显的增量。坝体竣工前，考虑流变效应的最大沉降比未考虑流变效应的最大沉降大 40mm，相对于未考虑流变效应的结果增量为 5.4％。蓄水完成时，考虑流变效应的最大累积沉降比未考虑流变效应时大 60mm，相应的增量为 7.3％。相似地，Zhou 等[22]通过流变分析发现，对于当前世界上最高的水布垭面板堆石坝，流变效应产生的长期变形可能占最终变形的 13.8％，甚至更高。Hunter 和 Fell[31]认为，对于施工碾压良好的面板堆石坝，每一个对数周期，大坝由流变效应引起的长期坝顶沉降变形范围大约为 $0.05\% H \sim 0.25\% H$。此外，本章计算结果表明，流变效应一定程度上造成堆石应力松弛，且引起面板应力变形的增加。

第三，水力耦合效应引起一定的增量变形。基于水力耦合分析，Chen 等[27]认为渗流作用对基岩上面板堆石坝变形的影响相对有限。但是，由于苗家坝面板堆石坝覆盖层地基的存在，蓄水完成时，考虑水力耦合效应的最大坝体沉降比未考虑的结果大 30mm 左右，占该时刻总变形的 3.5%。湿化变形和非饱和土体行为也会对坝体变形产生一定的影响，但是由上述分析可以预计，该影响非常有限。上述分析表明，堆石瞬时压缩变形是大坝变形的主要来源。堆石流变效应是基岩上面板堆石坝长期变形的主要来源。然而，本章数值计算结果表明，堆石流变和水力耦合效应对覆盖层上面板堆石坝的沉降具有显著影响，特别是大坝的长期变形。由于水力耦合效应主要发生在覆盖层地基中，堆石和覆盖层的流变效应比水力耦合效应对大坝变形的影响更显著。

图 4.19 为苗家坝面板堆石坝最大断面竣工期和蓄水完成时水平位移计算和实测相关结果。受覆盖层地基变形的影响，坝体的较大水平位移主要发生在靠近地基部分的上下游侧坝体，同时地基也产生较大的水平位移。计算水平位移与实测水平位移变形规律和趋势与实测结果吻合较好。计算得坝体蓄水完成时最大水平位移为 25cm（0.23%H），发生在靠近地基的上游侧坝体中（大约为高程 730m 的位置）。此外，蓄水引起最大水平位移增量及其发生位置与蓄水引起的沉降增量结果类似。上述现象可能与坝高、地基厚度以及堆石和覆盖层材料的岩性相关。

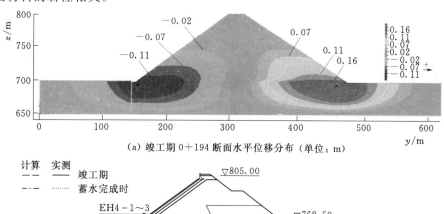

(a) 竣工期 0+194 断面水平位移分布（单位：m）

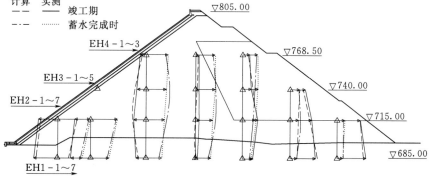

(b) 竣工期和蓄水完成时 0+194 断面实测和计算水平位移比较

图 4.19　苗家坝面板堆石坝 0+194 断面水平位移结果

4.5.3　坝体应力分析

坝体垂直应力计算值与实测值比较如图 4.20 所示。竣工期和蓄水期最大实测应力均发生在测点 EC2 位置，最大值为分别为 -1.75MPa 和 -1.81MPa，其对应位置计算的最大应力分别为 -1.61MPa 和 -1.65MPa。数值计算应力和分布与实测结果较为接近。该结果进一步说明数值模型的有效性。计算所得坝体大主应力与小主应力分布与垂直应力分布类似，最大值分别为 -2.45MPa 和 -1.41MPa，发生在覆盖层地基部位。蓄水作用主要对靠近上游坝面的坝体和地基产生较大影响。此外，由于大坝分阶段的填筑方案，水荷载在坝体上游断面和下游断面的接触部位引起一定剪切应力。

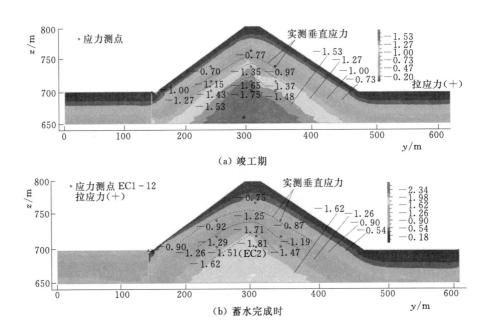

图 4.20　苗家坝面板堆石坝 0+199 段面垂直应力比较（单位：MPa）

由图 4.20（b）可知，各应力测点的实测和计算应力小于相应点上部的土柱压力。河谷形状是影响坝体应力分布的主要因素，因为两岸坝坡造成拱效应的存在[31]。Hunter 和 Fell[31] 通过系列数值计算认为，当河谷宽度大约为坝高的 1/2 而两岸坝坡陡于 45°时，坝体垂直应力受拱效应影响最大，折减量达到 10%～20%。苗家坝面板堆石坝河谷宽度为 56m（51% H），两岸坝坡角大约为 47°。基岩和坝坡两岸产生显著阻碍坝体和地基进一步变形的趋势。大坝最大断面中心线底部拱效应最明显，应力折减为 11%。

4.5.4　面板力学特性分析

防渗结构变形主要依赖于相邻坝体变形。图 4.21 为防渗系统累积变形以及面板和防渗墙典型断面变形分布。竣工期，实测最大面板挠度为 5.2cm（0.05%H）。蓄水完成期，实测最大面板挠度为 25.0cm（0.23%H）。最大值均大致发生在坝基以上 28m 位置，即高程 728m 处。计算获得面板挠度与实测结果较为接近。蓄水时，在水压力和坝体变形作用下，面板既产生沉降又产生向下游的水平位移。蓄水引起的面板最大挠度增量为 15cm，大约为总变形的 60%。上述结果表明，面板变形受水荷载影响显著，而且大部分变形发生在蓄水阶段。虽然有一些差异，面板变形与基岩上面板 D 形变形分布类似[17]。由面板和坝体不均匀沉降引起的脱空变形可能导致面板开裂和渗透失效。但是苗家坝面板堆石坝没有观测到明显的面板脱空变形。

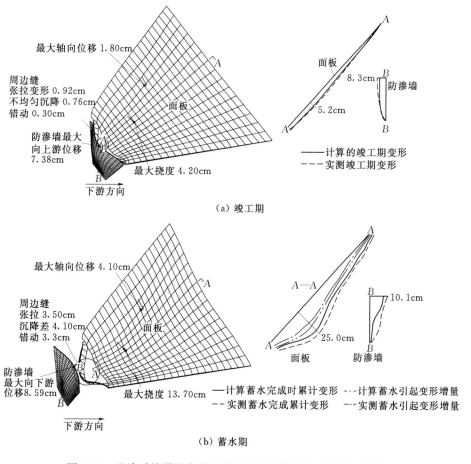

图 4.21　防渗系统累积变形以及面板和防渗墙典型断面变形分布

143

面板开裂是影响大坝安全的关键影响因素。当面板内部应力超过材料拉伸强度时，面板可能发生开裂。蓄水前，面板并未产生明显拉伸区，在自重作用下，面板主要受压，最大压应力为－2.25MPa，发生在面板底部。面板蓄水完成时，面板下游面小主应力分布如图4.22所示。水荷载对面板应力具有显著影响，蓄水期面板主要受压。最大大主应力和小主应力均发生在面板底部，最大值分别为－6.54MPa和1.47MPa。在较大挠度引起的弯矩作用下，面板蓄水期在下游面四周部位承受一定拉应力。坝体和面板之间不同轴向和沉降变形，也对面板四周产生拉伸作用。面板实测顺坡向应力在面板中间主要为压应力，最大值为－8.4MPa，而在靠近两岸部位和底部出现拉应力，最大拉应力为1.2MPa。实测水平方向应力与垂直方向应力分布相似，最大压应力和拉应力分别为－11.4MPa和1.3MPa。苗家坝面板堆石坝面板应力分布规律与实测

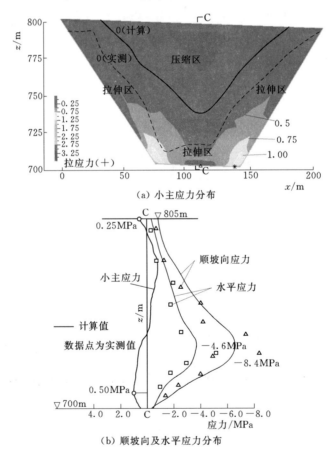

(a) 小主应力分布

(b) 顺坡向及水平应力分布

图4.22　蓄水完成时计算的面板下游面小主应力分布
以及顺坡向和水平应力分布（单位：MPa）

基岩上大坝的应力分布一致，均在蓄水完成时在顶部和靠近两岸部位产生拉伸区域。图 4.22 显示，实测和数值计算获得的应力和拉伸区分布及最大拉应力发生位置基本一致，只是应力和拉伸区分布呈现轻微不同，这可能主要是由上述模型局限所造成。总体来说，实测最大压应力和拉应力在可接受的范围内。由计算和实测拉应力和压应力可知，苗家坝面板堆石坝面板不会发生潜在开裂或者破坏。

4.5.5 防渗墙力学特性分析

防渗墙是典型的地下结构，承受复杂外荷载。防渗墙力学特性受覆盖层特性、墙体材料、河谷形状以及大坝形式的众多因素影响。由图 4.21 可知，计算所得防渗墙竣工期向上游的最大水平位移为 7.38cm，蓄水期向下游的最大水平位移为 8.59cm。计算的水平位移整体比实测结果小，但变形趋势吻合良好。计算结果表明，防渗墙施工期产生向上游的弯曲变形，而蓄水期产生向下游的弯曲变形，最大变形均发生在防渗墙顶部的中间部位。图 4.23 为计算的由蓄水引起的防渗墙增量沿河向变形和应力分布。在水压力作用下，防渗墙被推向下游，计算的蓄水引起的最大向下游的水平位移增量大约为 15cm，发生在防渗墙顶部，而实测最大位移增量大约为 13cm。

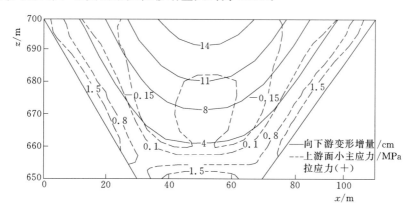

图 4.23　蓄水引起的防渗墙上游面变形增量及小主应力分布

图 4.24 为数值计算所得防渗墙运行期应力和变形结果。虽然防渗墙中布置有应变计，但是并没有获得可用的数据，所以图中无法将数值计算结果与实测结果进行比较。蓄水期，防渗墙上游面中间部位受压，而在周边部位，特别是防渗墙与基岩的接触部位承受一定拉应力。除了尖端部位产生应力集中现象，大部分拉伸区的拉应力均较小，基本不会超过混凝土的抗拉强度。防渗墙下游面主要受压，最大压应力为 −13MPa，发生在防渗墙的两岸部位。防渗墙的上述应力分布特点与墙体的弯曲变形有关。蓄水期，防渗墙向下游弯曲变

形，此时在防渗墙上游面的四周引起明显的正弯矩，进而引起拉伸应力。此外，防渗墙与相邻覆盖层的不均匀变形也会使防渗墙四周承受一定拉力，进而引起拉应力。防渗墙中间断面的大主应力呈现随深度先增加后逐渐减小的分布规律，这主要与防渗墙的受力特点有关，特别是摩阻力的分布。总体而言，除了部分应力集中区域以外，苗家坝面板堆石坝覆盖层地基防渗墙的应力在可接受范围内。

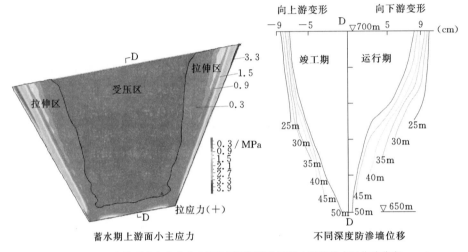

（a）上游面小主应力分布以及不同深度防渗墙中间测线水平位移分布

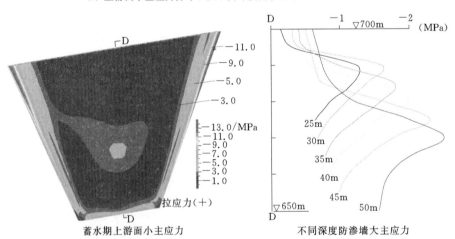

（b）下游面大主应力分布以及不同深度防渗墙中间测线大主应力分布

图 4.24　蓄水完成时防渗墙应力和变形计算结果

为了讨论深度对防渗墙应力和变形特性的影响，基于有限元模型对不同深度的防渗墙进行力学特性模拟。苗家坝工程本身的防渗墙深度为 50m，另外进行了 45m、40m、35m、30m、25m 防渗墙深度下力学特性的模拟。防渗墙变形和应力计算结果如图 4.23 所示。随着深度减小，防渗墙水平位移越来越大，但是防渗墙承受的应力却越来越小。悬挂式防渗墙由于底部约束发生变化，因此产生较大的水平位移。较大的水平位移在一定程度上可以释放部分拉伸能量，因此防渗墙的应力有所减小。

4.5.6 长期变形预测

基于本章数值模型对苗家坝面板堆石坝开展了进一步有限元分析，用于预测大坝运行至 2020 年 12 月的变形特性以及研究工后沉降。预测的最大坝顶沉降、内部沉降以及面板挠度的时间变化规律如图 4.25 所示。大坝运行 8.5 年之后，坝体最大断面累计沉降分布如图 4.26 所示。

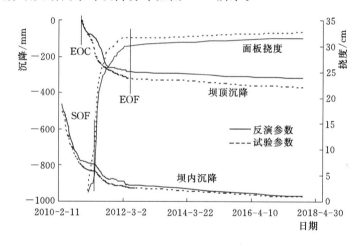

图 4.25 预测大坝运行 8.5 年时间大坝最大沉降
及最大面板挠度变形规律

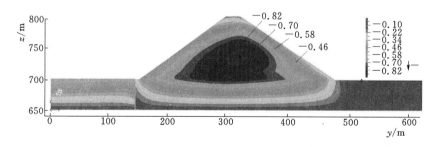

图 4.26 大坝运行 8.5 年时间最大断面累计沉降分布（单位：m）

大坝大部分变形发生在蓄水完成前，数值计算并没有获得明显的长期变形，原因主要有两个方面：首先，若干影响大坝长期变形的其他因素并没有考虑，例如非饱和土变形和降雨入渗等。但是根据前述分析可知，这些因素的影响是有限的而且也很难考虑[31]。其次，堆石料的非线性压缩变形是大坝变形的主要来源，而这些变形主要发生在大坝施工期和蓄水阶段。此外，根据上述分析可知，面板堆石坝大部分时效变形发生在蓄水完成前，而且蓄水后变形速度迅速减小，大坝逐渐趋于稳定。苗家坝大坝的变形在 2015 年后逐渐趋于稳定。在 2016 年 1 月至 2017 年 12 月期间，大坝内部沉降变形增量小于 2 cm，而且沉降速度小于 0.83mm/月。大坝最终累积内部沉降大约为 0.94m（0.85% H）。基岩上大坝的稳定时间大约为蓄水后 3～30 年[10]，例如，Zhou 等[29]报道，水布垭大坝的稳定时间大约为 4 年。本章中，大坝变形的稳定时间大约为 4 年，该结果与工程条件相似的九甸峡面板堆石坝结果类似[1]。上述结果表明，当前苗家坝大坝的变形已经趋于稳定。由试验参数获得的预测变形明显大于反演分析结果，但是变形趋势一致。这些结果进一步表明，本章反演分析方法和数值模型可以准确预测覆盖层上大坝变形结果。

4.6　覆盖层上面板堆石坝变形特性总结

为了进一步分析覆盖层上面板堆石坝变形特性，并与基岩上大坝特性展开对比讨论，本节对建于覆盖层上 21 个面板堆石坝运行阶段实测变形特性进行分析。所有大坝高度均未超过 150m。表 4.7 为包括苗家坝在内的 21 个覆盖层上面板堆石坝的长期变形结果。

图 4.27 为所有大坝累积实测坝内沉降、面板挠度以及坝顶沉降比较。为了比较，将已有文献中总结的基岩上面板堆石坝相应变形范围结果也表示在图中。由图 4.27 可知，最大坝内沉降随坝体和地基总高度（坝高和地基厚度之和）增加呈现逐渐增加的趋势。所有大坝坝内沉降均小于 1.0% H。长期面板挠度范围大致为 0.1% H～0.4% H，但是九甸峡大坝明显较大，主要可能是由较大坝高（136m）和覆盖层厚度（50m）引起。长期坝顶沉降呈现随大坝总高度增加而增加的趋势，虽然规律并不明显。几乎所有覆盖层上大坝的面板挠度均小于 0.4% H。苗家坝面板堆石坝变形特性在上述覆盖层上大坝变形的一般范围内，并且与具有相似坝高和覆盖层厚度的察汗乌苏大坝变形结果较为接近。上述比较结果表明，苗家坝大坝目前运行良好，工程采用的控制地基变形的地基碾压处理是合理有效的。

覆盖层上大坝面板挠度和坝顶沉降的范围明显比基岩上大坝变形范围（可以总结为 0～0.3% H）大。图 4.28 为概化的面板堆石坝中间测线坝体沉降与坝高相关关系。覆盖层上面板堆石坝最大沉降发生在从底部算起 0.2H～0.4H 的位置。最大沉降位置随覆盖层相对大坝高度的增加而逐渐向下移动。

表 4.7　收集的 21 个覆盖层上面板堆石坝实例详细信息和变形信息

名称	国家	年度	坝高/m	地基和厚度	堆石	测量时间/年	相对坝顶沉降 CS/H /m	相对坝顶沉降 CS/H /%	相对面板挠度 FD/H /m	相对面板挠度 FD/H /%	相对坝内沉降 IS/H /m	相对坝内沉降 IS/H /%
Pappadai	意大利	1992	27	砾石·50m	灰岩	7	0.01	0.04	—	—	0.07	0.26
Namgang	韩国	1999	34	岩石·砾石	片麻岩	5	0.01	0.04	0.06	0.17	0.11	0.32
梅溪	中国	1998	41	砾石·30m	凝灰岩	10	0.08	0.20	0.13	0.32	0.20	0.48
柯柯亚	中国	1981	42	砂砾石·37.5m	砂砾石	7	0.03	0.07	—	—	—	—
大河	中国	1998	50.8	砂砾石·37m	砂岩	8	0.12	0.23	0.17	0.32	0.25	0.49
双溪口	中国	2009	52.1	砾石·15.4m	凝灰岩	2	—	—	0.16	0.30	0.46	0.94
Pichi Leufu	阿根廷	1999	54	砂砾石·28m	砂砾石	8	0.13	0.24	—	—	0.50	0.90
Kangaroo creek	澳大利亚	1969	60	岩石·砾石	页岩	20	0.12	0.19	—	—	—	—
Mackintosh	澳大利亚	1981	75	强风化岩石·113m	砂岩	20	0.24	0.32	0.25	0.33	0.48	0.64
Puclaro	智利	1999	83	砂砾石·29.6m	砂砾石	5	0.11	0.13	0.12	0.14	0.67	0.81
老渡口	中国	2009	96.6	砂砾石·24.3m	砂砾石	2	—	—	0.11	0.11	0.34	0.35
那兰	中国	2005	109	砂石·24.3m	砂岩	6	0.16	0.15	0.16	0.15	0.31	0.28
察汗乌苏	中国	2009	110	砂砾石·46.7m	砂岩	2	0.22	0.20	0.30	0.27	0.53	0.48
苗家坝	中国	2011	110	砂砾石·50m	凝灰岩	1	0.28	0.26	0.30	0.27	0.91	0.83
多诺	中国	2012	112.5	砾石·35m	砂岩	2	0.33	0.30	0.23	0.20	1.10	0.98
Santa Juana	智利	1995	113.4	砾石·30m	砂砾岩	4	0.01	0.01	—	—	—	—
Reece	澳大利亚	1986	122	辉绿岩	辉绿岩	15	0.22	0.18	0.26	0.21	0.23	0.19
珊溪	中国	2000	132.5	砂砾石·24m	凝灰岩	6	0.42	0.31	0.20	0.15	0.95	0.72
九甸峡	中国	2008	136	砾石·50m	石灰石	3	0.15	0.11	0.84	0.62	1.24	0.91
Alto anchicaya	哥伦比亚	1974	140	砾石	角岩	10	—	—	0.16	0.11	0.63	0.45
Xingo	巴西	1993	140	砾石	花岗岩	6	0.53	0.35	0.51	0.34	2.9	1.93

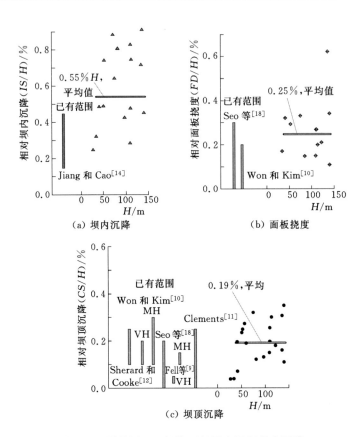

图 4.27　覆盖层上面板堆石坝最大累积坝内沉降、
面板挠度及坝顶沉降与坝高相关关系

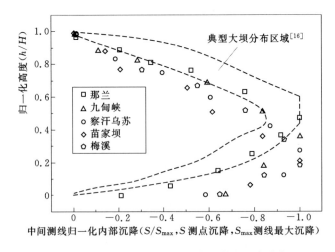

图 4.28　面板堆石坝中间测线沿高程沉降分布

覆盖层上大坝沉降最大值位置低于基岩上大坝的位置，大约为 $0.4\,H \sim 0.6\,H$。受地基变形的影响，覆盖层上面板堆石坝面板挠度最大值发生位置也发生在靠近坝基的位置。总体来说，受覆盖层地基变形的影响，覆盖层上面板堆石坝比基岩上大坝的坝顶沉降和面板挠度大大约 $0.1\%\,H$，坝内沉降最大值位置向下移动可以达 $0.2\,H$。

当然，覆盖层上面板堆石坝变形特性受多种因素影响，例如覆盖层地基变形特性以及河谷形状等。当覆盖层地基变形模量较大或河谷较宽时，覆盖层地基对大坝变形的影响将会更加显著。图 4.27 中只考虑了大坝高度的影响而忽略其他影响因素。这也是图中数据规律不明显，数据较为离散的主要原因。但是该结果仍然可为分析覆盖层上面板堆石坝变形特性提供有益的参考。

4.7　本章小结

本章提出了考虑堆石流变和水力耦合效应的面板堆石坝变形特性参数反演分析模型，并将其运用于覆盖层上苗家坝面板堆石坝的计算中。基于实测和数值计算结果，揭示了覆盖层对面板堆石坝力学特性的影响机制。深入研究覆盖层上面板堆石坝变形特性，并与基岩上大坝结果进行了全面比较分析。本章主要获得以下结论和认识：

（1）数值计算结果与实测结果吻合良好。结果表明，本章本构模型可以合理描述大坝变形特性，所采用的反演分析方法是合理有效的。本章建立的数值模型可以合理有效地预测具有一定实测资料的面板堆石坝应力变形特性。

（2）地基压缩变形、流变变形以及水力耦合效应引起的变形是造成覆盖层上面板堆石坝较大变形的主要原因，其中，地基压缩变形是地基变形的主要来源，而流变变形和水力耦合效应引起的变形是时效变形的主要来源。堆石压缩变形是大坝变形的主要来源，流变变形对坝体变形的贡献程度比水力耦合效应引起的变形大。

（3）由于覆盖层地基变形的影响，苗家坝面板堆石坝变形相对于基岩上大坝变形明显较大，但是仍然在合理范围内。实测和数值计算的变形结果表明，苗家坝面板堆石坝运行良好，并且变形已经逐渐趋于稳定。用于控制地基变形的碾压处理措施是有效的，覆盖层可以作为面板堆石坝的地基。

参　考　文　献

［1］　Gan L，Shen Z-Z，Xu L-Q. Long-term deformation analysis of the Jiudianxia concrete-faced rockfill dam［J］. Arabian Journal for Science and Engineering，2013，39

（3）：1589-1598.

[2] Lollino P，Cotecchia F，Zdravkovic L，et al. Numerical analysis and monitoring of Pappadai dam [J]. Canadian Geotechnical Journal，2005，42（6）：1631-1643.

[3] 徐泽平，侯瑜京，梁建辉. 深覆盖层上混凝土面板堆石坝的离心模型试验研究 [J]. 岩土工程学报，2010，32（9）：1323-1328.

[4] 刘汉龙，刘彦辰，杨贵，等. 覆盖层上混凝土-堆石混合坝模型试验研究 [J]. 岩土力学，2017，38（3）：617-622.

[5] 沈婷，李国英，李云，等. 覆盖层上面板堆石坝趾板与基础连接方式的研究 [J]. 岩石力学与工程学报，2005，24（14）：2588-2592.

[6] 温续余，徐泽平，邵宇，等. 深覆盖层上面板堆石坝的防渗结构形式及其应力变形特性 [J]. 水利学报，2007，38（2）：211-216.

[7] 赵魁芝，李国英. 梅溪覆盖层上混凝土面板堆石坝流变变形反馈分析及安全性研究 [J]. 岩土工程学报，2007，29（8）：1230-1235.

[8] 孙大伟，邓海峰，田斌，等. 大河水电站深覆盖层上面板堆石坝变形和应力性状分析 [J]. 岩土工程学报，2008，30（3）：434-439.

[9] Fell R，Macgregor P，Stapledon D，et al. Geotechnical Engineering of Dams [M]. London，UK：Baikema/Taylor & Francis，2005.

[10] Won M-S，Kim Y-S. A case study on the post-construction deformation of concrete face rockfill dams [J]. Canadian Geotechnical Journal，2008，45（6）：845-852.

[11] Clements R P. Post-construction deformation of rockfill dams [J]. Journal of Geotechnical Engineering，1984，110（7）：821-840.

[12] Sherard J L，Cooke J B. Concrete-face rockfill dam：I. assessment [J]. Journal of Geotechnical Engineering，1987，113（10）：1096-1112.

[13] Lawton F L，Lester M D. Settlement of rockfill dams [C]. Proceedings of the 8th ICOLD Congress. Edinburgh，Scotland，1964. 599-613.

[14] Jiang G，Cao K. Concrete face rockfill dams in China [C]. Proceedings of International Symp on High Earth-Rockfill Dams. Beijing，1993. 25-37.

[15] Xu B，Zou D，Liu H. Three-dimensional simulation of the construction process of the Zipingpu concrete face rockfill dam based on a generalized plasticity model [J]. Computers and Geotechnics，2012，43：143-154.

[16] 郦能惠，王君利，米占宽，等. 高混凝土面板堆石坝变形安全内涵及其工程应用 [J]. 岩土工程学报，2012，34（2）：193-201.

[17] Fitzpatrick M D，Cole B A，Kinstler F L，et al. Design of concrete-faced rockfill dams [C]. In：Cooke J B，Sherard J L，ed. In Proceedings of the Symposium on Concrete Face Rockfill Dams：Design，Construction and Performance. Detroit，1985. 410-434.

[18] Seo M W，Ha I S，Kim Y S，et al. Behavior of concrete-faced rockfill dams during initial impoundment [J]. Journal of Geotechnical and Geoenvironmental Engineering，2009，135（8）：1070-1081.

[19] Feng D K，Zhang G，Zhang J M. Three-dimensional seismic response analysis of a concrete-faced rockfill dam on overburden layers [J]. Frontiers of Architecture and

Civil Engineering in China，2010，4（2）：258 - 266.

[20] Wen L，Chai J，Xu Z，et al. Behaviour of concrete - face rockfill dam on sand and gravel foundation [J]. Proceedings of the ICE - Geotechnical Engineering，2015，168 (5)：439 - 452.

[21] Zhang G，Zhang J - M，Yu Y. Modeling of gravelly soil with multiple lithologic components and its application [J]. Soils and Foundations，2007，47（4）：799 - 810.

[22] Zhou W，Chang X L，Zhou C B，et al. Creep analysis of high concrete - faced rockfill dam [J]. International Journal for Numerical Methods in Biomedical Engineering，2010，26（11）：1477 - 1492.

[23] Silvani C，Désoyer T，Bonelli S. Discrete modelling of time - dependent rockfill behaviour [J]. International Journal for Numerical and Analytical Methods in Geomechanics，2009，33（5）：665 - 685.

[24] Ma G，Zhou W，Ng T - T，et al. Microscopic modeling of the creep behavior of rockfills with a delayed particle breakage model [J]. Acta Geotechnica，2015，10（4）：481 - 496.

[25] Arici Y. Investigation of the cracking of CFRD face plates [J]. Computers and Geotechnics，2011，38（7）：905 - 916.

[26] Bathe K J. Adina theroy and modeling guide [Z]. Watertoen（WA，USA），2003. 399 - 417.

[27] Chen Y，Hu R，Lu W，et al. Modeling coupled processes of non - steady seepage flow and non - linear deformation for a concrete - faced rockfill dam [J]. Computers & Structures，2011，89（13 - 14）：1333 - 1351.

[28] Gurbuz A，Peker I. Monitoredperformance of a concrete - faced sand - gravel dam [J]. Journal of Performance of Constructed Facilities，2016，30（5）：04016011.

[29] Zhou W，Hua J，Chang X，et al. Settlement analysis of the Shuibuya concrete - face rockfill dam [J]. Computers and Geotechnics，2011，38（2）：269 - 280.

[30] Zhao Z，Song E - X. Particle mechanics modeling of creep behavior of rockfill materials under dry and wet conditions [J]. Computers and Geotechnics，2015，68：137 - 146.

[31] Hunter G，Fell R. Rockfill modulus and settlement of concrete face fockfill dams [J]. Journal of Geotechnical and Geoenvironmental Engineering，2003，129（10）：909 - 917.

第 5 章

覆盖层地基上面板堆石坝混凝土
防渗墙力学特性规律统计

　　在新建大坝中，混凝土防渗墙是控制透水地基渗流的重要防渗结构。本章收集了过去 50 年 43 个地基混凝土防渗墙工程实例建设信息和详细监测记录，从统计学的角度分析混凝土面板堆石坝地基混凝土防渗墙应力变形和开裂特性。对防渗墙水平位移、顶部沉降、开裂特性以及应力结果进行深入的规律统计分析。深入比较面板堆石坝防渗墙（位于上游地基）和心墙坝防渗墙（位于中部地基）的受力机制和力学特性差异。通过统计分析，定量讨论影响防渗墙力学特性的主要因素，包括墙体材料、地基变形特性、墙体深度以及河谷形状等。本章结果将进一步揭示面板堆石坝混凝土防渗墙应力变形特性及其机理，为防渗墙的设计和施工提供有价值的参考。

5.1　概述

　　由于对能源需求的增加以及施工方法的不断革新，越来越多的土石坝已经或正修建在强透水和可压缩覆盖层地基上。混凝土防渗墙是地基中最常用的防渗结构。它可以有效控制地基渗流，并且相对于其他方法不易恶化，耐久性强。大坝施工和水库蓄水过程中，在坝体重力和水荷载作用下，覆盖层地基和防渗墙均产生压缩变形。因此防渗墙可能承受显著塑性应变，进而可能导致开裂。若干实例长期运行监测数据表明，防渗墙可能发生开裂或者其他破坏作用[1]。Rice 和 Duncan[1]认为即使防渗墙产生小于 1mm 的开裂宽度，其有效渗透率可能提高几个数量级。基于轴向压缩试验，Hinchberger 等[2]发现，由于裂缝的发展，塑性混凝土（PC）渗透系数可能增加 2~3 个数量级。掌握混凝土防渗墙的应力变形特性，对墙体设计优化和特性评价至关重要。

一些学者对防渗墙的材料特性开展了系列研究，但是对防渗墙自身力学特性的研究还相对较少。Xiao 等[3]采用振动台对水泥土防渗墙进行动力特性试验。选取防渗墙某一特定典型断面作为试验对象，在一维振动台上进行振动试验。将试验结果与数值计算结果进行对比并尝试揭示防渗墙在地震作用下的失效机制。Dascal[4]尝试采用原场实测数据研究防渗墙的力学特性。Rice 和 Duncan[1]对土石坝防渗结构进行了较为全面的统计分析。他们收集 30 个防渗结构实例工程的运行特性，研究不同地质条件下，不同类型防渗结构的失效和开裂机制。Brown 和 Bruggemann[5]对某心墙坝防渗墙力学特性开展研究，介绍和分析防渗墙施工和设计存在的一系列问题。陈慧远等[6]对心墙坝防渗墙的力学性状开展了研究。其他学者也对心墙堆石坝混凝土防渗墙的动力响应和塑性混凝土防渗墙力学特性进行研究[7]。王刚等[8]采用数值分析手段，分别分析了心墙坝防渗墙应力变形特性及其影响因素，包括水力耦合效应、心墙与防渗墙连接形式、静动荷载作用、超深防渗墙以及河谷形状等。

上述研究多针对心墙坝防渗墙开展，此时防渗墙位于中部地基。而对面板堆石坝防渗墙力学特性的研究涉及较少，此时防渗墙位于上游地基。地基不同位置防渗墙的工作条件和状态明显不同，因此不同位置防渗墙的受力特点也具有明显差异[9-11]。郦能惠等[12]采用数值方法分析了覆盖层上面板堆石坝防渗墙应力变形特性及其影响因素，提出防渗墙应力状态的改进意见，并讨论了新型圆弧形防渗墙的力学特性。Hou 等[13]采用离心模型试验对深厚覆盖层上面板堆石坝地基中防渗墙力学特性开展试验研究，尝试揭示防渗墙的变形和受力机理。虽然众多面板堆石坝修建在覆盖层地基上，但是对面板堆石坝防渗墙力学特性的研究仍然非常有限。

本章详细收集了 43 个混凝土防渗墙力学特性监测信息、施工信息以及地基特性信息。主要目标是从统计学的角度分析覆盖层上面板堆石坝混凝土防渗墙的应力变形特性，获得力学特性统计规律，并揭示力学特性发生机理。对防渗墙水平位移、顶部沉降、开裂以及应力特性进行统计分析。深入比较位于上游地基的面板堆石坝防渗墙与位于中部地基的心墙坝防渗墙的力学特性差异。此外，深入讨论影响防渗墙力学特性的因素，包括墙体材料、地基变形特性、墙体深度以及河谷形状等。

5.2 混凝土防渗墙当前实践和实例数据库

5.2.1 混凝土防渗墙当前实践

相对于其他地基防渗技术，混凝土防渗墙具有众多优点，例如优越的防渗性和耐久性、适应地基条件的能力以及施工质量的实时监测。防渗墙的结构一般主要有两种形式，即桩柱型和槽孔型，其中槽孔型结构是防渗墙的主要形式。混凝土防渗墙厚度一般为 0.6~1.2m，主要与大坝高度和上游水位有关。防渗墙轴线方向一般与坝体防渗结构的方向一致。防渗墙一般要求贯入基岩或相对不透水层 0.5~1.0m。某些工程中，由于防渗墙深度过大（超过 70m），也会采用悬挂式防渗墙。防渗墙材料有多种，例如泥浆（由水、膨润土及现场开挖材料混合而成）、普通混凝土（OC）和塑性混凝土（PC）。防渗墙主要材料一般采用普通混凝土，目前越来越多的防渗墙采用塑性混凝土。塑性混凝土由水泥、骨料、膨润土及水混合而成。与普通混凝土相比，膨润土的加入使塑性混凝土具有更强的适应变形能力。塑性混凝土防渗墙的施工方法与普通混凝土防渗墙类似，但是塑性混凝土材料自身特点使其施工方法更加复杂。在施工前，一般按照设计要求需要对塑性混凝土进行配合比试验。与普通混凝土防渗墙相比，塑性混凝土防渗墙具有不同的材料性能参数测试方法和墙体质量检测方法。普通混凝土防渗墙的一般施工方法介绍如下。

　　槽孔型防渗墙是目前混凝土防渗墙主要形式。因为防渗墙深度、地基材料特性以及现有技术的不同，防渗墙的施工技术也存在较大差异。大部分防渗墙通常通过分阶段方式施工，例如分期板和大孔径桩柱。防渗墙一般采用板对板的施工方式，此时两板之间存在接缝的固有特性。目前有多种方式处理该接缝，其中拔管法是最常用方式[14]。该方式在初期板两端布置接缝管，形成端部接口。在接口混凝土强度达到设定强度时拔出接缝管，在初期板两端沿深度方向形成半圆弧形接触面。该方式形成的接触面后期渗透特性较小。图 5.1 为采用拔管法形成接触面的混凝土防渗墙板对板施工过程示意图。施工过程可以划分为两个阶段。首先，浇筑初期板混凝土，在初期板之间预留间隔空间；然后，初期板达到要求强度后，在初期板预留间隔中浇筑二期板。为了预防产生明显施工缺陷，接缝管固定垂直、施工板偏差、成槽稳定以及接缝清洁和混凝土骨料分离需重点关注[14]。

　　移除接缝管时间的选择以及拔管力的选择是采用拔管法建设防渗墙主要关注的问题。如果接缝管移除过早，墙体混凝土可能在自重和泥浆作用下塌陷。相反，如果移除过晚，混凝土与接缝管之间接触摩擦作用过大，难以拔出。拔管所用千斤顶和导墙主要由拔管力决定。过大的拔管力可能造成接缝面混凝土开裂。Song 和 Cui [14] 报道称，拔管时间应该控制在初期板混凝土初凝时间后。接缝管自重、混凝土与接缝管之间接触力、接缝管与墙体之间摩擦作用以及接缝管倾斜角度对拔管力均有显著影响。

　　膨润土泥浆可以提供侧向压力，支撑防渗墙槽孔稳定。但是防渗墙建设实际经验和观测表明，在初期板两侧部位往往吸附一层膨润土填充物。这些填充

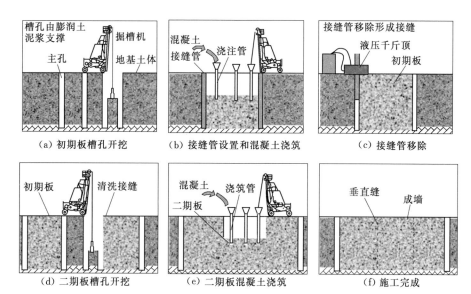

(a) 初期板槽孔开挖　　　　(b) 接缝管设置和混凝土浇筑　　　　(c) 接缝管移除

(d) 二期板槽孔开挖　　　　(e) 二期板混凝土浇筑　　　　(f) 施工完成

图 5.1　采用拔管法的混凝土防渗墙典型施工过程图

物来自槽孔开挖过程中采用的膨润土泥浆，而且很难完全清洗干净[5,14]。这些膨润土填充物是普遍存在的现象，无法避免。一个典型实例就是 Arminou 大坝地基防渗墙[5]，接缝之间填充物厚度达到 5～20mm，为了处理该问题不得不进行额外覆盖层灌浆以减小地基渗透性。膨润土填充物对防渗墙防渗性能不利，应该尽量控制其厚度。在防渗墙不同混凝土板之间的移动和水压力作用下，填充可能产生开裂。Soroush 等[15]基于一系列物理模型试验，评估设计和施工参数对填充物厚度的影响。结果表明，初期板初凝时间、膨润土泥浆水泥含量、泥浆中添加剂以及施工过程中泥浆循环直接与填充物厚度相关。接缝清洗和不同板之间充分咬合是减小填充物厚度的主要手段。

5.2.2　实例数据库

为了进行详细防渗墙力学特性的统计分析，本章共收集过去 50 年已建的 43 个土石坝地基混凝土防渗墙建设和特性监测资料。数据来自 14 个国家，其中主要来自中国，实例数为 24。收集的信息主要包括大坝特性、地基建设和变形特性以及防渗墙建设和变形特性。表 5.1 为所收集的 43 个防渗墙实例的详细信息。本章主要对面板堆石坝地基混凝土防渗墙力学特性开展规律统计分析，此时防渗墙位于上游地基。该类防渗墙的实例数总共为 21 个，其中包含 5 个斜墙坝。该类大坝防渗墙位置与面板堆石坝防渗墙位置类似，因此当做一类坝型处理。为了表述方便，本章将面板堆石坝位于上游地基的防渗墙简称为上游地基防渗墙，而将位于大坝中部地基的防渗墙简称为中部地基防渗墙。为

表 5.1　收集的 43 个混凝土防渗墙建设和实测变形详细信息

编号	大坝	国家	年度	坝高/m	大坝类型及 L/(L/s)	VS	GC	FT/m	ρ_d/(g/cm³)	f/MPa	E_0/MPa	FS/cm	D/m	T/m	A/(10³·m²)	材料和 E_c	D_1/cm	D_2/cm	TS/cm	FS/TS	参考文献
1	梁辉	中国	2002	35.4	CFRD, 60	U	SG	31	2.18	0.45~0.50	60~65	6.9	31.7	0.8	65.8	OC	−4.9	10.2	1.6	4.3	21
2	梅溪	中国	1998	41	CFRD	U	SP	30	2.00	—	—	—	30.5	0.8	10.5	OC, 17GPa	−5.0	5.4	—	—	13
3	柯柯亚	中国	1981	42	CFRD, 20	U	SG	37.5	—	—	60	4.9	37.5	0.8	5.4	OC	−6.6	7.1	1.2	4.1	21
4	云舟	中国	1994	43	DI, 31	V	SG	50	2.12~2.20	0.45~0.50	—	—	50	0.8	5.4	OC	—	—	—	—	21
5	桥墩	中国	1984	50	DI	V	SG	43	2.00~2.10	0.55~0.60	55~60	5.1	45	0.8	8.1	OC, 28GPa	−6.2	8.9	1.6	3.2	21
6	大河	中国	1998	50.8	CFRD	—	G	37	2.05	0.35~0.45	50~55	3.0	38	0.8	—	OC, 28GPa	−1.4	3.5	0.9	3.3	13
7	仁宗海	中国	2008	56	DI, 43	U	G	148	2.10	0.30~0.60	55~60	5.4	82	1.0	—	OC, 15GPa	−9.1	5.2	1.7	3.2	9
8	汉坪嘴	中国	2004	57	CFRD, 95	U	SG	40	2.15	—	—	—	41	0.8	2.8	OC	—	—	—	—	21
9	Ravi	墨西哥	1968	60	DI	—	SG	80	—	0.50~0.60	25~50	77.4	13.4	0.6	15	OC	−3.1	7.3	2.8	4.8	21
10	龙头山	中国	2007	72.5	DI, 44	—	SG	70	2.20	0.40~0.60	50~55	12.8	70	0.8	12.1	OC	−8.6	7.3	2.1	6.1	21
11	Puclaro	智利	1999	83	CFRD	—	SG	113	2.00~2.15	0.45~0.60	55~60	6.5	60	0.8	10.7	OC, 26GPa	−9.5	4.2	1.3	4.9	21
12	老渡口	中国	2009	96.6	CFRD	V	SG	29.6	2.00	0.50~0.60	50~60	2.4	30	1.2	5.6	OC, 18GPa	−4.0	4.5	0.6	4.0	21
13	斜卡	中国	2014	108.2	CFRD	V	G	100	2.10~2.20	0.50~0.60	45~55	—	70	0.8	—	OC, 28GPa	—	—	—	—	13
14	那兰	中国	2005	109	CFRD, 95	U	G	24.3	2.19	0.50~0.60	45~50	5.2	24.8	1.2	10.2	OC, 26GPa	−5.9	2.8	0.8	6.5	11
15	蒙汗乌苏	中国	2009	110	CFRD, 15	U	SG	46.7	2.14	0.50~0.60	33~45	8.9	47.7	1.2	2.9	OC	−2.9	6.5	2.1	4.2	11
16	苗家坝	中国	2011	110	CFRD	V	SG	48	2.15~2.20	0.55~0.60	45~55	8.2	48.5	1.2	—	OC, 26GPa	−13.5	12.9	2.0	4.1	11
17	金川	中国	2012	112	CFRD	—	SG	65	2.24	0.55~0.60	60~65	6.8	66	0.8	8.9	OC	−6.8	9.9	1.8	3.8	11
18	多诺	中国	2012	112.5	CFRD	V	CG	35	2.17	0.50~0.55	40~45	8.6	30.5	0.6	—	PC	−2.0	6.3	2.4	3.6	21
19	Santa Juana	智利	1995	113.4	CFRD, 50	U	SG	30	2.10	—	—	1.3	30	0.8	—	OC	−7.4	6.5	1.3	0.9	11
20	Zoccolo	意大利	1965	116.5	CFRD	V	G	100	2.00~2.20	0.50~0.60	50~60	—	55	0.8	33.1	OC	—	—	—	—	21
21	九甸峡	中国	2008	136	CFRD, 136	V	SG	56	1.95~2.12	0.50~0.60	40~60	10.0	57.8	1.2	8.9	OC, 28GPa	−11.3	20.3	2.1	4.8	11
22	Brombach	德国	1985	40	HD	U	G	40	1.95~2.15	0.40~0.50	40~50	—	40	0.6	12.5	PC	2.3	5.6	—	—	11

续表

编号	大坝	国家	年度	坝高/m	大坝类型及 L/(L/s)	VS	GC	地基覆盖层特性 FT/m	ρ_d/(g/cm³)	f/MPa	E_0/MPa	FS/cm	D/m	防渗墙特性 T/m	A/(10³m²)	材料和 E_c	D_1/cm	D_2/cm	TS/cm	FS/TS	参考文献
23	Atbara	苏丹	2013	40	DC	U	S	20	2.20	0.55~0.65	40~45	51.4	21	0.6	11.2	OC、28GPa	1.1	5.9	7.8	6.6	—
24	Aromos	智利	1979	42	DC、35	U	S	22	2.00	0.45~0.50	45~55	16.2	22.5	0.8	—	PC	—	5.7	15.0	1.1	11
25	Verney	法国	1982	42	HD	U	G	75	2.10~2.15	0.45~0.50	45~55	12.6	50	1.2	13	PC	-0.6	9.7	12.1	1.0	11
26	Arminou	塞浦路斯	1999	42	DC、130	V	SG	15	—	—	—	—	16	0.8	0.4	PC	—	—	1.9	1.9	5
27	Penitas	墨西哥	1984	45	DC	—	—	55	2.16	0.45~0.50	55~60	2.0	55	0.8	—	PC	—	6.2	5.6	1.7	11
28	Poecijos	秘鲁	1973	48	DC、57	U	SG	48	2.15	—	45~50	9.5	47	1.0	5.6	OC	-2.1	—	—	—	—
29	Allegheny	美国	1964	51	DIC	U	G	55	2.15	—	55~60	56.7	56	0.7	10.7	OC	—	—	9.3	6.1	11
30	Gattavita	哥伦比亚	1963	54	DC	—	—	92	—	—	—	—	78.6	0.8	—	OC	-2.3	4.6	—	—	21
31	Boulder	英国	1968	55	DC、42	V	SG	46	—	—	50~55	60.4	46.4	0.6	8.2	OC	0.8	7.6	8.5	7.1	21
32	万安	中国	1985	64.5	HD	U	SG	44	2.15	0.50~0.55	50~55	75.0	44.5	0.8	14.9	OC	-1.3	7.9	15.0	5.0	21
33	Evretou	塞浦路斯	1988	70	DC、47	V	SG	40	—	—	45~55	34	40	0.8	2.1	PC	-2.2	4.6	17	2.0	11
34	下坂地	中国	2009	81	DC、51	U	G	148	1.95	0.45~0.60	—	40.1	80	1.0	20.1	PC	1.0	4.6	37.0	1.3	8
35	金平	中国	2010	91.5	DC	V	SG	85	1.80~2.06	—	—	—	80	1.2	—	OC、23GPa	-2.8	10	—	—	—
36	Big Hotn	加拿大	1972	92	DC	V	SG	65	—	0.45~0.55	55~60	88.2	65	0.6	3.2	OC	-1.0	8.9	12.6	7.0	11
37	碧口	中国	1998	101	DC、49	V	SG	34	2.14	—	—	—	35	0.8	7.8	OC、18GPa	-2.6	4.5	—	—	21
38	Manic 3	加拿大	1976	107	DC	V	SG	126	2.04	0.50~0.60	50~60	150	131	0.6	20.7	OC、28GPa	-5.0	28.5	14	10.7	4
39	Taleghan	伊朗	2006	110	DC	—	SG	60	2.25	—	45~55	63.6	63	1.5	—	OC、30GPa	-0.2	5.2	12	5.3	11
40	Colbum	智利	1984	116	DC、33	U	G	68	—	—	—	10.4	68	1.2	12.8	PC	-1.6	5.4	8.7	1.2	5
41	冶勒	中国	2005	125	DIC	—	G	420	1.94~2.24	0.55~0.60	45~60	95.7	84	1.2	55.0	OC、25GPa	1.1	7.8	15.2	6.3	11
42	小浪底	中国	2001	154	DC	U	SG	73	2.15~2.20	0.55~0.60	60~65	40.0	70.3	1.2	21.2	OC、30GPa	-5.1	20.0	8.1	4.9	21
43	瀑布沟	中国	2010	186	DC	V	G	75	2.14~2.20	0.50~0.65	60~65	40.0	76.8	0.8	6.2	OC、26GPa	-3.5	11.0	11.0	3.9	21

注 VS 为地基河谷形状；GC 为地基条件；SG 为砂砾石；SP 为细砂；A 为防渗墙面积；T 为防渗墙厚度；FT 为覆盖层厚度；S 为细砂；D 为地基深度；D₁ 为竣工期防渗墙向下游方向位移，向下游为正（＋）；D₂ 为蓄水期防渗墙最大水平位移；TS 为蓄水期防渗墙最大顶部沉降。L 为运行期渗漏流量。G 为砾石；CG 为破碎砾石；E_c 为混凝土弹性模量；f 为竣工期防渗墙最大水平位移；E_0 为混凝土弹性模量；DI 为斜墙坝；DIC 为斜心墙坝；CFRD 面板堆石坝；DC 为心墙坝；HD 为均质坝。

了对比分析面板堆石坝防渗墙力学特性与中部地基防渗墙力学特性，收集了22 个位于中部地基的防渗墙。该类防渗墙涉及的大坝类型包括心墙坝、均质坝及斜心墙坝。大坝高度范围大致为 50～125m，总体范围是 35.4～186m。地基河谷形状根据实际形状大致划分为 U 形和 V 形。

覆盖层地基主要由砂砾石、砾石及细砂等组成。本章收集的大部分坝基覆盖层厚度为 30～80m。地基干密度 (ρ_d)、地基承载力 (f) 以及地基变形模量 (E_0) 范围大约分别为 2.0～2.2g/cm³、0.40～0.60MPa 以及 40～65MPa。地基承载力是指在满足地基稳定和地基变形不超过允许值条件下，地基单位面积承受的允许荷载。根据我国的水利规范（编号 SL237），地基承载力 f 可以通过地基承载力与重型动力触探指标 $N_{63.5}$ 之间的经验关系确定，即 $f = 35.96 N_{63.5} + 23.8$。$N_{63.5}$ 是在动力触探试验中使探针贯入地基 10cm 所需的锤击次数。动力触探试验过程中使用重量为 63.5kg 的钢锤，该钢锤在每次锤击过程中从 76cm 的高度自由落下。地基变形模量概念与第 2 章一致。防渗墙深度范围大约为 13.4～131m，厚度范围大约为 0.6～1.2m，大部分防渗墙贯入基岩或相对不透水层中，但是若干实例（10 个实例）也采用悬挂式防渗墙。大部分防渗墙建设材料为普通混凝土，只有 9 个实例的建设材料是塑性混凝土。此外，收集了防渗墙下游面相邻覆盖层地基表面沉降。防渗墙顶部沉降和相邻地基表面的沉降一般采用水管式沉降仪（测量范围：1.0～3.5cm，系统精度：≤0.4%F.S，全尺度）测量。一般采用固定式测斜仪（测量范围：±30°，系统精度：≤0.1%F.S，全尺度）测量防渗墙水平位移，因此可以收集部分防渗墙竣工期和蓄水期的水平位移。通过测量墙体的倾斜角度计算获得水平位移。也收集了部分防渗墙顶部沉降数据并计算了覆盖层和防渗墙之间的相对沉降。本章内变形一般均指对应时间最大变形。

对于渗流控制角度而言，一般通过渗流控制的有效性来评估防渗墙的渗流特性。目前很少有研究基于多个实例数据实测资料对防渗墙作为防渗结构渗流控制的有效性进行评估，因为往往很难准确获得土石坝透水地基的渗漏量[5]。为了评价防渗墙作为渗流控制的有效性，表 5.1 中收集了若干实例的实测渗漏量。渗流量是指运行期大坝下游面和地基的逸出水量，一般通过设置在大坝下游侧的三角堰测量获得。由表 5.1 可知，大部分收集的实例渗漏量均小于或等于 60L/s，但是九甸峡大坝和 Arminous 大坝的渗漏量明显较大，分别为 136L/s 和 130L/s。这主要是因为九甸峡大坝的高度和地基厚度均较大，而 Arminous 大坝防渗墙垂直接缝产生张拉和侵蚀。Won 和 Kim[16] 总结了 27 个修建在基岩上的面板堆石坝的长期渗漏量，发现当大坝高度小于 125m 时，面板堆石坝渗漏量基本小于 50L/s，该结果与第 2 章获得的小于 60L/s 的结果类似。从经济的角度而言，一般认为土石坝长期运行过程中产生几十升每秒的渗漏量是允许的[16]。表 5.1 收集的渗漏量比基岩上大坝的渗漏量稍大，但是在可接受的范围内，特别是大坝高度小于 125m 时。上述结果表明，覆盖层中的防渗墙可以有效控制地基渗流。本章主要关注混凝土防渗墙的力学特性，因此对防渗墙渗流控制效果的评价不做进一步分析。

5.2.3　防渗墙受力特点

防渗墙力学特性主要由作用在墙体上的水平和垂直荷载决定。大部分荷载难以准确确定。上游地基防渗墙与中部地基防渗墙受力特点明显不同，因此有必要对两种位置防渗墙进行力学特性对比分析。图 5.2 为两种位置防渗墙蓄水期受力特点分布示意图。

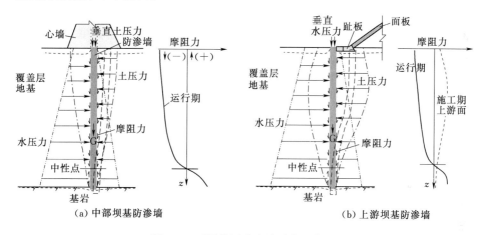

(a) 中部坝基防渗墙　　　　　　　　　(b) 上游坝基防渗墙

图 5.2　不同位置防渗墙受力示意图

防渗墙承受的水平荷载主要包括水压力和侧向土体压力。防渗墙的水平位移主要由防渗墙上下游面的水头压力差和侧土压力差引起。水压力与渗流自由面位置有关，主要在大坝蓄水后开始产生。侧土压力由防渗墙周围土体水平位移引起，而坝基水平位移直接与坝体填筑和重力相关。防渗墙承受的侧土压力沿墙体深度一般呈现非线性分布。对于中部地基防渗墙，防渗墙相邻土体的水平位移较小，因此防渗墙上下游面承受的侧土压力较小，而且基本对称。而对于上游地基防渗墙，相邻土体的水平位移明显较大，进而引起明显的侧土压力差。Singh 等[17]提出一个确定作用在刚性墙体上侧土压力的详细定量计算方法，但是该方法只适用于计算堤坝地基中的刚性墙。由于覆盖层地基中防渗墙复杂的工作条件，很难通过理论计算获得防渗墙的侧土压力。

防渗墙承受的垂直荷载主要包括墙体自重、垂直土压力、垂直水压力以及摩阻力。垂直水压力指防渗墙顶部的水头压力作用，主要存在于上游防渗墙中。相似地，垂直土压力主要指作用于防渗墙顶部，来自上部填筑坝体的重力。它主要存在于中部防渗墙中。在所有垂直荷载中，摩阻力对防渗墙力学特性的影响最为显著。由于防渗墙压缩性显著小于相邻覆盖层土体压缩性，在顶部压力作用下，防渗墙和相邻土体之间产生明显沉降差异，因而在防渗墙与相邻土体接触面上引起显著摩阻力。摩阻力主要由防渗墙和覆盖层相对沉降及作用于防渗墙上的侧土压力引起。在防渗墙上部，防渗墙主要承受向下的摩阻力。由于防渗墙产生相对向上的移动，随着深度增加，防渗墙和覆盖层的相对位移逐渐减小，作用在墙体上向下的摩阻力逐渐减小。防渗墙的位移主要由防渗墙压缩变形和防渗墙刚体位移组成。因此，防渗墙底部位移可能大于相邻覆盖层的压缩变形。在防渗墙位移与覆盖层压缩变形相同的部位，防渗墙摩阻力为零，因为两者并不存在相对运动。该深度一般称为中性点。低于该深度，防渗墙移动相对于覆盖层较大，因此防渗墙将承受向上的摩阻力。对于上游防渗墙，施工期防渗墙上游面覆盖层可能发生鼓起变形，相对于防渗墙向上移动，此时防渗墙上游面将承受向上的摩阻力，如图 5.2 所示。Brown 和 Brugge-mann[5]研究 Arminou 大坝的观测结果表明，心墙坝防渗墙垂直应力明显大于上部坝体的垂直压力。此外，O'Neal 和 Hagerty[18]发现，防渗墙相邻土体实测压力往往小于上覆土压力。这些结果表明，摩阻力是影响防渗墙应力和变形特性的关键荷载因素。Dascal[19]通过对 Manic 3 心墙坝防渗墙的计算发现，防渗墙 85% 的垂直应力由摩阻力引起。由于墙体与相邻土体之间接触的复杂性以及侧向土压力很难获得，因此作用在防渗墙上摩阻力的大小和分布也很难精确计算。

5.3　混凝土防渗墙水平位移统计分析

本节基于收集的数据对防渗墙水平位移进行规律统计分析。图 5.3 为 43 个防渗墙最大实测水平位移与防渗墙深度之间的统计规律。防渗墙施工期主要向上游变形，而蓄水期主要向下游变形。但是若干中部地基防渗墙也产生施工期向下游方向的位移，这主要是因为防渗墙设计在偏坝轴线下游位置。上游地基防渗墙竣工期最大水平位移大约为 2.0～13.5 cm，蓄水期最大水平位移大约为 3.0～13.0cm。而中部地基防渗墙在竣工期和蓄水期的最大水平位移大约分别为 1.0～3.5cm 和 4.5～10.0cm。若干防渗墙呈现明显较大的蓄水期水平位移，例如九甸峡大坝防渗墙最大水平位移为 20.3cm，Manic 3 大坝防渗墙最大水平位移为 28.5cm，下板地大坝防渗墙最大水平位移为 20cm。上述大坝防渗墙产生较大水平位移的原因主要可能是九甸峡大坝覆盖层变形模量较低，Manic 3 大坝地基覆盖层厚度过大，下板地大坝的坝高过大。

值得注意的是，防渗墙水平位移通常随着防渗墙深度增加而增加，虽然图

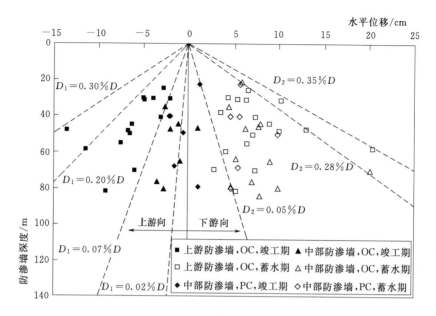

图 5.3 混凝土防渗墙最大水平位移与防渗墙深度统计规律

D_1—竣工期防渗墙最大水平位移；D_2—蓄水期防渗墙最大水平位移；

OC—普通混凝土；PC—塑性混凝土

5.3 中以上关系并不明显。防渗墙水平位移总体均小于 0.30% D（D 为防渗墙深度）。上游地基防渗墙，竣工期最大水平位移大约在 0.07% D～0.20% D 之间，平均值为 0.14% D，蓄水期最大水平位移在 0.05% D～0.35% D 之间，平均值为 0.17% D。没有充分考虑影响防渗墙变形特性的其他因素是造成上述较大范围的主要原因。除了若干防渗墙向下游方向的变形，中部地基防渗墙竣工期最大水平位移大约在 0.02% D～0.07% D，平均值为 0.04% D，均为向上游方向。竣工期水平位移明显小于蓄水期最大水平位移，范围在 0.05% D～0.28% D，平均值为 0.15% D。上游地基防渗墙竣工期水平位移平均比中部地基防渗墙水平位移大 0.10% D 左右。而上游地基防渗墙蓄水期水平位移与中部地基防渗墙水平位移基本相似。上述结果可以通过防渗墙不同的水平荷载来解释。中部地基防渗墙，其相邻土体施工期水平位移较小，引起作用于防渗墙上下游面的侧土压力也明显较小，而且基本对称。而对于上游坝基防渗墙，在相邻土体水平位移的作用下，防渗墙承受较大侧土压力差。防渗墙上下游面水压力差是造成防渗墙蓄水期水平位移的主要原因。此外，由图 5.3 可知，普通混凝土防渗墙和塑性混凝土防渗墙的水平位移没有明显差异，因为防渗墙水平位移主要由相邻土体水平位移所决定。

图 5.4 为 9 个实例实测最大水平位移与时间之间的变化关系。为了统一不

同实例建设阶段以及更好地对不同实例的数据进行比较，把每个实例蓄水开始时间作为参考时间，放在图中相同的时间点上。如图 5.4 所示，蓄水前，防渗墙水平位移随时间变化而增加，但是变形速度逐渐减小。施工期，防渗墙大约70%的总水平位移发生在大坝最初建设的几个月内。除了个别中部地基防渗墙，大部分防渗墙施工期均向上游变形。上游地基防渗墙的水平位移明显比中部地基防渗墙大。防渗墙水平位移对水压力的响应较快。蓄水期，在水压力作用下，防渗墙水平位移逐渐指向下游方向。蓄水后，防渗墙水平位移仍然随着时间增加并逐渐趋于稳定。上述结果意味着，水荷载对防渗墙变形具有显著影响。Gikas 和 Sakellarious[20]认为，对于土石坝时效变形，一般需要 10～20年大坝才能逐渐趋于稳定。稳定时间与土石料和地基特性、建设方法以及河谷形状等相关。由图 5.4 可知，超过 90%的防渗墙总水平位移发生在水库蓄水阶段，结果表明，大坝和地基长期变形特性对防渗墙变形影响较小。Manic 3大坝防渗墙出现明显较大的运行期水平位移，主要与其超深防渗墙厚度有关。在底部和两岸岩石约束作用下，防渗墙最大水平位移发生在顶部中间部位。图5.5 为若干典型防渗墙实例水平位移沿深度的分布规律。

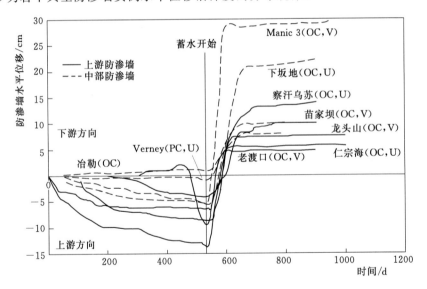

图 5.4　混凝土防渗墙最大水平位移随时间变化关系

OC—普通混凝土；PC—塑性混凝土；U、V—河谷形状

图 5.6 为实测防渗墙最大相对水平位移与防渗墙相对厚度（相对于大坝高度）之间的统计关系。结果表明，上游地基防渗墙和中部地基防渗墙竣工期和蓄水期的相对水平位移均呈现随防渗墙相对厚度增加而减小的趋势。这些结果可以解释如下：随着防渗墙相对厚度增加，防渗墙变形可能增加，但是防渗墙

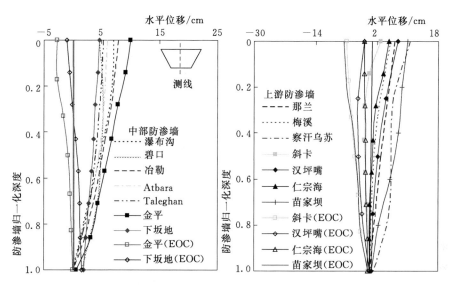

（a）若干典型大坝混凝土防渗墙蓄水期最大水平位移沿深度分布（EOC 为竣工期结果）

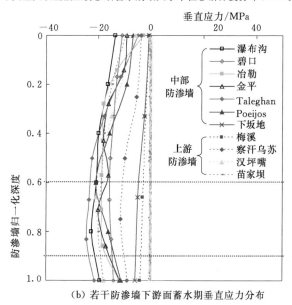

（b）若干防渗墙下游面蓄水期垂直应力分布

图 5.5 若干典型大坝混凝土防渗墙最大水平位移和垂直应力沿深度分布

相对深度的归一化变形可能减小。几乎所有实例均在趋势线范围内，除了若干实例数据。这些实例多是悬挂式防渗墙，由于基岩约束的改变，防渗墙产生较大水平位移。如图 5.6 所示，上游地基防渗墙的最大水平位移随防渗墙相对深度的变化梯度比中部坝基防渗墙相对较大，虽然规律并不明显。主要原因可能是上游地基防渗墙主要产生水平位移所致。

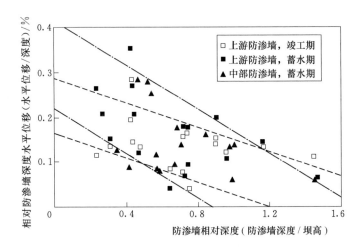

图 5.6　混凝土防渗墙最大水平位移与防渗墙相对深度统计规律

　　本章收集的防渗墙实例均未经历地震荷载，因此无法基于实例数据对防渗墙地震响应进行分析和讨论。研究防渗墙在地震作用下的力学特性是一个非常重要的课题。周小溪等[7]对金平大坝防渗墙进行设计地震荷载下的地震动力时程分析发现：防渗墙在河流方向的地震加速度相对较大，最大加速度位置发生在防渗墙顶部中间部位；防渗墙地震动位移分布与静位移分布类似，但位移明显较小。王清友等[21]通过计算发现：地震作用可能引起防渗墙横河向的动拉应力，该值从防渗墙中部向两岸部位逐渐减小，设计地震荷载可能引起防渗墙拉应力一定程度的增加，但是防渗墙拉伸和开裂区域基本保持不变；地震作用可能在防渗墙中部引动垂直压应力，并向两岸逐渐减小，该动压应力引起防渗墙垂直压应力的增加，但增量有限。一般来说，由于防渗墙位于大坝底部覆盖层中，在设计地震作用下，防渗墙的加速度和动位移均不明显，地震荷载也不会引起防渗墙应力状态的显著改变。

5.4　混凝土防渗墙顶部沉降统计分析

　　防渗墙沉降（压缩变形）由防渗墙材料特性以及作用于墙体上的垂直荷载决定。图 5.7 所示为防渗墙最大顶部沉降与防渗墙深度之间的相关关系。如图 5.7 所示，对于采用普通混凝土建设的上游地基防渗墙，蓄水期最大顶部沉降大约为 0.5~2.5cm，而中部地基防渗墙的顶部沉降大约为 2~15cm。除了一个离散点，上游地基防渗墙相对顶部沉降范围为 0.02% D~0.05% D，其平均值为 0.036%D，该结果显著小于中部地基防渗墙的顶部沉降范围，大约为 0.10% D~0.24% D，平均值为 0.17% D。中部地基防渗墙的较大顶部沉降主要是由作用于防渗墙上的显著垂直土压力以及向下的摩阻力引起。上游地基防渗墙因为防渗墙上部没有填筑坝体，上述荷载明显较小。采用塑性混凝土建设的中部地基防渗墙，其顶部沉降范围大约为 $0.18\%D\sim0.66\%D$，平均值为 $0.36\%D$。该值大约为普通混凝土防渗墙顶部沉降的两倍。塑性混凝土防渗墙产生较大沉降的主要原因是塑性混凝土的刚度相对于普通混凝土明显较小，适应变形能力强。

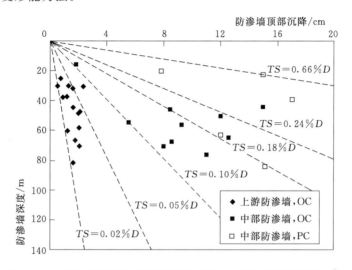

图 5.7　混凝土防渗墙最大顶部沉降（TS）与防渗墙深度统计规律

图 5.8 为 9 个防渗墙实例实测最大顶部沉降随时间的变化规律以及若干防渗墙顶部沉降分布规律。结果表明，上游地基防渗墙顶部沉降量明显小于中部地基防渗墙的沉降量。防渗墙最大的沉降发生在墙体中部。上游地基防渗墙在整个大坝施工过程中变形增量并不明显。虽然蓄水引起一定的沉降增量，但是相对于中部地基防渗墙沉降明显较小。对于中部地基防渗墙，施工期随着作用于墙体上垂直荷载的增加，防渗墙的沉降变形快速增加，但是变形速度逐渐减小。水库蓄水过程也引起一定程度防渗墙沉降变形的增加，但是变形速度显然小于施工期的变形速度。平均超过 80% 的防渗墙总变形发生在大坝施工阶段，这就意味着水荷载对中部地基防渗墙沉降变形的影响相对较小。由图 5.4 和图 5.8 可以看出，建在 V 形地基河谷中的防渗墙变形比 U 形河谷中防渗墙的变形相对较小。例如在相似坝高和地基覆盖层厚度情况下，U 形河谷中的察汗乌苏大坝地基防渗墙运行期水平位移比 V 形河谷中的苗家坝大坝防渗墙水平位移大 3cm 左右。相似地，万安大坝防渗墙运行期顶部沉降比 Big Hotn 大坝防渗墙顶部沉降大 2.4cm。建在 V 形地基河谷中的防渗墙变形较小，主要由河谷地基的约束效应引起。

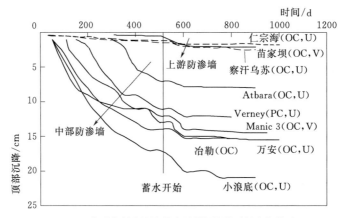

（a）若干实例防渗墙最大顶部沉降随时间变化关系

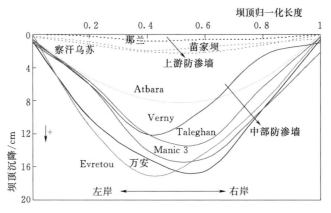

（b）若干实例防渗墙蓄水期顶部沉降分布

图 5.8　混凝土防渗墙顶部沉降典型结果

　　图 5.9 比较了蓄水期防渗墙最大顶部沉降与最大水平位移。虽然图中没有直观地呈现出明显的相关性，但是通过图中结果可以得出一些结论。上游地基防渗墙顶部沉降大约为水平位移的 20%。所有相关数据均在趋势线范围内。这些结果表明，上游地基防渗墙主要发生水平位移，而坝顶沉降相对较小。对于中部地基防渗墙，蓄水期顶部沉降明显比水平位移大一些，采用普通混凝土建造的中部地基防渗墙顶部沉降大约为水平位移的 1.4 倍。塑性混凝土防渗墙顶部沉降与水平位移没有呈现明显倍数关系。对于中部地基防渗墙，由于数据量太少，无法进一步获得相关规律。

　　作用于防渗墙上的摩阻力与防渗墙和相邻土体之间的相对沉降直接相关。数据库的所有覆盖层地基均由砾石或砂砾石构成，而有关粉质或黏土冲积层地基基本没有涉及，因此本章分析的主要是砂砾石地基中防渗墙的

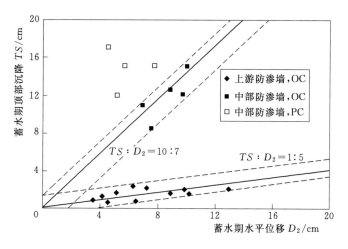

图 5.9　蓄水期混凝土防渗墙顶部沉降与水平位移比较

相关变形结果。图 5.10 为蓄水期防渗墙下游侧相邻土体表面沉降与防渗墙顶部沉降的比值（覆盖层和防渗墙的相对沉降）随大坝类型和覆盖层地基变形模量的分类统计规律。除了若干离散数据点，覆盖层和土体相对沉降随防渗墙的位置靠近中部地基呈增加趋势。上游地基防渗墙的覆盖层和防渗墙相对沉降比值大约为 3～5，该值小于中部地基防渗墙相对沉降比值，大约为 5～7。上游地基防渗墙相对沉降比值平均只有中部地基防渗墙的 0.65 倍。上述结果可以用中部地基覆盖层承受较大土压力进而产生相对上游地基覆盖层较大的沉降变形来解释。较大的相对沉降必然引起较大的防渗墙向下摩阻力，甚至引起防渗墙的挤压破坏。图 5.10（b）表明覆盖层和防渗墙的相对沉降呈现随覆盖层地基变形模量增加而逐渐减小的趋势。由图可知，上游地基防渗墙相对沉降总体比中部地基防渗墙小，且随地基变形模量的变化趋势没有中部地基防渗墙明显。地基变形模量增加有助于减少防渗墙的摩阻力。防渗墙和相邻土体的相对刚度对二者的相对沉降也具有显著影响，进而将影响防渗墙的摩阻力。此外，如图 5.10（a）所示，塑性混凝土防渗墙的覆盖层和防渗墙相对沉降比值相对于普通混凝土防渗墙的比值明显较小，大约为 1～2。该结果表明，塑性混凝土防渗墙和地基变形基本一致。由于塑性混凝土弹性模量较小，防渗墙和土体共同承受上部垂直土压力，因此将承受较小的摩阻力。可以预料的是，由于覆盖层和防渗墙相对沉降的减小，作用在塑性混凝土防渗墙上的摩阻力比作用在普通混凝土防渗墙上的摩阻力显著较小。

　　为了进一步分析地基变形特性对防渗墙顶部沉降的影响，图 5.11 为中部地基防渗墙蓄水期顶部沉降与地基变形模量分类的统计规律。防渗墙顶部沉降

169

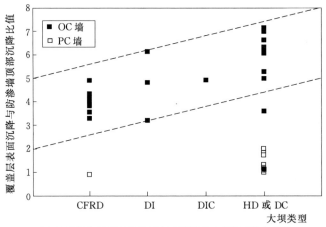

（a）覆盖层与混凝土防渗墙相对沉降随大坝类型统计规律

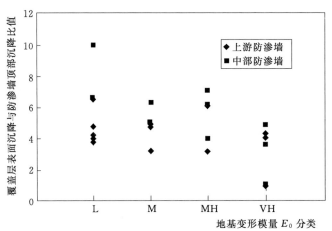

（b）覆盖层与混凝土防渗墙相对沉降随地基变形模量 E_0 分类统计规律

图 5.10　覆盖层和防渗墙相对沉降随大坝类型分类和地基变形模量分类统计规律

CFRD—面板堆石坝；DI—斜墙坝；DIC—斜心墙坝；DC—心墙坝；HD—均质坝；
L—$E_0 < 50$MPa；M—$E_0 = 50 \sim 55$MPa；MH—$E_0 = 55 \sim 60$MPa；VH—$E_0 > 60$MPa

随着地基变形模量的增加而减小，几乎所有实例数据均在趋势线范围内。建于
L 强度地基中的防渗墙顶部沉降平均为建于 MH 强度地基中防渗墙的 2.9 倍。
这些结果主要是因为当防渗墙和覆盖层地基相对刚度较小时，覆盖层和地基相
对沉降也明显较小，因而作用在防渗墙上的摩阻力减小。鄢能惠等[12]为了研
究地基变形特性对防渗墙变形特性的影响进行了多工况的数值计算。结果认
为，防渗墙水平位移和沉降变形几乎与覆盖层地基变形模量成反比，覆盖层刚
度越大，对防渗墙力学特性的影响相应越小，特别是防渗墙的垂直应力。这些
结果表明，防渗墙和覆盖层的相对刚度对防渗墙应力和变形特性具有重要

影响。

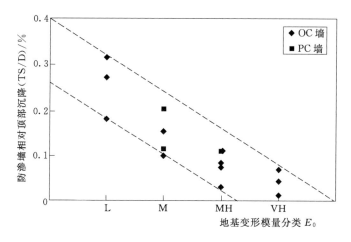

图 5.11 中部地基混凝土防渗墙蓄水期顶部沉降与地基变形模量分类统计规律

5.5 混凝土防渗墙应力分析

图 5.5 为若干典型防渗墙实例下游面中间测线实测蓄水期垂直应力分布规律。防渗墙大部分区域处于受压状态。上游地基防渗墙压应力明显小于中部地基防渗墙压应力，除了下板地大坝防渗墙应力相对较小外。该较小的应力主要是因为防渗墙的建设材料是塑性混凝土。塑性混凝土防渗墙的垂直应力一般被认为只有普通混凝土防渗墙垂直应力的 $1/15 \sim 1/10$[12]。塑性混凝土材料改善墙体受力状态的机理主要可以总结为两个方面：第一，塑性混凝土防渗墙刚度小，变形模量低，因此适应变形能力强，可以释放部分能量进而减小拉应力；第二，塑性混凝土防渗墙与相邻土体的变形往往一致，共同承受上部荷载，此时有利于减小作用在防渗墙上的摩阻力等外部荷载。由图 5.5 可以看出，防渗墙垂直应力从顶部到中部某一定深度位置逐渐增加，低于该深度，应力逐渐减小直至底部。上游地基防渗墙最大垂直压应力范围大约为 $-20 \sim -5\text{MPa}$，中部地基防渗墙的最大垂直压应力范围大约为 $-40 \sim -15\text{MPa}$，最大压应力的位置大约在距离防渗墙顶部 $0.6D \sim 0.9D$ 的位置。防渗墙摩阻力沿深度逐渐累积，因此作用在防渗墙上的垂直荷载在中性点位置附近达到最大值，进而在防渗墙中性点位置附近引起最大压应力。实测防渗墙压应力基本上在可接受范围内。本章收集的防渗垂直应力分布规律与已有的研究结果基本一致[12,19]。地基河谷形状对防渗墙最大应力位置有一定影响。对于 V 形河谷，防渗墙承受的大部分荷载传递到两岸基岩中，因而最终传递到防渗墙底部的压力减小，因

此防渗墙最大压应力位置向上移动。坝体重量很大一部分通过拱效应传递到 V 形河谷两岸，因此坝体垂直应力也会降低，此时作用在防渗墙顶部的垂直压力相应减小。

为了进一步分析面板堆石坝防渗墙的应力特性，本书在第 6 章中对苗家坝面板堆石坝地基防渗墙开展了三维有限元数值分析。采用线弹性模型模拟混凝土防渗墙力学特性，采用接触摩擦方法模拟防渗墙和周围土体的接触效应。该方法假设防渗墙和覆盖层为两个独立变形体，在接触面位置满足库伦摩擦定律。为了准确反映防渗墙力学特性，沿防渗墙厚度方向划分为 5 排单元，总共包含 6425 个空间 8 节点等参单元模拟防渗墙。数值计算详细模拟大坝建设和水库蓄水过程。有关数值计算的详细内容在第 6 章论述，本章只取部分典型结果对防渗墙的应力特点进行进一步讨论。图 5.12 为计算所得防渗墙小主应力分布结果。为了比较不同位置防渗墙的应力结果，选用 Yu 等[9] 计算的中部地基防渗墙的小主应力分布结果进行比较，计算结果如图 5.13 所示。两个大坝高度和覆盖层厚度类似，河谷形状也较为接近，因此具有一定可比性。

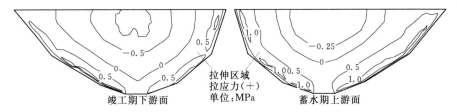

图 5.12　苗家坝面板堆石坝地基混凝土防渗墙小主应力分布数值计算结果

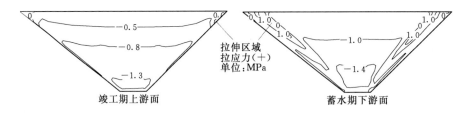

图 5.13　某中部地基防渗墙小主应力分布数值计算结果（引自文献 Yu 等[9]）

施工阶段苗家坝面板堆石坝防渗墙上游面主要处于受压状态，但是下游面底部和两岸部位产生一定的拉伸区域。防渗墙大主应力和小主应力随着防渗墙深度的增加而增加，最大值分别为 -20MPa 和 1.9MPa。上述应力均未超过材料的抗压和抗拉强度。蓄水阶段，防渗墙向下游的弯曲变形减小墙体下游面的拉应力并且转换为受压状态。此时，在上游面底部和两岸产生一定的拉应力和拉伸区域。防渗墙最大大主应力和最大小主应力分别为 -22MPa 和 2.0MPa。这些结果表明，防渗墙在施工期和蓄水期均会产生较大拉应力。拉应力主要由受约束的向上游或向下游的弯曲变形和防渗墙较高弹性模量引起。上述面板堆石坝防渗墙（位于上游地基）的应力分布与中部地基防渗墙应力分布明显不同。如图 5.13 所示，中部地基防渗墙主要承受压力，大部分区域处于受压状态。施工期只有少部分两岸顶部区域处于受拉状态，蓄水期在向下游弯曲变形作用下，拉伸区域向下游面两岸部位靠近并向下扩展。

表 5.2 为若干典型防渗墙实例实测最大垂直应力。上游地基防渗墙在水压力和侧土压力作用下主要产生向上游或下游的弯曲效应，因此在施工期和蓄水期防渗墙均承受较大拉应力。而中部地基防渗墙在垂直荷载作用下主要产生压缩效应，因而防渗墙主要处于受压状态，施工期和蓄水期产生相对较小的拉应力。由结果可以发现，塑性混凝土防渗墙实测应力明显较小，例如下坂地大坝防渗墙和 Arminou 大坝防渗墙。

表 5.2　　　　若干典型混凝土防渗墙实例最大压缩和拉伸垂直应力　　　　单位：MPa

坝名	上游防渗墙				坝名	中部防渗墙			
	施工期		蓄水期			施工期		蓄水期	
	拉应力	压应力	拉应力	压应力		拉应力	压应力	拉应力	压应力
梅溪	0.5	−4.2	0.7	−5.0	下坂地	—	−7.9	—	−10.1
察汗乌苏	0.2	−6.7	0.6	−10.0	Arminou	0.2	−16.1	1.2	−18.7
汉坪嘴	1.0	−17.8	1.1	−19.8	Taleghan	1.1	−21.5	0.8	−24.1
苗家坝	1.6	−14.5	1.8	−15.6	瀑布沟	—	−20.1	—	−24.4

5.6　混凝土防渗墙开裂分析

防渗墙存在的主要问题是防渗墙施工过程中的缺陷以及施工和运行过程中存在的裂缝。上述问题将引起地基过大渗漏量以及整个渗流控制系统的恶化。Rice 和 Duncan[1] 系统讨论了众多大坝防渗结构的施工缺陷，在某些已建大坝地基防渗墙中也存在施工缺陷。混凝土防渗墙的施工缺陷存在有多种形式，包括施工缝不连续、混凝土骨料分离或夹杂杂质、防渗墙底部存在沉积物以及混凝土振捣不密实存在空洞等[14]。混凝土防渗墙的施工缺陷主要由材料质量不良和施工方式不当等造成。施工期间，保证防渗墙具有要求的防渗性能和均匀性是施工质量控制的主要内容。有多种评价防渗墙施工质量的方法，包括超声波检查、计算机断层扫描、钻孔闭路电视和压电渗透测试等[14]。

当防渗墙中压应力或拉应力超过材料的允许强度时，墙体将发生开裂或者失效等问题。通过对多个工程实例防渗结构的运行特性评价分析，Rice 和 Duncan[1] 报道称，作用在防渗结构上的水压力差足以引起中部地基防渗墙开裂，而且最容易发生开裂的位置为覆盖层地基与基岩的接触部位。表5.3收集了若干典型防渗墙实例失效或者开裂情况以及产生的原因。对于面板堆石坝或者斜墙坝的防渗墙（位于上游地基），墙体失效类型主要为拉伸或剪切开裂。防渗墙开裂主要发生在顶部或底部，而且主要发生在防渗墙与基岩的接触部位。上游地基防渗墙的拉应力主要由两方面原因引起，即水压力作用引起的弯曲变形促使防渗墙产生较大的拉应力；同时，河谷的3D效应促使覆盖层向防渗墙中部方向的移动效应对防渗墙具有向中间的拖曳作用，因而在两岸引起额外拉应力。上述结果与Brown和Bruggemann[5]获得的结果基本一致，他们认为由于防渗墙较大的弯曲效应，上游地基防渗墙更容易发生水力失效。对于心墙坝防渗墙（位于中部地基），观测资料表现的实际失效形式多为压缩失效，且失效主要发生在防渗墙底部。对于这种类型防渗墙，上覆土压力和来自相邻土体作用的摩阻力是引起防渗墙过大压应力的主要原因，也是引起相应压缩失效的主要原因。Yu等[9]分析中部地基防渗墙的拉伸破坏情况发现，中部地基防渗墙的拉伸区域主要位于顶部两岸尖端部位。他们通过数值计算发现，中部地基防渗墙单元中最大拉伸损伤变形较小，并不会引起墙体开裂。由表5.3可以看出，防渗墙失效或开裂主要发生在普通混凝土防渗墙中，塑性混凝土防渗墙中很少观测到开裂或者失效。

表5.3 混凝土防渗墙失效或开裂的若干典型实例

大坝	大坝类型和年度	防渗墙深度和材料	问 题	原 因
Arminou	DC，1999	16m，PC	垂直缝开裂和侵蚀	膨润土填充物和内部侵蚀
册田	DC，1989	39m，OC	蓄水期底部开裂	变形和压应力
Kezier	DI，1998	40m，OC	蓄水期顶部开裂	向下游方向弯曲变形
Manic 3	DC，1976	131m，OC	蓄水期靠近基岩部位挤压破坏	防渗墙和地基的变形不协调
牛头山	CFRD，1989	62.5m，OC	顶部局部开裂和破坏	弯曲变形和拉应力
Ravi	DI，1968	88m，OC	蓄水期底部剪切和拉伸破坏	纵向挠曲变形
沙湾	DC，2000	64m，OC	蓄水过程底部渗透破坏	施工不当

5.7 本章小结

本章基于收集的43个防渗墙实例数据对覆盖层上面板混凝土防渗墙（上游地基防渗墙）力学特性开展了规律统计分析。主要获得以下结论：

（1）防渗墙施工期主要产生向上游的弯曲变形，而蓄水期在水压力作用下主要产生向下游的弯曲变形。防渗墙最大水平位移主要发生在靠近顶部的中间部位。防渗墙位置是影响墙体力学特性的关键影响因素。上游地基防渗墙，施工期和蓄水期均产生较大水平位移，沉降变形明显较小，中部地基防渗墙施工期主要产生较大沉降变形而蓄水期主要产生较大水平位移。

（2）上游地基防渗墙主要产生弯曲效应，承受较为显著的拉应力，可能在与基岩接触的底部或靠近两岸部位产生拉伸或剪切开裂。中部地基防渗墙主要承受压应力，可能在底部产生压缩破坏。

（3）塑性混凝土防渗墙可以显著改善墙体应力状态。V形地基河谷中的防渗墙变形和应力比U形河谷地基中防渗墙明显较小。地基变形模量的增加可以有效减小防渗墙变形和应力。随着防渗墙相对深度（相对于坝高）的增加，防渗墙相对变形（相对于防渗墙深度）相应减小。

参 考 文 献

［1］ Rice J D, Duncan J M. Findings of case histories on the long‐term performance of seepage barriers in dams ［J］. Journal of Geotechnical and Geoenvironmental Engineering，2010，136（1）：2‐15.

［2］ Hinchberger S, Weck J, Newson T. Mechanical and hydraulic characterization of plastic concrete for seepage cut‐off walls ［J］. Canadian Geotechnical Journal，2010，47（4）：461‐471.

［3］ Xiao M, Ledezma M, Wang J. Reduced‐scale shake table testing of seismic behaviors of slurry cutoff walls ［J］. Journal of Performance of Constructed Facilities，2016，30（3）：04015057.

［4］ Dascal O. Structurall behaviour of the Manicouagan 3 cutoff ［J］. Canadian Geotechnical Journal，1979，16：200‐210.

［5］ Brown A J, Bruggemann D A. Arminous Dam, Cyprus, and construction joints in diaphragm cut‐off walls ［J］. Géotechnique，2002，52（1）：3‐13.

［6］ 陈慧远. 土石坝坝基混凝土防渗墙的应力和变形 ［J］. 水利学报，1990，（4）：11‐21.

［7］ 周小溪，何蕴龙，潘迎. 深厚覆盖层坝基防渗墙地震反应规律研究 ［J］. 长江科学院院报，2013，30（4）：91‐97.

［8］ 王刚，张建民，濮家骝. 坝基混凝土防渗墙应力位移影响因素分析 ［J］. 土木工程学报，2006，39（4）：73‐77.

［9］ Yu X, Kong X, Zou D, et al. Linear elastic and plastic‐damage analyses of a concrete cut‐off wall constructed in deep overburden ［J］. Computers and Geotechnics，2015，69：462‐473.

［10］ 温立峰，柴军瑞，王晓，等. 深覆盖层上面板堆石坝防渗墙应力变形分析 ［J］. 长江科学院院报，2015，32（2）：84‐91.

［11］ Wen L, Chai J, Xu Z, et al. A statistical analysis on concrete cut‐off wall behaviour

[J]. Proceedings of the ICE – Geotechnical Engineering，2018，171（2）：160－173.

[12] 郦能惠，米占宽，孙大伟. 深覆盖层上面板堆石坝防渗墙应力变形性状影响因素的研究 [J]. 岩土工程学报，2007，29（1）：26－31.

[13] Hou Y J，Xu Z P，Liang J H. Centrifuge modeling of cutoff wall for CFRD built in deep overburden [C]. International Conference of Hydropower. Yichang，China，2004. 86－92.

[14] Song H，Cui W. Stop – end method for the panel connection of cut – off walls [J]. Proceedings of the ICE – Geotechnical Engineering，2015，168（5）：457－468.

[15] Soroush A，Soroush M. Parameters affecting the thickness of bentonite cake in cutoff wall construction：case study and physical modeling [J]. Canadian Geotechnical Journal，2005，42（2）：646－654.

[16] Won M – S，Kim Y – S. A case study on the post – construction deformation of concrete face rockfill dams [J]. Canadian Geotechnical Journal，2008，45（6）：845－852.

[17] Singh A K，Mishra G C，Samadhiya N K，et al. Design of a rigid cutoff wall [J]. International Journal of Geomechanics，2006，6（4）：215－225.

[18] O'Neal T S，Hagerty D J. Earth pressures in confined cohesionless backfill against tall rigid walls — a case history [J]. Canadian Geotechnical Journal，2011，48（8）：1188－1197.

[19] Dascal O. Structurall behaviour of the Manicouagan 3 cutoff [J]. Canadian Geotechnical Journal，1979，16：200－210.

[20] Gikas V，Sakellariou M. Settlement analysis of the Mornos earth dam（Greece）：Evidence from numerical modeling and geodetic monitoring [J]. Engineering Structures，2008，30（11）：3074－3081.

[21] 王清友，孙万功，熊欢. 塑性混凝土防渗墙 [M]. 北京：中国水利水电出版社，2008.

第6章

考虑地基水力耦合效应的面板堆石坝
防渗墙塑性损伤分析

本章建立考虑防渗墙与相邻土体接触效应以及地基水力耦合效应的混凝土防渗墙塑性损伤分析数值模型。将获得的数值计算结果与实测结果进行比较，同时与第5章的统计结果进行比较，以验证数值模型的合理性。基于实测资料和数值计算模型对覆盖层上面板堆石坝防渗墙的受力机理、应力变形特性以及损伤分布进行深入分析。对上游地基防渗墙和中部地基防渗墙力学特性差异展开进一步深入对比分析。

6.1 概述

大坝施工和蓄水过程中，地基和防渗墙在上覆坝体重力和水压力作用下必然产生变形，且两者之间发生相互作用。混凝土防渗墙可能发生塑性应变并产生开裂。若干工程实例长期观测资料已经表明，防渗墙存在开裂的可能[1]。Rice 和 Duncan[1]通过计算发现，防渗墙即使产生小于1.0mm的开裂宽度，都可能使防渗墙有效渗透系数发生几个数量级的增加。掌握防渗墙的力学特性，对防渗墙设计和特性评价均至关重要。

若干学者对混凝土防渗墙力学特性开展了数值分析[2,3]，但是所得数值计算结果很少与实测资料相比较，并相互验证。因此无法进行更加深入的分析，获得有益的认识。防渗墙数值计算中，多采用线性弹性模型模拟混凝土材料的应力变形关系。但是，混凝土结构只在小荷载作用下才呈现线性弹性关系。随着拉伸应变的增加，结构可能发生开裂或破坏。基于此，Yu 等[4]采用混凝土塑性损伤模型研究了心墙堆石坝防渗墙的损伤分布规律。混凝土材料非线性特性应该被考虑,特别是在分析上游地基防渗墙力学特性时。这种情况下,防渗结构更容易发生开裂破坏[5]。在已有众多有关土石坝的数值计算中,水压力一般模拟为面力并且施加在防渗系统的表面[4],这种方式没有考虑渗流效应的影响。堆石坝力学特性主要取决于筑坝材料力学和水力特性。坝体和地基中的水力耦合效应可能对大坝变形特性具有显著的影响,特别是大坝修建在覆盖层地基情况下,此时蓄水期覆盖层地基可能一直处在渗流自由面以下。此外,已有防渗墙力学特性相关研究多针对心墙坝或斜心墙坝防渗墙,这些防渗墙位于大坝中部地基中。较少有文献对位于上游地基的面板堆石坝防渗墙开展研究[2,3],尽管随着面板堆石坝的发展,大量的面板堆石坝修建在覆盖层地基上,并采用混凝土防渗墙控制地基渗流。造成该现状的一个可能原因是该类防渗墙建设历史相对较短而且缺乏实测资料。

本章建立考虑防渗墙与相邻土体接触效应以及地基水力耦合效应的混凝土防渗墙塑性损伤数值模型。将数值计算结果与实测结果进行比较,验证数值模型的合理性。基于实测资料和数值分析对面板堆石坝防渗墙受力机理、变形特性以及损伤分布进行深入分析,并与中部地基防渗墙的力学特性展开深入比较分析。此外,基于数值模型讨论了防渗墙材料特性、地基水力耦合效应以及地基变形特性对防渗墙力学特性的影响。

6.2　实例概况

采用覆盖层上苗家坝面板堆石坝作为计算实例,对其地基防渗墙进行系统数值分析和实测资料分析。大坝的工程概况可以参考第 4 章的相关内容,本章不再赘述。本节重点对防渗墙和覆盖层地基的相关信息进行介绍。图 6.1 为大坝、覆盖层地基及防渗墙的详细工程信息以及地基和防渗墙中若干监测设备的布置信息。

苗家坝面板堆石坝地基覆盖层深度为 45～50m,河谷形状大约为 V 形。覆盖层主要可以划分为三层,详细分层信息如图 6.1 (b) 所示。覆盖层下为新鲜基岩,不存在大规模的断层和强风化区域。大坝建设过程中对覆盖层地基的工程特性进行了系统室内试验和原场试验。图 6.2 为通过试验获取的覆盖层物理力学特性沿深度分布结果。覆盖层孔隙率随深度增加逐渐减小,同时随密度逐渐增加。覆盖层通常具有大孔隙率及高剪切强度和变形模量的特点。一般而言,上层覆盖层的密度比底部覆盖层的密度小,因为其孔隙率较大,粒径分布也相对更不均匀。覆盖层不同部位试验获得的渗透系数不同。水平方向渗透系数分布与垂直方向类似,总体渗透性较强。Q_4^{al} 层和 Q_4^{al3} 层的渗透系数相对

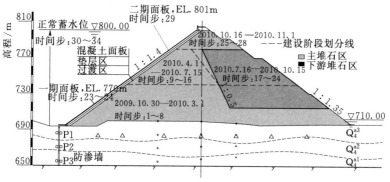

（a）大坝典型断面和监测系统信息

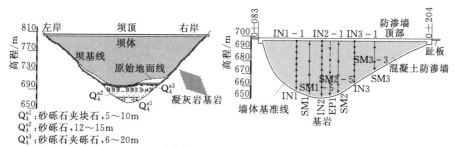

Q_4^{a1}：砂砾石夹块石，5～10m
Q_4^{a2}：砂砾石，12～15m
Q_4^{a3}：砂砾石夹砾石，6～20m

（b）大坝轴向剖面和防渗墙详细信息

图 6.1　苗家坝面板堆石坝典型剖面和纵向剖面以及防渗墙基本信息

。—电磁沉降计（VE）（地基中 16 个）；○—渗压计（P）（地基中 6 个）；

△—水平位移测点（EH）（地基中 7 个）；

IN—固定测斜仪；SM—应变计；EP—土压力计

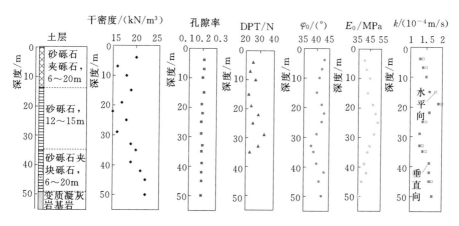

图 6.2　苗家坝面板堆石坝覆盖层地基物理力学特性

DPT—重型动力触探试验值；φ_0—内摩擦角；E_0—变形模量；k—渗透系数

179

较大，垂直方向渗透系数平均值分别为 1.5×10^{-4} m/s 和 1.6×10^{-4} m/s，主要可能是因为它们的孔隙率明显较大。各层覆盖层粒径分布如图 6.3 所示。粒径范围较大，其中最大粒径大约为 600mm。层 Q_4^{a1}、Q_4^{a2} 和 Q_4^{a3} 的粒径分布不均匀系数 C_u 分别为 283、200 和 237，而曲率系数 C_c 分别为 13.6、4.3 和 10.6。这些结果表明，所有三层覆盖层的粒径均不良。覆盖层具有结构松散、粒径分布范围宽、高渗透性以及岩性不连续等特点。对于覆盖层上面板堆石坝，强渗透性和压缩性的地基对大坝的渗流和变形控制提出巨大的挑战。如第5 章介绍，大坝施工期对地基进行了碾压试验，并最终采用了 2.2m 的 2.5t 拖式振动碾碾压 10 遍的地基处理方式。

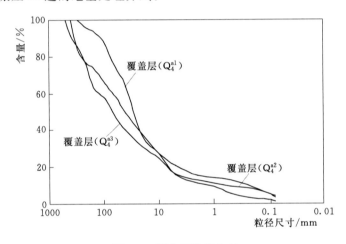

图 6.3　覆盖层粒径分布

为了控制地基渗流，覆盖层地基中设置了一道槽孔型混凝土防渗墙。防渗墙长 121m，总面积为 2900m²。防渗墙最大深度 50.5m，贯入基岩至少 1.2m。图 6.1（c）显示防渗墙的纵向断面以及防渗墙的其他详细信息。防渗墙采用 C30 混凝土建设，设计轴向抗压和抗拉强度分别为 -30MPa 和 2.01MPa。防渗墙采用分段板的施工方式，采用拔管法进行各防渗墙段的连接。具体建设过程划分为两个阶段：首先进行初期墙段施工，各段之间预留间隔；在初期墙段达到设计强度后，在间隔中进行二期墙段施工。初期墙段和二期墙段长度均控制为 6.8m。坝基防渗墙的施工在坝体填筑前三个月开始进行。

如第 5 章所述，大坝布置有详细监测系统。此处对地基和防渗墙的监测系统进行介绍。表 6.1 为安装在地基和防渗墙上的监测设备情况。安装在地基中的设备包括电磁沉降计、水平位移计及渗压计等，安装在防渗墙中的设备包括固定式测斜仪、应变计及土压力计等。图 6.1（c）显示防渗墙中若干监测设备的布置情况。

表 6.1　　苗家坝面板堆石坝地基和防渗墙中监测设备详细布置信息

设备	监测目的	描　　述
电磁沉降计	覆盖层沉降	3 条测线布置在 0+194 断面，如图 6.1 (b) 所示
水平位移计	水平位移	7 个测点布置在 0+194 断面，如图 6.1 (b) 所示
渗压计	孔隙水压力	6 个测点布置在覆盖层中，如图 6.1 (b) 所示
固定式测斜仪	防渗墙位移	3 组布置在防渗墙上，如图 6.1 (a) 所示
应变计	防渗墙垂直应力	26 个测点对称布置在防渗墙的上游面和下游面，如图 6.1 (b) 所示
土压力计	防渗墙侧土压力	10 个测点对称布置在防渗墙的上游面和下游面，如图 6.1 (b) 所示

6.3　实测结果分析

6.3.1　水平位移和顶部沉降结果

图 6.4 为防渗墙顶部测点 IN1-1、IN2-1 和 IN3-1 水平位移随时间的变化过程。为了比较，若干其他防渗墙实例的最大实测变形资料也表示在图 6.4 中。为了统一不同实例的建设阶段，以便对数据进行更好的比较，将所有实例蓄水开始时间放在一起作为基准参考时间。如图 6.4 所示，蓄水前，苗家坝防渗墙水平位移主要向上游变形并且随着时间增加逐渐增加，但是变形速度逐渐变小。大约 70% 水库蓄水前的总变形发生在开始填筑大坝的最初几个月内。

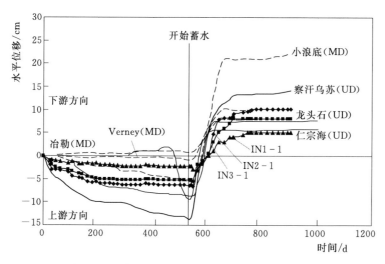

图 6.4　防渗墙测点 IN1-1、IN2-1 和 IN3-1 及
若干典型防渗墙水平位移随时间变化过程
UD—防渗墙位于上游坝基；MD—防渗墙位于中部坝基

竣工期测点 IN1－1、IN2－1 和 IN3－1 实测最大水平位移分别为 3.3cm、6.1cm 和 7.0cm。蓄水开始后,在水压力的作用下,防渗墙逐渐向下游变形。蓄水后总变形超过 90% 发生在蓄水过程中,说明水荷载对防渗墙变形的影响非常明显,是蓄水期变形的主要荷载。测点 IN1－1、IN2－1 和 IN3－1 蓄水完成时最大向下游水平位移分别为 5.1cm,10.7cm 和 8.2cm。防渗墙顶实测沉降结果表明,防渗墙沉降变形较小,蓄水完成时最大沉降只有 2.0cm,发生在墙顶中部。

如图 6.4 所示,苗家坝防渗墙变形类型与上游地基防渗墙的结果类似。该类防渗墙在施工期和蓄水期均产生较大水平位移,但是沉降相对较小。然而,中部地基防渗墙施工期展现明显较小的水平位移,而在蓄水期产生显著较大的沉降变形。这些结果差异可以由两类防渗墙不同的受力特性来解释。施工期中部地基防渗墙相邻土体的水平位移较小,因而作用在墙体上下游侧的水平推力较小,而且基本对称。但是上游地基防渗墙由于地基产生较大水平位移,防渗墙承受较大的上下游侧土压力差值。此外,不同水头压力是防渗墙蓄水期产生较大水平位移的主要原因。中部地基防渗墙承受来自坝体重力的巨大垂直土压力以及来自相邻覆盖层的向下摩阻力,但是上游地基防渗墙其垂直荷载明显较小,因为不存在来自上部坝体土压力的作用。上述分析说明,防渗墙的力学特性直接与其在地基中的位置相关。

6.3.2　垂直应力结果

图 6.5 为防渗墙测点 SM1－5、SM 2－5 和 SM3－3 观测的垂直应力随时间变化过程以及若干其他防渗墙实例最大垂直应力随时间变化过程。苗家坝大坝防渗墙施工期墙体上游面主要处于受压状态,下游面的垂直压应力随时间逐渐减小。竣工期,在防渗墙下游面 SM1 和 SM3 测线的底部观测到一定拉应力,其中测点 SM1－5 和 SM 3－3 的最大值分别为 1.6MPa 和 1.0MPa。施工期拉应力主要由较大向上游的弯曲变形引起。蓄水开始后防渗墙下游面垂直压应力开始增加,且在蓄水开始后逐渐趋于稳定。蓄水期向下游的弯曲变形促使防渗墙上游面转换为受拉状态。拉应力发生在底部和靠近两岸部位,测点 SM1－5、SM 2－5 和 SM3－3 处最大拉应力分别为 1.2MPa、0.1MPa 和 1.5MPa。

苗家坝防渗墙实测垂直应力结果与察汗乌苏大坝防渗墙结果类似,但是与中部地基防渗墙垂直应力变化过程明显不同。中部地基防渗墙下游面的垂直应力随时间逐渐累加。其上游面垂直应力的演化和分布规律与下游面结果相似,防渗墙主要处于受压状态。不同位置防渗墙应力分布差异由其不同受力特点引起。

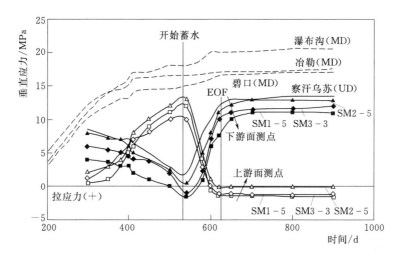

图 6.5 防渗墙下游面测点 SM2 - 1、SM 2 - 2 和 SM2 - 3 及
若干典型防渗墙实测垂直应力随时间变化过程
UD 表示防渗墙位于上游坝基，MD 表示防渗墙位于中部坝基

6.4 考虑地基水力耦合效应的混凝土防渗墙损伤分析数值模型

6.4.1 混凝土防渗墙塑性损伤模型

线弹性模型广泛运用于混凝土防渗墙力学特性的模拟，但是混凝土只有在较小荷载情况下才符合线弹性规律，随着拉伸应变的增加，混凝土可能产生开裂或损伤。在复杂荷载作用下，混凝土防渗墙可能呈现复杂应力状态。苗家坝防渗墙应力实测结果表明，防渗墙分布有较大拉应力，可能引起墙体的损伤甚至开裂。实测结果也表明，上游地基防渗墙承受的拉应力可能超过材料的拉伸强度[1]。因此，在分析高面板堆石坝地基混凝土防渗墙的力学特性时应该考虑混凝土的损伤特性。本节建立考虑防渗墙损伤特性的有限元计算模型。采用 Lee 和 Fevens[6] 提出的塑性损伤模型模拟防渗墙的力学特性。该模型可以有效揭示独立压缩、拉伸损伤模式及刚度恢复。该模型已经被有效地运用于混凝土面板堆石坝面板的有限元损伤分析中[7]，但是较少运用于防渗墙的损伤分析。本章将探索该模型在混凝土防渗墙塑性损伤分析中的运用。有关该模型的详细信息可以参考文献 Lee 和 Fevens[6]，本节对该模型的主要内容进行介绍。模型中材料应力应变关系由如下方程表示：

$$\sigma = (1-d)\bar{\sigma} = (1-d)E_i(\varepsilon - \varepsilon^p) \tag{6.1}$$

式中：d 为标量退化损伤变量，代表减小的弹性刚度；$\bar{\sigma}$ 为有效应力；E_i 是为退化的弹性刚度；ε 和 ε^p 分别为总应变和塑性应变。

塑性变形过程中，正态塑性流动规则应用如下：

$$\dot{\varepsilon}^p = \dot{\lambda}\,\frac{\partial \phi(\bar{\sigma})}{\partial \bar{\sigma}} \tag{6.2}$$

$$\phi = \sqrt{2J_2} + \alpha_p I_1 \tag{6.3}$$

其中　　　　　　　　　　$I_1 = tr(\bar{\sigma}), J_2 = (s:s)/2$

式中：λ 为塑性变量；ϕ 为塑性势函数；s 为偏有效应力；α_p 为与混凝土膨胀相关的材料参数。

为了描述损伤状态引入损伤变量 k_{n1}。退化损伤变量可以表示为如下形式：

$$k_{n1} = \frac{1}{g_{n1}} \int_0^{\varepsilon^p} \sigma_{n1}\,\mathrm{d}\varepsilon^p \tag{6.4}$$

$$g_{n1} = \int_0^{\infty} \sigma_{n1}\,\mathrm{d}\varepsilon^p \tag{6.5}$$

式中：$n1$ 为状态变量，$n1 = t1$ 表示为拉伸状态，$n1 = c1$ 表示为压缩状态；g_{n1} 为混凝土的耗散能量密度，g_{n1} 也可以通过断裂能 G_{n1} 与网格尺寸相关的特征长度 l_{n1} 的比值来获取。

退化损伤变量表述为

$$d = 1 - (1 - s_{t1}d_{c1}(k_{c1}))(1 - s_{c1}d_{t1}(k_{t1})) \tag{6.6}$$

$$s_{t1} = 1 - w_{t1}r(\hat{\bar{\sigma}}), 0 \leqslant w_{t1} \leqslant 1 \tag{6.7}$$

$$s_{c1} = 1 - w_{c1}r(\hat{\bar{\sigma}}), 0 \leqslant w_{c1} \leqslant 1 \tag{6.8}$$

式中：d_{t1} 和 d_{c1} 为单轴损伤变量；w_{t1} 和 w_{c1} 分别为拉伸和压缩刚度恢复因子；s 为单轴损伤变量，是一个权重因子；$r(\hat{\bar{\sigma}})$ 是范围从 0 到 1 的权重因子。

为了验证该模型的合理性，采用该模型模拟混凝土已有单轴拉伸和压缩荷载试验，以验证其有效性。采用该模型模拟的数值结果与试验结果比较如图 6.6 所示。结果表明，数值计算结果与试验结果吻合良好，该塑性损伤模型可以用于描述混凝土材料的应力应变关系。本章研究中，根据已有相似研究的数据[4]，混凝土的拉伸强度和断裂能分别取为 2.01MPa 和 325N/m。特性长度 l_{n1} 的取值根据网格实际尺寸确定。苗家坝混凝土防渗墙实测结果表明，防渗墙存在一定拉应力但是压应力相对较小，本章只考虑材料拉伸损伤特性。防渗墙塑性损伤分析计算参数如表 6.2 所示，前 3 个参数用于防渗墙线性弹性比较分析。

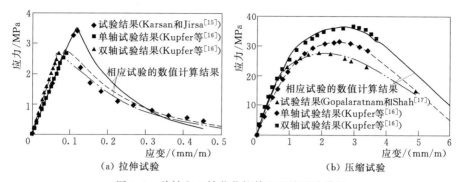

（a）拉伸试验　　　　　　　　　　　（b）压缩试验

图6.6　单轴和双轴荷载拉伸和压缩试验模拟

表6.2　　　　　　　　混凝土防渗墙计算参数和初始渗透系数

密度 /(g/cm³)	弹性模量 /GPa	泊松比	拉伸强度 /MPa	G_{n1} /(N/m)	l_{n1} /m	渗透系数 /(m/s)
2.45	26	0.167	2.01	325	0.20	1.0×10^{-9}

由于本章重点研究覆盖层地基中防渗墙的力学特性，对其他防渗结构进行简化处理，例如面板和趾板采用线弹性模型模拟。这些材料的密度、弹性模型、泊松比以及渗透系数分别取为 2.45g/cm³、28GPa、0.167 及 1.0×10^{-12} m/s。与普通混凝土相比，加入到塑性混凝土中的膨润土使混凝土材料变形性能更强。为了比较两种混凝土防渗墙的力学特性，本章也对塑性混凝土防渗墙进行线弹性模型模拟，其密度、弹性模量以及泊松比分别取为 2.20g/cm³、1.5GPa 及 0.25。数值计算中采用所有防渗墙初始渗透系数均假设为 1.0×10^{-9}m/s。所有线弹性模型计算参数如表6.3所示。

表6.3　　　　　　　防渗结构及基岩线弹性模型参数和初始渗透系数

材 料	密度 /(g/cm³)	弹性模量 /GPa	泊松比	渗透系数 /(m/s)
面板	2.45	28	0.167	1.0×10^{-12}
趾板	2.45	28	0.167	1.0×10^{-12}
塑性混凝土防渗墙	2.20	1.5	0.250	1.0×10^{-9}
基岩	2.25	20	0.231	1.0×10^{-7}

6.4.2　接触面计算模型

覆盖层和防渗墙之间必然存在强烈的接触效应。接触效应直接影响防渗墙受力特点，进而影响防渗墙的力学特性，因此数值计算中需要对墙体与覆盖层之间的接触效应进行模拟。土与结构接触面的接触分析具有强烈的非线性特点。目前主要有三类数值方法用于描述上述接触性状，即接触单元法（例如

Goodman 接触单元和弹塑性损伤接触单元[8]）、薄层单元[9] 及接触力学方法[10]。接触单元法一般将接触面按照零厚度单元处理。薄层单元方法通过引入实体单元描述基础行为，实体单元的材料模量远低于相邻土体，该方法目前已经被运用于多个工程的数值分析中。接触力学方法是基于接触力学理论建立的方法，目前已经建立了多个算法，例如拉格朗日方法、接触分析方法及摩尔-库仑塑性模型[11]。Qian 等[11] 通过数值计算发现，当面板和垫层之间存在较大脱空变形时，接触单元方法和薄层单元方法均具有较大局限性，而接触力学方法是描述这类问题更好的选择。此外，Arici[12] 通过大量计算发现，不同的接触模型并不会对坝体的变形和面板的开裂特性产生明显影响。本章采用 Adina 系统中基于接触力学的无厚度摩擦接触方法[10]。该方法采用增广拉格朗日乘子法来处理摩擦接触问题。迭代罚函数修正项用以确定精确的拉格朗日函数。由于不连续性特点，计算时结构与土体之间相对滑动不受网格约束，因此该方法可以获得土体与结构之间接触与不连续的特性。该方法中，法向接触力 P 可以通过下述公式计算：

$$P=\begin{cases}0, & \mu_n>0 \\ K_n\mu_n+\lambda_{i+1}, & \mu_n\leqslant0\end{cases} \tag{6.9}$$

$$\lambda_{i+1}=\begin{cases}\lambda_i+K_n\mu_n, & |\mu_n|\leqslant\varepsilon_0 \\ \lambda_i, & |\mu_n|>\varepsilon_0\end{cases} \tag{6.10}$$

式中：ε_0 为侵入容差；λ_i 为迭代步 i 的拉格朗日乘子；K_n 为法向接触刚度；μ_n 为接触面之间的距离。根据库仑摩擦定律，摩擦接触可以表述为如下形式：

$$\tau=f_0\sigma_0+c_0, |\tau|<\tau_{lim} \tag{6.11}$$

式中：f_0 为摩擦系数；c_0 为凝聚力；σ_0 为接触压应力；τ 为等效剪应力；τ_{lim} 为最终剪切强度。

根据接触面关系进行判断，接触面可以划分为 3 个状态：$|\tau|<\tau_{lim}$ 时，接触面处于粘结状态，接触面是连续的；$|\tau|=\tau_{lim}$ 时，接触面处于滑移状态，此时接触面之间相互滑移存在相对移动效应；当接触面法向应力为拉应力时，接触面处于脱开状态。

为了验证上述接触方法的有效性，采用上述方法分别模拟了紫坪铺面板堆石坝和水布垭面板堆石坝面板和垫层之间的直剪试验[8]。数值计算结果与试验结果的比较如图 6.7 所示。虽然部分数据差异较大，但是数值计算结果与试验结果总体吻合较好。结果表明，该接触方法可以模拟结构与土体的主要接触特性。实际上，由于该方法中结构与土体单元之间的滑动不受网格约束，因此可以较好地模拟防渗墙与覆盖层之间不均匀变形特性。由于缺乏试验数据，本章用于模拟苗家坝防渗墙与覆盖层之间的接触参数根据已有研究和经验确定。摩擦系数取为 0.2，接触容差设置为 0.5mm。

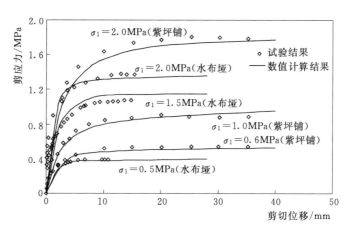

图 6.7 剪切试验数值结果与试验结果比较

6.4.3 坝体和覆盖层材料本构模型及水力耦合分析方法

对防渗墙进行有限元数值计算，需要模拟大坝的完整施工和蓄水过程，因此大坝填筑材料和覆盖层地基材料均需采用合适本构模型进行模拟。本章堆石材料和覆盖层地基材料本构模型继续采用第 5 章介绍的弹塑性模型进行模拟。使用的计算参数采用第 5 章中通过试验获取的模型参数，具体材料计算参数如表 6.4 所示。

表 6.4　　　　　　地基和坝体弹塑性模型参数和初始渗透系数

材料	密度 /(g/cm³)	K	m	φ_0 /(°)	$\Delta\varphi$ /(°)	R_f	G	F	D	初始渗透系数 k_0/(m/s)
垫层	2.25	1400	0.42	48	8.6	0.86	0.43	0.30	5.5	1.5×10^{-6}
过渡层	2.23	1300	0.42	49	8.7	0.87	0.41	0.28	5.2	2.1×10^{-4}
主堆石	2.35	1250	0.45	53	8.5	0.89	0.37	0.25	5.2	3.2×10^{-3}
下游堆石	2.25	1050	0.35	51	8.4	0.80	0.35	0.26	5.0	1.9×10^{-3}
Q_{al}^1	2.20	1000	0.43	43	8.6	0.78	0.30	0.23	4.6	1.7×10^{-4}
Q_{al}^2	2.15	1200	0.43	42	8.7	0.80	0.38	0.26	5.1	1.7×10^{-4}
Q_{al}^3	2.20	1500	0.42	42	8.5	0.81	0.42	0.33	5.3	1.4×10^{-4}

苗家坝面板堆石坝覆盖层是典型的粗颗粒材料，具有强渗透性。面板堆石坝的力学特性主要取决于筑坝材料和防渗结构的水力和力学特性。水力耦合效应可能对大坝力学特性具有显著影响，特别是大坝建在覆盖层的情况下，此时覆盖层一般在渗流自由面以下，处于饱和状态。因此在计算覆盖层上面板堆石坝的力学特性时应该考虑水力耦合效应的影响。已有研究一般将渗流水压力模拟为面力，并施加在防渗结构的表面，此时并没有真实模拟渗流效应。Rice

和 Duncan[1] 提出考虑渗流作用的近似方法，他们通过有限元渗流分析，根据孔隙水压力获得渗透力和浮托力，进而将上述力作为外荷载施加在有限元变形模型中。该方法可以严格考虑渗流作用的影响，但是无法考虑渗流和变形的相互作用。为了考虑坝体和地基水力耦合效应的影响，本章采用第 5 章介绍的水力耦合分析方法模拟坝体和地基的水力耦合效应。坝体、覆盖层以及防渗墙结构的力学特性采用前述介绍的本构关系进行模拟，渗流部分采用非稳定饱和渗流分析进行模拟。采用具有自适应惩罚 Heaviside 函数并满足 Signorini 条件的变分不等式描述非稳定渗流行为。水力耦合过程受连续介质力学的动量守恒定律支配。最终采用交错迭代方法依次求解耦合的非稳定渗流和应力应变过程。详细信息可以参考第 5 章的内容。

6.4.4　有限元模型

本章建立的三维有限元坝体和防渗结构网格模型如图 6.8 所示。通过将相应的本构模型加入 Adina 软件来实现数值计算。模型单元总数为 44870，而节点总数为 49936，其中防渗墙划分单元总数为 6425。为了更加准确地反映防渗墙的力学特性，沿防渗墙厚度方向划分 5 排单元。所有单元采用空间 8 节点等参单元模拟。有限元模型中真实模拟坝体分区和地质条件。覆盖层地基根据地

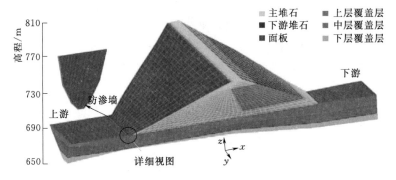

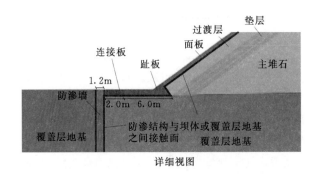

图 6.8　数值模型三维有限元网格

质条件划分为三层，模拟不同地层特性。

数值计算真实模拟坝体填筑过程以及后续的蓄水过程，具体时间步过程如图 6.1（a）所示。施工期时间步长根据坝体实际施工顺序确定，其中坝体填筑碾压过程采用 26 个时间步进行模拟，而面板的施工采用 3 个时间步进行模拟。坝体模拟的每一个层厚均控制在 5m 以内。蓄水后时间步长根据蓄水水位的上升速度取为 10 天。模型底部和两侧施加相应的法向约束并且设置为不透水边界。上游水位以下坝面施加的水头根据实际水位波动施加。其余边界施加满足 Signorini 型互补条件的潜在渗流边界条件。在模拟大坝建设过程之前，对大坝和地基进行稳定渗流分析，以确定初始水头分布。

6.5 结果分析与讨论

6.5.1 地基变形和孔隙水压力

图 6.9 为 0+194 断面数值计算与实测地基沉降比较。竣工期模拟获得地基最大累积沉降为 0.56m，发生在地基顶部，蓄水完成后该最大沉降增加到 0.76m。数值计算获得竣工期和蓄水完成时地基的沉降与实测结果吻合较好。上述结果表明，本章采用的堆石和地基材料本构模型是合理的。由图 6.9 的结

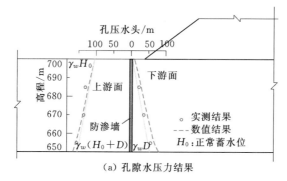

（a）孔隙水压力结果

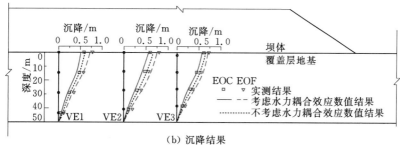

（b）沉降结果

图 6.9 大坝 0+194 断面地基沉降和孔隙水压力数值计算结果与实测结果比较

果可知，未考虑地基和坝体水力耦合效应的蓄水完成时数值计算结果明显小于考虑水力耦合效应的结果，最大值相差大约为 0.12m，占不考虑水力耦合效应总变形的 15.8%。该结果表明，水力耦合效应在水库蓄水过程中对地基变形具有显著影响。可以预计，水力耦合效应引起的变形主要产生在蓄水过程中。

图 6.9 比较了蓄水完成时数值计算和实测覆盖层地基孔隙水压力结果。防渗墙上游面地基水压力明显大于下游面结果。通过防渗墙地基压力水头减小超过 90m。上下游面巨大的压力水头差将促使防渗墙产生弯曲变形。数值计算结果与实测结果吻合较好。实测和数值计算获得的水头压力均轻微大于假设下游侧地基表面水头压力为零情况下估计的地基中水头压力。这些结果表明，坝体中渗流自由面非常低，而且防渗墙有效地控制了地基中的渗流。图 6.10 为安装在防渗墙下游侧三个渗压计的孔隙水压力随时间变化过程。蓄水过程中，孔隙水压力随着水库水位的增加而增加，并且呈现一定波动性。水压力在蓄水完成时基本达到最大值，然后在水库长期运行过程中，地基水压力基本趋于稳定并有轻微的减小。地基长期孔隙压力并未超过 50kPa。数值计算获得的孔隙水压力结果与实测结果规律基本相似，两者最大差值不超过 5m，产生上述差异的主要可能原因是本章采用的渗流模型忽略了影响渗流特性的其他机制，例如降雨入渗。总体来说，数值计算结果与实测结果吻合良好，表明本章采用的模型可以合理地模拟水力耦合效应。

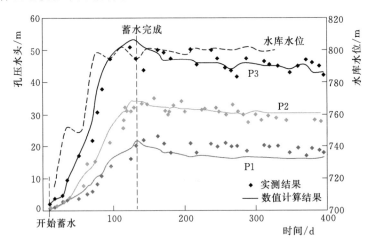

图 6.10 防渗墙下游面 3 个孔压测点实测和数值计算孔隙水压力比较

6.5.2 防渗墙受力分析

正如第 5 章所述，防渗墙的力学特性主要由作用于其上的水平荷载和垂直荷载决定。侧土压力是防渗墙承受的主要水平荷载，它主要由地基水平位移决定。由于防渗墙材料压缩性显著小于相邻覆盖层土体，在顶部压力作用下两者之间存在明显不均匀沉降，进而在防渗墙接触面上引起摩阻力。Arimous 大坝防渗墙实测结果表明，位于中部地基的防渗墙垂直应力明显大于顶部的土压力[5]。O'Neal 和 Hagerty[13]也发现防渗墙相邻土体的实测土压力明显小于上部覆盖层压力。此外，Dascal[14]通过计算发现，Manic 3 大坝中部地基防渗墙垂直应力的 85% 由来自两侧土体的摩阻力引起。这些结果表明，防渗墙承受的摩阻力对墙体力学特性均有显著影响。而摩阻力一般由防渗墙和土体的不均匀沉降和侧土压力决定。

图 6.11 为最大深度断面位置防渗墙与覆盖层沉降差、防渗墙承受的侧土压力以及摩阻力的分布情况。施工期，防渗墙下游侧土体被压缩，而上游侧土体却发生隆起变形，最大向上变形值为 5.0cm。引起上游侧土体向上变形的主要原因是上游侧土体承受来自防渗墙的水平推力而表面无其他约束作用，因而产生挤压隆起变形。竣工期下游侧土体最大沉降为 6cm，该沉降明显大于防渗墙顶 1.5cm 的沉降。蓄水过程中，在水压力的影响下，防渗墙上下游侧土体

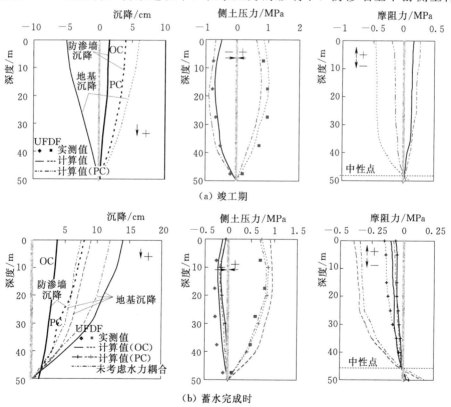

图 6.11 防渗墙与相邻土体相对沉降、防渗墙最大深度断面侧土压力及相应摩阻力分布
UF——上游面；DF——下游面

均发生压缩变形,上下游侧覆盖层与防渗墙相对沉降比分别为 3.7 和 2.4。该结果与实测值较为接近,而且也在第 5 章的统计范围内。

防渗墙侧土压力在深度方向上呈现非线性分布。由于相邻土体较大的水平位移,防渗墙中部侧土压力最大。竣工期,计算的防渗墙上游面最大压力为 0.73MPa,小于下游面的最大土压力 (0.98MPa)。下游面较大的水平位移是引起防渗墙向上游弯曲变形的主要原因。蓄水完成时,防渗墙两侧土压力相对于竣工期均有所减小。侧土压力的减小与作用在防渗墙上的孔隙水压力有关。竣工期和蓄水期计算土压力与实测结果均较为接近。结果表明,采用的摩擦接触算法可以较好地模拟接触面的力学特性。

虽然作用在防渗墙上下游面上的摩阻力较小,但是摩阻力的分布面积很大,所有摩阻力成为影响防渗墙力学特性的一个关键荷载。摩阻力取决于侧土压力及防渗墙与相邻土体之间的相对位移。竣工期,在图 6.11 所示的防渗墙与覆盖层相对变形规律作用下,防渗墙上游面承受向上摩阻力而下游面承受向下摩阻力。下游面最大摩阻力为 0.47MPa,发生在防渗墙顶部位置,该值大于上游面向上的摩阻力。蓄水作用改变了防渗墙摩阻力的分布规律。防渗墙上下游面均承受向下的摩阻力,其中上游面和下游面最大值分别为 0.1MPa 和 0.4MPa。计算获得防渗墙中性点出现在靠近底部的位置,大约为基岩以上 1.5m,蓄水期该位置向上移动大约 1.5m。中性点以上,摩阻力随着防渗墙深度增加而减小,而中性点以下摩阻力的方向发生改变。这是引起防渗墙垂直应力在中性点位置附近达到最大值的主要原因。

如图 6.11 所示,塑性混凝土防渗墙沉降显著大于普通混凝土防渗墙的结果,而且接近相邻土体的沉降结果。防渗墙与覆盖层的最大相对沉降比不超过 1.5,表明防渗墙和覆盖层共同承受上部荷载,这使塑性混凝土防渗墙承受的摩阻力大大减小。由于塑性混凝土弹性模量较低,防渗墙与覆盖层将共同承受上部垂直荷载。竣工期,塑性混凝土防渗墙上游面侧土压力比普通混凝土大,但是下游面侧土压力相对较小。蓄水完成时的结果恰好相反。塑性混凝土防渗墙与普通混凝土防渗墙的水平位移基本相似,但是它们的刚度存在明显差异,进而引起侧土压力的上述差异。由于相对沉降减小,塑性混凝土防渗墙竣工期下游面摩阻力小于普通混凝土防渗墙,但是上游面摩阻力相对较大。上述结果是因为防渗墙和相邻土体的垂直位移方向是相反的。蓄水后,塑性混凝土防渗墙上游面和下游面的摩阻力均比普通混凝土防渗墙明显较小。

6.5.3　防渗墙变形分析

在复杂荷载作用下,防渗墙产生水平位移和垂直位移。图 6.12 为防渗墙水平位移竣工期和蓄水完成时整体变形规律和三条测线变形分布。竣工期,防渗墙整体向上游弯曲，顶部弯向上游的最大弯曲变形为 7.0 cm。蓄水期，防渗墙整体向下游弯曲，顶部最大弯曲变形为 10.0 cm。由于基岩约束作用，防渗墙底部水平位移相对较小。上述竣工期防渗墙变形趋势在防渗墙下游面靠近两岸和底部的位置引起正弯矩，而蓄水期在上游面引起正弯矩。三条测线数值计算所得变形趋势结果与实测结果基本吻合，说明采用的数值模型可以较好地描述防渗墙变形特性。施工和蓄水阶段防渗墙计算和实测的变形规律均与第 5 章总结的上游地基防渗墙典型变形规律一致。防渗墙最大水平位移也在上游地基防渗墙水平位移的统计范围内。面板堆石坝防渗墙的变形模式与中部地基防渗墙的变形模式明显不同。第 5 章结果表明，中部地基防渗墙在摩

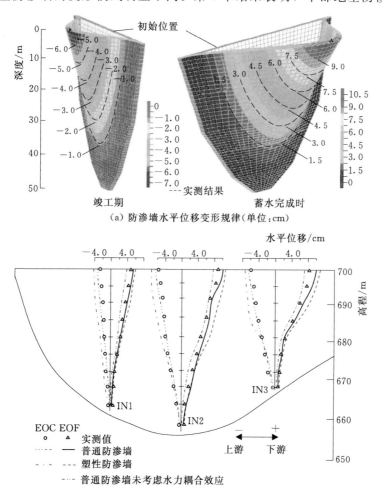

（a）防渗墙水平位移变形规律（单位：cm）

（b）三条测线水平位移分布

图 6.12 防渗墙水平位移变形规律以及 3 条测线水平位移分布

EOC——竣工期；EOF—蓄水期

193

阻力和上部土压力的作用下主要产生垂直位移，只在蓄水期产生较大向下游的水平位移。

在图 6.12 中，塑性混凝土防渗墙水平位移与普通混凝土防渗墙结果相似，整体呈现相对较大的变形。上述结果主要是因为防渗墙的水平位移由相邻覆盖层的水平位移决定，因此两种材料防渗墙变形没有呈现明显变形差异。未考虑水力耦合效应的模型通过将水压力直接作为面力施加在防渗系统上。将数值计算结果与未考虑地基水力耦合效应的结果进行比较发现，蓄水完成时，考虑水力耦合效应的水平位移明显大于未考虑的结果，最大差值达 3.0 cm。该结果表明，覆盖层水力耦合效应对防渗墙变形特性具有显著影响。水力耦合效应对防渗墙力学特性的影响主要为两个机制：首先，水力耦合效应影响覆盖层地基的变形，进而引起作用在防渗墙上侧土压力和摩阻力的变化，如图 6.11（b）所示；其次，本章采用的水力耦合分析方法可以严格模拟渗流作用对防渗墙力学特性的影响。

6.5.4　防渗墙应力分析

图 6.13 为防渗墙上游面和下游面 3 条测线上计算和实测垂直应力分布。竣工期，防渗墙上游面在垂直方向上处于压缩状态。防渗墙垂直应力呈现由顶部到底部逐渐增加的趋势。蓄水阶段，防渗墙上游面垂直应力显著减小，并且在底部和两岸部位出现一定拉应力。计算的最大垂直压应力和拉应力分别为 -15.0 MPa 和 1.6 MPa。相反，竣工期，防渗墙下游面上部和底部的垂直应力主要受压但应力相对较小，而且在两岸部位存在一些拉应力。蓄水期，下游面垂直应力转换为受压状态。由于向下摩阻力的作用，防渗墙最大深度断面垂直应力由顶部到中性点位置逐渐增加，之后由于向上摩阻力的作用垂直应力逐渐减小，直到底部位置。图 6.14 为防渗墙下游面蓄水期垂直应力和应变矢量分布规律。蓄水期防渗墙下游面最大垂直压应力发生在两岸与基岩接触的部位。此外，由图 6.14 可知，防渗墙垂直应力主要由作用在防渗墙上的摩阻力和自重引起，其中摩阻力是引起垂直应力的主要荷载。摩阻力引起的垂直应力超过总垂直应力的 70%。该结果与摩阻力引起中部地基防渗墙垂直应力的占比类似，Dascal[14] 通过计算发现，中部地基防渗墙垂直应力的 85% 由作用在防渗墙上的摩阻力引起。计算的蓄水期防渗墙上游面最大垂直压应力和拉应力分别为 -18.0 MPa 和 1.8 MPa，发生在两岸靠近底部的位置。由图 6.13 可知，防渗墙上部位置，计算的垂直应力与实测结果吻合较好，但是在靠近下部的位置实测应力在一定程度上小于计算结果。上述差异主要是由数值计算模型的局限性造成，例如地质条件的概化和本构模型的不足等。

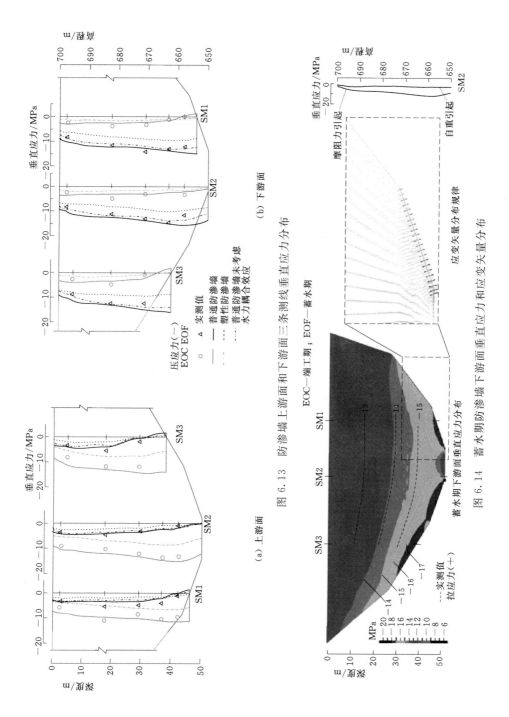

（a）上游面

（b）下游面

图 6.13 防渗墙上游面和下游面三条测线垂直应力分布
EOC—端工期；EOF—蓄水期

图 6.14 蓄水期防渗墙下游面垂直应力和应变矢量分布

195

塑性混凝土防渗墙的垂直应力明显小于普通混凝土防渗墙应力结果。蓄水完成时，普通混凝土防渗墙的垂直拉应力由 1.8MPa 减小到塑性混凝土防渗墙的 0.1MPa。结果表明，塑性混凝土材料可以改善防渗墙的应力状态。此外，考虑水力耦合效应的垂直应力总体上大于未考虑的结果。蓄水完成时，上游面最大压应力差为 5.0MPa，下游面最大拉应力差为 0.8MPa。该结果进一步表明，水力耦合效应对防渗墙力学特性的影响不可忽略。

图 6.15 为计算的防渗墙大、小主应力分布结果。施工阶段，防渗墙上游面主要为受压状态，但是在下游面底部和两岸部位产生一些拉伸区域，上述最大压应力和拉应力分别为 −20MPa 和 1.9MPa，均未超过材料抗压和抗拉强度。防渗墙应力受蓄水作用的影响明显。蓄水完成阶段，防渗墙上游面底部和两岸部位出现拉应力。上游面最大压应力和拉应力分别为 −22MPa 和 2.0MPa。上述结果表明，防渗墙最危险断面并不在中间部位而是在靠近两岸的部位。在水荷载和侧土压力作用下，防渗墙主要呈现弯曲效应，并且在两岸和底部承受显著拉应力。这些应力分布规律与中部坝基防渗墙的应力分布结果明显不同。Dascal[14] 和 Yu 等[4]通过数值计算认为中部地基防渗墙上游面和下游面施工期均处于受压状态，蓄水后在水压力作用下，压应力逐渐减小，并且由于水压力和地基的约束作用，防渗墙下游面的拉伸区有一定增加。

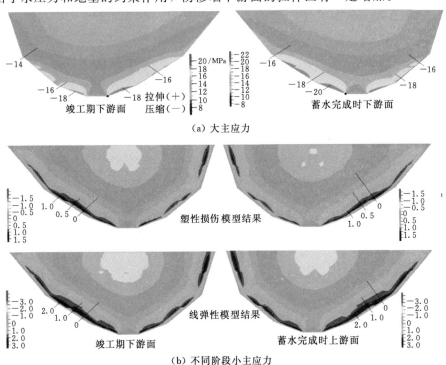

图 6.15　防渗墙不同阶段大主应力及小主应力结果（单位：MPa）

图 6.15（b）比较了采用塑性损伤模型和线弹性模型计算的混凝土防渗墙小主应力结果，用来分析混凝土模型对防渗墙力学特性的影响。两种模型计算的应力分布规律相似，但是采用线弹性模型计算获得的拉应力明显大于塑性损伤模型计算的结果。线弹性模型计算的竣工期和蓄水完成时最大拉应力均超过3.0MPa，该结果超过材料的抗拉强度。实际情况中不可能有这么大拉应力存在。相反，采用塑性损伤模型计算的最大拉应力均未超出材料的拉伸强度，而且拉伸区域也明显较小。这是因为当拉应力达到拉伸强度时，塑性损伤模型发生刚度退化和应力再分配。塑性损伤模型可以合理地考虑损伤演化以及应力释放和重分配作用。因此，采用塑性损伤模型计算的结果更加合理。

　　防渗墙产生较大拉应力的主要机理是受约束的弯曲变形以及较大的弹性模量。拉应力分布可以由防渗墙承受的内力分布进一步进行解释。图 6.16 为防

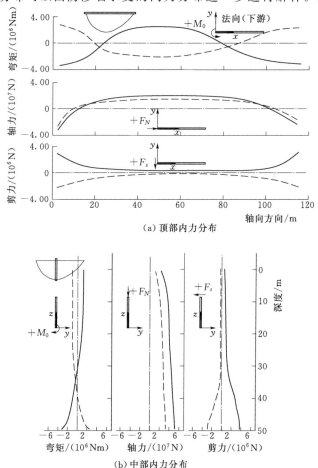

图 6.16　防渗墙典型位置处内力空间分布。虚线为竣工期结果，
实线为蓄水完成时结果

渗墙典型位置的内力空间分布。竣工期，由于底部和两岸受基岩约束，防渗墙下游面在覆盖层和基岩的接触位置产生最大正弯矩。该弯矩是防渗墙下游面拉应力的主要来源。此外，河谷三维效应阻止覆盖层向中间变形，防渗墙和地基之间的不均匀纵向变形在防渗墙两岸部位引起拖曳效应，该效应会在防渗墙两岸位置引起拉伸的轴向力。该拉力进一步在两岸引起拉应力。但是，由于防渗墙和地基沉降变形特点，防渗墙垂直方向为压缩的轴向力，这也是防渗墙两岸拉应力比底部拉应力较大的主要原因。蓄水完成时，防渗墙弯向下游的变形在上游面引起正弯矩，两岸的轴向拉力也增大，这些结果是造成蓄水期上游面拉应力的主要原因。

　　为了进一步研究防渗墙拉应力的演化机制，图 6.17 获得防渗墙上游面两个典型单元小主应力及其方向信息的演化过程。单元 E1 和 E2 在施工期均处于压缩状态，小主应力方向为垂直于上游面的法线方向。随着大坝建设的进行，单元压应力逐渐增加。蓄水过程中防渗墙逐渐向下游方向产生弯曲变形，

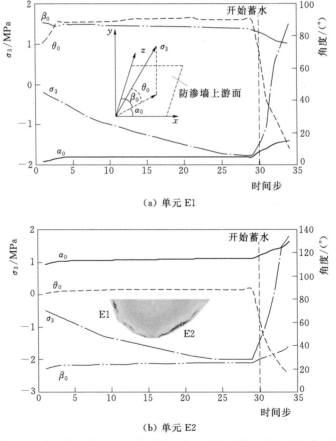

（a）单元 E1

（b）单元 E2

图 6.17　防渗墙上游面两个典型单元小主应力及其应力方向变化过程

在上游面的正弯矩和拉伸轴向力作用下，单元 E1 和 E2 逐渐转化为受拉状态。由于位于 $x-z$ 平面的弯矩比 $y-z$ 平面的弯矩较大，小主应力方向与防渗墙下游面角度逐渐减小，并且蓄水期拉应力方向逐渐偏向轴向。

为了进一步研究地基变形特性对防渗墙力学特性的影响，采用本章数值模型进行额外有限元分析。假设整个覆盖层的特性相同，采用原来的三层 Q_4^{a1}、Q_4^{a2}、Q_4^{a3} 覆盖层的参数分别模拟整个覆盖层的不同力学特性。表 6.5 为采用不同的覆盖层参数计算的防渗墙应力和变形结果统计。图 6.18 为防渗墙力学特性随覆盖层变形模量 K 的变化规律。

表 6.5 不同地基变形模量下防渗墙应力变形结果

K	竣 工 期					蓄水完成时				
	D /cm	TS /cm	σ_1 /MPa	σ_3 /MPa	SF /MPa	D /cm	TS /cm	σ_1 /MPa	σ_3 /MPa	SF /MPa
1000	-8.1	1.7	-25	3.7	-0.55	11	2.5	-28	4.0	-0.50
1200	-7.1	1.6	-21	3.1	-0.48	9.6	2.1	-23	3.3	-0.41
1500	-5.8	1.2	-16	2.0	-0.35	8.5	1.7	-19	2.6	-0.23

注 K 为覆盖层变形模量；D 为最大水平位移，向下为正；TS 为最大防渗墙顶部沉降；σ_1 为大主应力，拉为正；σ_3 为小主应力；SF 为下游面最大摩阻力，向上为正。

由表 6.5 结果和图 6.18 可知，随着地基变形模量增加，防渗墙承受的摩阻力逐渐减小。这主要是因为当覆盖层变形模量较小时，防渗墙与覆盖层之间的相对刚度较小，进而两者之间的相对沉降减小。防渗墙中性点的位置随着覆盖层变形模量的增加呈现向上移动的趋势。这主要是因为在覆盖层变形模量较大的情况下，覆盖层的压缩变形相对于防渗墙的变形较小。防渗墙应力和变形随着覆盖层材料 K 的增加而逐渐减小，因为覆盖层和防渗墙相对沉降和摩阻力在减小。这些结果表明，防渗墙与覆盖层之间相对刚度对防渗墙力学特性具有显著影响。实际工程中，在满足工程要求的情况下，应尽量提高覆盖层的变形模量，同时降低防渗墙混凝土材料的弹性模量。

6.5.5 防渗墙塑性损伤分析

当防渗墙承受的压应力或拉应力超过材料的容许值时，墙体将产生开裂或失效。本章计算所得防渗墙最大压应力约为防渗墙材料压缩强度的 73%。根据线弹性分析结果，没有压应力超过材料的抗压强度，结果说明在苗家坝工程中防渗墙压应力对墙体的安全影响很小。本节主要关注可能的开裂情况或者防渗墙拉伸损伤。当拉应力超过混凝土材料的拉伸强度时，混凝土防渗墙将产生开裂。一旦开裂，裂缝将在应力集中作用下向拉应力未超过拉伸强度的部位传播。

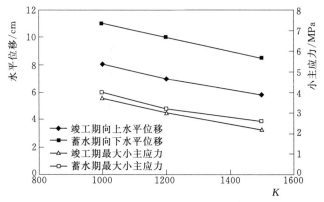

（a）水平位移和小主应力随 K 值变化规律

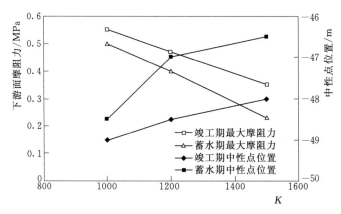

（b）摩阻力和中性点位置随 K 值变化规律

图 6.18　防渗墙力学特性相关结果随 K 值变化规律

　　图 6.19 为通过损伤变量 k_t 表征的防渗墙拉伸损伤分布规律。大坝施工期，防渗墙拉伸损伤主要发生在下游面靠近两岸和底部的部位。蓄水后，防渗墙的拉伸损伤主要发生在上游面底部和靠近两岸的部位。由图 6.15 结果可知，采用塑性损伤模型和线弹性模型计算的防渗墙竣工期和蓄水完成时最大小主应力发生在相似的位置。两种模型获得的拉应力分布结果吻合较好，而且两者相互验证。然而，由于此处涉及的应力是高斯点的平均应力，同时塑性损伤模型的屈服准则是在三维应力空间中定义的，因此拉伸损伤分布与线性弹性分析获得的拉伸区域的分布规律并不一致。防渗墙拉伸损伤区主要密集分布在底部和两岸部位，其他部位基本不会发生损伤或者只是轻微的损伤（$k_t < 0.1$）。总体来说，蓄水完成时，防渗墙的拉伸损伤比竣工期损伤更加严重。防渗墙单元的最大损伤变量几乎不超过 0.8，该结果表明防渗墙并不会产生开裂[6]。本节获

得的防渗墙损伤分布和开裂结果与中部地基防渗墙的结果明显不同。Yu 等[4]对某一中部地基防渗墙进行分析发现，施工期防渗墙拉伸损伤主要分布在上部两侧尖锐的部位，而蓄水期防渗墙损伤部位转换到下游面靠近基岩两侧的位置。Rice 和 Duncan[1]认为，作用在防渗墙上下游侧的水压力差足够引起中部地基防渗墙开裂，而且最大可能产生开裂的位置为覆盖层与基岩接触部位。上游地基防渗墙和中部地基防渗墙损伤分布特点的不同主要取决于受力特点的明显不同。

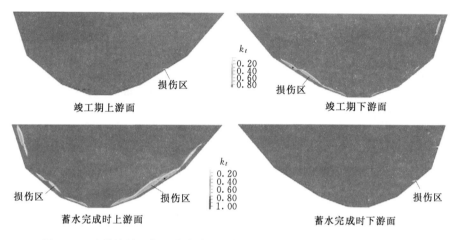

图 6.19 防渗墙竣工期和蓄水完成时拉伸损伤分布（由损伤变量 k_t 表示）

6.6 本章小结

本章结合实测资料和数值计算系统分析了面板堆石坝地基防渗墙的力学特性。对混凝土材料、水力耦合效应以及地基变形特性对防渗墙力学特性的影响进行深入分析，主要获得以下结论和认识：

（1）相对于线弹性模型，塑性损伤模型可以更好地描述混凝土防渗墙的力学特性。本章提出的数值模型可以运用于覆盖层上面板堆石坝防渗墙力学特性的模拟和分析，也可以用于分析其他类型大坝地基中防渗墙的力学特性，例如心墙坝和斜墙坝。

（2）在水荷载和侧土压力作用下，面板堆石坝防渗墙主要承受弯曲效应，进而竣工期在下游面底部及蓄水期在上游面底部和两岸部位产生拉应力。防渗墙拉伸损伤区分布较为密集，主要分布在底部和靠近两岸部位。苗家坝面板堆石坝防渗墙没有发生开裂，防渗墙的应力变形均在合理范围内，防渗墙运行表现良好。

（3）面板堆石坝防渗墙力学特性与中部地基防渗墙呈现明显不同的特点。面板堆石坝防渗墙底部和两岸可能发生拉伸或剪切开裂。但是中部地基防渗墙在垂直土压力和摩阻力作用下，主要产生压缩效应，可能在防渗墙底部引起压缩破坏。结果说明，防渗墙的位置对墙体力学特性具有至关重要的影响。

（4）塑性混凝土材料可以显著改善防渗墙的应力状态。水力耦合效应引起防渗墙较大变形和拉应力。地基变形模量的增加可以减小防渗墙变形和应力，改善应力状态。

参 考 文 献

［1］ Rice J D，Duncan J M. Findings of case histories on the long – term performance of seepage barriers in dams［J］. Journal of Geotechnical and Geoenvironmental Engineering，2010，136（1）：2 – 15.

［2］ 温立峰，柴军瑞，王晓，等. 深覆盖层上面板堆石坝防渗墙应力变形分析［J］. 长江科学院院报，2015，32（2）：84 – 91.

［3］ 郦能惠，米占宽，孙大伟. 深覆盖层上面板堆石坝防渗墙应力变形性状影响因素的研究［J］. 岩土工程学报，2007，29（1）：26 – 31.

［4］ Yu X，Kong X，Zou D，et al. Linear elastic and plastic – damage analyses of a concrete cut – off wall constructed in deep overburden［J］. Computers and Geotechnics，2015，69：462 – 473.

［5］ Brown A J，Bruggemann D A. Arminous dam，Cyprus，and construction joints in diaphragm cut – off walls［J］. Géotechnique，2002，52（1）：3 – 13.

［6］ Lee J，Fenves G L. A plastic – damage concrete model for earthquake analysis of dams［J］. Earthquake Engineering & Structure Dynamics，1998，27（9）：37 – 56.

［7］ 徐斌，刘小平，邹德高，等. 基于混凝土不均匀性面板堆石坝面板损伤分析［J］. 岩土工程学报，2017，39（2）：366 – 372.

［8］ Zhang G，Zhang J – M. Numerical modeling of soil – structure interface of a concrete – faced rockfill dam［J］. Computers and Geotechnics，2009，36（5）：762 – 772.

［9］ Mahabad N M，Imam R，Javanmardi Y，et al. Three – dimensional analysis of a concrete – face rockfill dam［J］. Proceedings of the ICE – Geotechnical Engineering，2014，167（4）：323 – 343.

［10］ Bathe K J. Adina theroy and modeling guide［Z］. Watertoen（WA，USA），2003. 399 – 417.

［11］ Qian X – X，Yuan H – N，Li Q – M，et al. Comparative study on interface elements，thin – layer elements，and contact analysis methods in the analysis of high concrete – faced rockfill dams［J］. Journal of Applied Mathematics，2013：1 – 11.

［12］ Arici Y. Behaviour of the reinforced concrete face slabs of concrete faced rockfill dams 57 during impounding［J］. Structure and Infrastructure Engineering，2013，9（9）：

877 - 890.

[13] O'Neal T S, Hagerty D J. Earth pressures in confined cohesionless backfill against tall rigid walls—a case history [J]. Canadian Geotechnical Journal, 2011, 48 (8): 1188 - 1197.

[14] Dascal O. Structurall behaviour of the Manicouagan 3 cutoff [J]. Canadian Geotechnical Journal, 1979, 16: 200 - 210.

[15] Karsan I D, Jirsa J O. Behaviour of concrete under compressive loading [J]. J Struct Div, 1969, 95: 2535 - 2563.

[16] Kupfer H, Hilsdorf H K, Rusch H. Behaviour of concrete under biaxial stresses [J]. ACI J, 1969, 66: 656 - 666.

[17] Gopalaratnam V S, Shah S P. Softening response of plain concrete in direct tension [J]. ACI J, 1985, 82: 310 - 323.

第7章

结 论 及 展 望

7.1 主要结论

当前混凝土面板堆石坝地质条件越来越复杂,常面临严寒、高震以及深厚覆盖层地基等复杂地质条件的挑战。坝体变形控制是面板堆石坝建设最重要的考虑因素。面板结构性开裂和挤压破坏、接缝张拉变形以及大坝的安全稳定均与坝体变形特性具有密切联系。面板堆石坝过大变形或者不均匀变形是制约面板堆石坝建设和发展的主要因素。如何有效合理评价和控制大坝的变形,是决定面板堆石坝进一步发展最为关键的因素。本书采用统计分析方法、多元非线性回归分析以及数值计算等手段,对当前复杂地质条件下面板堆石坝及其防渗墙开展了系统深入的研究。主要研究内容和结论如下:

(1)从统计学的角度分析了面板堆石坝应力变形和渗漏特性,揭示了面板堆石坝力学特性统计规律。

1)通过统计分析获得面板堆石坝变形特性统计规律。大部分面板堆石坝坝顶沉降小于或等于 $0.40\% H$,大部分大坝的竣工期坝内沉降小于 $1.0\% H$。蓄水后,面板挠度与坝顶沉降较为接近,大部分大坝的面板挠度小于 $0.40\% H$,其中超过 $1/2$ 小于 $0.2\% H$。较大的堆石变形是引起面板拉应力以及开裂和挤压破坏的主要原因。

2)通过统计分析获得若干估计面板堆石坝变形和渗漏特性的经验关系。

3)面板堆石坝的变形特性受堆石强度、地基条件、河谷形状以及渗流作用的影响,其中坝高、堆石强度以及地基条件是影响大坝变形特性的主要影响因素。蓄水作用显著影响大坝变形特性，特别是面板挠度。当河谷形状因子小于 3 时，坝体底部存在明显拱效应。渗流作用对大坝变形的影响并不显著。

4）大坝高度超过 125m 时，面板堆石坝容易产生渗漏问题，特别是当大坝修建在覆盖层地基上时。面板堆石坝的渗漏问题主要来自接缝张拉和防渗结构开裂。

（2）采用多元非线性回归分析方法建立了预测面板堆石坝变形特性的经验预测模型，定量化评价了不同影响因素的相对重要性。

1）大坝高度是大坝变形特性最关键的影响因素。地基条件和堆石强度也对大坝变形具有重要影响。

2）乘法形式回归模型是相对于加法形式回归模型更好的函数形式。

3）建立的全变量模型和简化模型预测误差相对于已有经验方法明显较小。

4）通过在 Cethana 大坝和察汗乌苏大坝中的运用表明，建立的模型可以对坝顶沉降、坝内沉降以及面板挠度进行初步估计。

（3）建立了考虑堆石、地基流变和水力耦合效应的面板堆石坝参数反演分析模型，揭示了覆盖层地基对面板堆石坝变形特性的影响机制，深入研究了建于覆盖层上面板堆石坝的应力变形特性。

1）数值结果与实测结果比较验证表明，建立的模型可以合理地描述大坝的变形特性，所采用的反演分析方法是合理有效的。

2）地基压缩变形、流变变形以及水力耦合效应引起的变形是覆盖层上面板堆石坝较大变形的主要来源，其中地基压缩变形是地基和坝体变形的主要来源，而流变变形和水力耦合效应变形是时效变形的主要来源。

3）实测和数值计算的变形结果表明，苗家坝面板堆石坝运行良好，并且变形已经逐渐趋于稳定，用于控制地基变形的碾压处理是有效的，覆盖层可以作为面板堆石坝的地基。

（4）从统计学的角度分析了覆盖层上面板堆石坝混凝土防渗墙应力变形以及开裂特性，揭示了混凝土防渗墙受力机理及力学特性统计规律。

1）防渗墙施工期主要向上游产生弯曲变形，而蓄水期在水压力作用下主要向下弯曲变形。防渗墙位置是影响其力学特性的关键因素。上游地基防渗墙，施工期和蓄水期均产生较大水平位移，沉降变形明显较小。而中部地基防渗墙施工期主要产生沉降变形，而蓄水期主要产生较大的水平位移。

2）上游地基防渗墙主要产生弯曲效应，承受较为显著的拉应力，可能在与基岩接触的底部或靠近两岸部位产生拉伸或剪切开裂。中部地基防渗墙主要承受压应力，可能在底部产生压缩破坏。

3）塑性混凝土防渗墙可以显著改善墙体的应力状态。Ｖ形地基河谷中防渗墙的应力变形比 U 形河谷明显较小。此外，随着防渗墙相对深度的增加，防渗墙相对变形相应减小。

（5）建立了考虑防渗墙与相邻土体接触效应以及地基水力耦合效应的混凝土防渗墙塑性损伤数值模型，基于实测资料和数值分析结果，深入分析了覆盖层上面板堆石坝防渗墙应力变形和损伤特性。

1）相对于线弹性模型，塑性损伤模型可以更好地描述混凝土防渗墙的力学特性。水力耦合分析方法可以严格模拟渗流作用对防渗墙力学特性的影响。本书提出的数值模型可以运用于面板堆石坝覆盖层地基防渗墙力学特性的模拟和分析。

2）在水荷载和侧土压力作用下，面板堆石坝防渗墙主要承受弯曲效应，进而竣工期在下游面底部和蓄水期在上游面底部和两岸部位引起拉应力。防渗墙拉伸损伤区分布较为密集，主要分布在底部和靠近两岸部位。

3）水力耦合效应可能引起防渗墙较大变形和拉应力。地基变形模量增加可以减小防渗墙变形和应力，改善应力状态。

7.2　展望

本书采用统计分析方法、多元非线性回归分析、数值计算等手段，对当前面板堆石坝和防渗墙以及覆盖层上面板堆石坝及其防渗墙的力学特性开展系统研究。由于理论和方法的局限性，本书研究尚有不足。作者认为还可以从以下几个方面对面板堆石坝力学特性进行深入研究：

（1）面板堆石坝变形特性统计规律的进一步揭示以及变形特性智能预测模型建立。本书收集的面板堆石坝和防渗墙实例数据总体仍然偏少，同时收集的数据中对超高坝涉及较少，所得结果较难为超高坝的建设提供参考。同时，本书统计手法相对简单，应该进一步开展结合面板堆石坝变形机理本质的统计分析。此外，本书通过曲线拟合以及多元非线性回归方法建立了面板堆石坝变形特性经验预测模型，虽然可以用于简单的变形估计，但是考虑因素有限。而且，本书采用的多元非线性回归模型反映变量之间的综合关系还相对不够，模型相对单一。因此，可以考虑进一步建立其他预测模型，例如门限回归模型和支持向量机模型。对各模型进行相互比较，进一步揭示变量之间的综合关系。同时，目前已有学者采用智能方法，例如人工神经网络模型方法，基于实例数据库建立面板堆石坝变形特性的智能预测模型，该方法具有考虑因素全面和结果可靠的特点，因此采用智能方法建立面板堆石坝变形特性经验预测模型也将是下一步可以开展的工作。

（2）目前面板堆石坝正在往 300m 级的超高坝方向发展，大坝的地质条件也越来越复杂。常面临严寒、高震以及深厚覆盖层地基等复杂地质条件的挑战。本书对覆盖层上面板堆石坝的研究较为深入，提出适用于覆盖层上面板堆石坝及其地基防渗墙的数值计算模型。而严寒、高震地区是另一类关键的复杂地质条件，本书并未涉及。严寒和高震地区面板堆石的力学特性必然更加复杂。建立针对严寒和高震地区的面板堆石坝力学特性的数值计算模型和试验手段是一个重要的科学问题。此外，众多面板堆石坝面临多种复杂地质条件的共同作用，例如建立在严寒、高震地区覆盖层上的面板堆石坝，它们的力学特性将更难分析和评价。研究复杂地质条件下控制坝体变形和面板开裂的措施至关重要。

（3）混凝土面板堆石坝面板的损伤开裂和面板堆石坝面板开裂渗流问题。本书对防渗墙开展了损伤分析，而实际工程中，面板的重要程度不言而喻，对面板的细观损伤和宏观开裂机理的研究是保证大坝安全运行的基础。特别是各种复杂地质条件下，面板的损伤开裂机理将更加复杂。同时，面板开裂后大坝的渗流应力耦合问题将更加突出，面板堆石坝在面板开裂情况下大坝渗流应力耦合问题直接关系到大坝的安全稳定。